普通高等教育经济管理类专业系列教材

运 筹 学

第4版

主 编 吴祈宗
副主编 王二威
参 编 廖爱红 兰淑娟

U0255534

机 械 工 业 出 版 社

本书主要包括线性规划、运输问题、动态规划、排队论、目标规划、图与网络分析、存储论及决策分析等内容。这些内容是高等院校经济管理类专业本科生应具备的必要知识。作为教材，本书着重阐述基本思想、有关理论和应用方法，力求做到深入浅出，通俗易懂，适于教学和自学。为了便于学生更好地理解和掌握教材中的有关内容，编者还编写了《运筹学学习指导及习题集》一书，与主教材配套使用。

本书主要作为高等院校经济管理类专业本科生的教材，也可作为其他专业本科生、研究生的教材或教学参考书。对于希望了解、认识及应用运筹学的各类人员都有一定的参考价值。

图书在版编目（CIP）数据

运筹学/吴祈宗主编 . —4 版 . —北京：机械工业出版社，2022.8
（2024.8 重印）

普通高等教育经济管理类专业系列教材
ISBN 978-7-111-71056-1

Ⅰ.①运⋯ Ⅱ.①吴⋯ Ⅲ.①运筹学-高等学校-教材 Ⅳ.①O22

中国版本图书馆 CIP 数据核字（2022）第 105411 号

机械工业出版社（北京市百万庄大街 22 号 邮政编码 100037）
策划编辑：曹俊玲   责任编辑：曹俊玲
责任校对：肖 琳 贾立萍 封面设计：张 静
责任印制：张 博
北京建宏印刷有限公司印刷
2024 年 8 月第 4 版第 3 次印刷
184mm×260mm · 16.75 印张 · 410 千字
标准书号：ISBN 978-7-111-71056-1
定价：53.90 元

电话服务   网络服务
客服电话：010-88361066   机 工 官 网：www.cmpbook.com
        010-88379833   机 工 官 博：weibo.com/cmp1952
        010-68326294   金 书 网：www.golden-book.com
封底无防伪标均为盗版   机工教育服务网：www.cmpedu.com

前　言

运筹学对自然科学、社会科学、工程技术、生产实践、经济建设及现代化管理有着重要的意义。随着科学技术不断进步和社会经济不断发展，运筹学得到了迅速发展和广泛应用。线性规则、运输问题、动态规划、排队论、目标规划、图与网络分析、存储论、决策分析等是运筹学的重要组成部分，其相关内容是经济管理类专业本科生应具备的必要知识与学习其他课程的重要基础。本书根据经济管理类专业本科生的特点，系统地介绍了上述内容的基本思想、有关理论和应用方法。内容尽力体现新颖、实用，力求紧跟时代的步伐。

在高等院校经济管理类专业，运筹学课程的地位越来越重要，但是比较有针对性的运筹学教材却较少。在这种情况下我们编写了本书。

本书建立在学生具备高等数学和线性代数知识的基础之上，努力讲清楚各部分内容的基本思想、基本理论及方法应用过程，力求做到深入浅出，通俗易懂，适用于教学和自学。多数章节有方法应用的内容，以提高学生的建模能力，理论联系实际，让学生学以致用。

作为有一定针对性的教材，我们在内容的选择、例题的安排等方面注意与专业知识的相关性，在章末配置了适当的习题，便于学生理解和掌握教材中的内容。为了给学生提供深入学习、理解教材的条件，我们编写了与本书配套的《运筹学学习指导及习题集》，该习题集除了提供结合本书各章节内容的练习题及其参考答案外，还提供了本书课后习题的参考答案。

本书自出版以来受到了广泛的关注。许多教师、学生和其他读者在支持、鼓励的同时，对本书提出了许多宝贵的意见和建议。我们对这些意见和建议进行了认真分析，在此基础上提出了教材改进的思路，在机械工业出版社的大力支持下，经过努力完成了本次修订。

本次修订是在前几版教材的基础上完成的，对前几版教材做出过重要贡献的有李金林、王宁、甘宏业、韩润春、侯福均、朱心想、常世彦、刘黎明、肖继先、李玉敏、翟小可、李万辰等老师和同学。同时，我们参考了大量的国内外有关文献，这些文献对本书的成文起了重要作用。在此对给予我们支持和帮助的朋友、同事以及参考文献的作者一并表示衷心的感谢。

本书配有电子课件，其中的内容不是教材的简单复制，在教材的基础上扩大了教学的信息量，凡使用本书作为教材的教师可登录机械工业出版社教育服务网（www.cmpedu.com）注册后下载。

限于编者的水平，书中难免有不当之处，敬请广大读者批评指正。

编　者

目　录

第一章

绪　论

本章内容要点

- 本章主要介绍运筹学的简史，运筹学的性质、特点、应用及其发展前景；
- 根据学习本课程的经验提出一些建议。

核心概念

- 运筹学　Operations Research
- 运筹学的分支　Components of Operations Research
- 运筹学的定义　Definitions of Operations Research
- 运筹学研究项目的工作步骤　Phases of an Operations Research Project
- 建模思路　Construction of Mathematical Model

第一节　运筹学及其应用、发展

运筹学是一门基础性的应用学科，主要研究系统最优化的问题，通过对建立的模型求解，为决策者进行决策提供科学依据。

一、运筹学简史

运筹学的英文通用名称为 Operations Research，简称 OR，按照原意应译为运作研究或作战研究。在我国汉朝时，汉高祖刘邦就用了"运筹帷幄之中，决胜千里之外"的话称赞张良，人们取其义把 Operation Research 译为"运筹学"。国内外许多学者认为，这个译法非常恰当。事实上，运筹学的思想出现得很早。我国历史上在军事和科学技术方面对运筹思想的运用是世界闻名的：公元前 6 世纪春秋时期著名的《孙子兵法》中处处体现了军事运筹的思想；战国时期"田忌齐王赛马"的故事是对策论的典型范例；刘邦、项羽在楚汉相争过程中，依靠张良等谋士的计谋，上演了一幕又一幕体现运筹思想的作战战例；三国时期的战争中更可以举出很多运用运筹思想取得战争胜利的例子。除军事方面外，在我国古代农业、运输、工程技术等方面也有大量体现运筹思想的实例，如北魏时期科学家贾思勰的《齐民要术》一书就是一部体现运筹思想，合理策划农事的宝贵文献；古代粮食和物资的调运，都市的规划建设，水利方面如四川都江堰工程等，也体现了运筹思想。

在欧美，研究运筹学的早期历史可追溯到20世纪前叶：1914年提出了军事运筹学中的兰彻斯特（Lanchester）战斗方程；1917年排队论的先驱丹麦工程师爱尔朗（Erlang）在哥本哈根电话公司研究电话通信系统时，提出了排队论的一些著名公式；20世纪20年代初提出了存储论的最优批量公式；20世纪30年代，在商业方面列文逊已经运用运筹思想来分析商业广告和顾客心理等。

这些都反映出，运筹学注意系统数据采集、分析并研究优化方案的思想是一种朴素、自然的思想。实际上，很多人都在自觉、不自觉地运用这种思想。我们常说"道高一尺，魔高一丈"，在竞争中各方共同运用这些思想解决问题时，就表现为对运筹学内涵的研究、运用能力。

运筹学作为科学名字最早出现在20世纪30年代末。当时英国、美国使用雷达作为防空系统的一部分在军事上对付德国的空袭，在技术上没有问题，但是在实际运用中效果并不理想。为此，一些有关领域的科学家把"如何合理运用雷达"作为一类新的问题进行研究。由于它与研究技术问题不同，于是就称作"运作研究"。第二次世界大战期间，在英国、美国军队中成立了一些专门小组，面对一些实际问题开展了短期的和战术性的研究。例如，雷达系统的有效防空问题，研究设计将雷达信息传送给指挥系统及武器系统的最佳方式、雷达与防空武器的最佳配置等；护航舰队保护商船队的编队问题，研究当船队遭受德国潜艇攻击时如何使船队减少损失等；大西洋反潜战问题，研究如何设计反潜舰艇或飞机投掷深水炸弹的最佳方案等。第二次世界大战后，在英国、美国军队中相继成立了更为正式的运筹研究组织，以兰德公司（LAND）为首的一些部门开始着重研究战略性问题。例如，为美国空军评价各种轰炸机系统，讨论未来的武器系统和未来战争的战略等；研究苏联的军事能力及未来的预报等。总的来说，在这段时间里运筹学的研究与应用范围主要是与战争相关的战略、战术方面的问题。随着世界性战争的结束，各国的经济建设迅速发展，世界范围内的激烈竞争也体现在经济、技术方面，运筹学的研究发展也向这些方面拓展。由于运筹学适应了时代的要求，它无论是从理论上还是应用上都得到了快速的发展。在应用方面，今天运筹学已经涉及了服务、管理、规划、决策、组织、生产、建设等诸多方面，甚至可以说，很难找出它不涉及的领域。在理论方面，由于运筹学的需要和刺激而发展起来的一些数学分支，如数学规划、应用概率与统计、应用组合数学、对策论、数理经济学、系统科学等，都得到了迅速发展。

20世纪50年代中期，我国著名科学家钱学森、许国志等将运筹学从西方引入我国，并结合我国的特点在国内推广应用。自从引入以来，运筹学在我国得到快速发展，确立了它在经济建设中的地位。但是，运筹学在我国的发展状况与世界其他国家相比，尚有不小的差距，其中最主要的是认识与基础的问题。

随着科学技术的发展，特别是信息社会的到来，运筹学的内涵不断扩大，涉及的数学及其他基础学科的知识越来越多，于是熟练掌握并运用这门学科有效解决实际问题的难度也逐渐加大。根据运筹学的发展，数学、计算机科学及其他新兴学科的最新知识、技术都能很快融合到其中，使得运筹学的发展进入了一个崭新的阶段。

为了加强运筹学的研究与应用，国内外成立了许多学术性的组织。最早建立运筹学会的国家是英国（1948年），接着是美国（1952年）、法国（1956年）、日本和印度（1957年）等。

我国的运筹学会成立于1980年。1959年英国、美国、法国三国的运筹学会发起成立了国际运筹学联合会（IFORS），以后各国的运筹学会纷纷加入，我国于1982年加入该会。此外还有一些地区性组织，如欧洲运筹学协会（EURO）成立于1976年，亚太运筹学协会（APORS）成立于1985年等。

二、运筹学的应用

运筹学的早期应用主要是在军事领域，第二次世界大战后运筹学的应用才转向民用。经过几十年的发展，运筹学的应用已经深入到社会、政治、经济、军事、科学、技术等各个领域，发挥了巨大作用。这里选择几个管理方面的应用给予简单介绍。

（1）生产运作：生产总体计划要求从总体确定生产、存储和劳动力的配合规划，以适应波动的需求计划。运筹学的应用主要在生产作业的计划、日程表的编排，合理下料、配料问题，物料管理等方面。

（2）物资库存管理：多种物资库存的系统组织与安排管理，确定某些设备的能力或容量，如停车场的大小、新增发电设备的容量、电子计算机的内存量、合理的水库容量等。将库存理论与计算机的物资管理信息系统相结合，确定合理的库存方式，计算最佳的库存量等。

（3）物资运输问题：涉及航空运输、水路运输、公路运输、铁路运输、管道运输、厂内运输。它常常涉及班次和人员服务时间安排等，需要确定最小成本的运输线路、物资的调拨、运输工具的调度等。

（4）组织人事管理：对人员的需求和使用方面的预测，确定人员编制、人员合理分配，建立人才评价体系，制定人才开发规划，研究激励机制等。

（5）市场营销：广告预算、媒介选择、产品定价、新产品的引入和开发、销售计划制订、市场模拟研究等。

（6）财务管理和会计：各经济项目的预测、预算，以及贷款、成本分析、证券管理、现金管理等。常使用的方法有统计分析、数学规划、决策分析、盈亏点分析法、价值分析法等。

（7）计算机应用和信息系统开发：运筹学中的数学规划方法、网络图论、排队论、存储论、模拟与仿真方法等对其均起到巨大作用。

（8）城市管理：各种紧急服务系统的设计和运用，城市垃圾的清扫、搬运和处理，城市供水和污水处理系统的规划，区域规划，市区交通网络的规划与管理等。

三、运筹学的发展

随着运筹学的应用越来越广泛和深入，众多有志之士对运筹学将向哪个方向发展、如何发展的问题进行了广泛和深入的研究。美国前运筹学会主席邦特（S. Bonder）认为，运筹学应在三个领域得到发展：运筹学应用、运筹科学和运筹数学，并强调发展前两者，三个领域应从整体上协调发展。目前运筹学工作者面临的大量新问题是：经济、技术、社会、生态和政治等因素交叉在一起的复杂系统。因此，早在20世纪70年代末80年代初就有不少运筹学家提出：要注意研究大系统，注意运筹学与系统分析相结合。美国科学院国际开发署写了一本书，其书名就把系统分析和运筹学并列。有的运筹学家提出了从运筹学到系统分析的报告，认为由于研究新问题的时间很长，因此必须与未来学紧密结合；由于面临的问题大多是涉及技术、经济、社会、心理等综合因素的研究，在运筹学中除常用的数学方法以外，还必须引入一些非经典数学的方法和理论等。美国运筹学家沙旦(T. L. Saaty)在20世纪70年代末提出了层次分析法（AHP），并认为过去过分强调细巧的数学模型，可是它很难解决那些非结构性的复杂问题。因此宁可用看起来是简单和粗糙，但加上决策者的正确判断恰能解决实际问题的方法。切克兰特(P. B. Checkland)把传统的运筹学方法称为硬系统思考，它适用于解决那种结构明确的系统以及战术和技术性问题。硬系统思考方法对于结构不明确的、有人参与活动的系统无法很好地处理，这就应采用软系统思考方法：它相应的一些概念和方法都应有所变化，如将过分理想化的"最优解"换成"满意解"等。

目前，运筹学领域的工作者的共识是，运筹学的发展应注重三个方面：理念更新、实践为本、学科交融。

第二节　运筹学的内容及特点

一、运筹学的分支

我国运筹学的老前辈、中国工程院院士许国志教授曾在1992年《运筹与管理》杂志创刊号发表的《运筹学的ABC》一文中提出了运筹学的三个来源：军事、管理和经济，同时还讨论了运筹学的三个组成部分：运用分析理论、竞争理论和随机服务系统理论即排队论。

由于运筹学涉及广泛的应用和有关的学科领域，经历数十年的发展形成了其自身的各个分支。

线性规划是由美国运筹学工作者丹捷格(G. B. Dantzig)在1947年发表的成果，它当时所解决的问题是由美国空军在军事规划时提出的。丹捷格提出了求解线性规划问题的单纯形法。列昂节夫约在1932年提出了投入产出模型；冯·诺伊曼（Von. Neumman）和摩根斯坦(O. Morgenstern)合著的《对策论与经济行为》（1944年）是对策论的奠基作，同时该书已隐约地指出了对策论与线性规划对偶理论的紧密联系。回顾历史，为运筹学的建立和发展做出贡献的有物理学家、经济学家、数学家、其他专业的学者、军官和各行业的实际工作者。

运筹数学的飞快发展，促使并形成了许多运筹学的分支(Components of Operations Research)。通常提到的有：
- 线性规划
- 非线性规则
- 整数规划
- 目标规划
- 动态规划
- 随机规划
- 模糊规划等

人们常常把以上分支统称为数学规划，此外还有：
- 图论与网络
- 排队论(随机服务系统理论)

- 存储论
- 对策论
- 决策论
- 搜索论
- 维修更新理论
- 排序与统筹方法等

二、运筹学的定义

为了更好地研究和应用，人们希望对运筹学给出一个确切的定义，以便更加深入地明确它的性质和特点。但是，由于本学科复杂的应用科学特征，至今还没有统一且确切的定义。我们利用以下几个比较有影响的运筹学的定义(Definitions of Operations Research)来说明运筹学的性质和特点。

(1) 为决策机构在对其控制下的业务活动进行决策时，提供以数量化为基础的科学方法(P. M. Morse & G. E. Kimball)。

这个定义首先强调的是科学方法，重视某种研究方法要求能够用于整个一类问题上，并能够控制和进行有组织的活动，而不单是这些研究方法分散和偶然的应用。另外，它强调以量化为基础，必然要用到数学理论及其成果。我们知道，任何决策都包含定量和定性两个方面，而定性方面又不能简单地用数学表示，如政治、社会等因素，只有综合多种因素的决策才是全面的。在这里，运筹学工作者的职责是为决策者提供可以量化的分析，指出那些定性的因素。

(2) 运筹学是一门应用科学，它广泛应用现有的科学技术知识和数学方法，解决实际中提出的专门问题，为决策者选择最优决策提供定量依据。

这个定义表明运筹学具有多学科交叉的特点，例如综合运用数学、经济学、心理学、物理学、化学等的一些方法。运筹学强调最优决策，但是这个"最"过分理想了，在实际生活中很难实现。

(3) 运筹学是一种给出问题坏的答案的艺术，否则问题的结果会更坏。

这个定义表明运筹学强调最优决策过分理想，在现实中很难实现，于是用次优、满意等概念来代替最优。

三、运筹学应用的原则

为了有效地应用运筹学，英国运筹学会前会长托姆林森提出了下列六条原则，这六条原则得到了众多运筹学工作者的认同。

(1) 合伙原则。这一原则要求运筹学工作者要和各方面人士，尤其是实际部门的工作者合作。

(2) 催化原则。在多学科共同解决某问题时，要引导人们改变一些常规的看法。

(3) 互相渗透原则。这一原则要求多部门彼此渗透地考虑问题，而不是只局限于本部门。

(4) 独立原则。在研究问题时，不应为某人或某部门的特殊政策所左右，应独立从事工作。

（5）宽容原则。这一原则要求解决问题的思路要宽，方法要多，而不是局限于某种特定的方法。

（6）平衡原则。这一原则要求要考虑各种矛盾的平衡、关系的平衡。

第三节　运筹学的学习

一、运筹学研究项目的工作步骤

由于运筹学与许多学科领域、各种有关因素有着横向和纵向的联系，为了有效地应用运筹学，根据运筹学的特征，人们把运筹学研究项目的工作步骤（Phases of an Operations Research Project）归纳为以下几方面内容：

（1）目标的确定。确定决策者期望从方案中得到什么。这个目标不应限制在过分狭小的范围内，也要避免把研究目标做不必要的扩大。

（2）方案计划的研制。实施一项运筹学研究项目的过程常常是一个创造性的过程，计划的实质是规定出要完成某些子任务的时间，然后创造性地按时完成这一系列子任务。这样做能够推动运筹学分析者做出结论，有助于方案的成功。若对计划任意延期和误时，会导致分析者消极工作和管理者漠不关心。

（3）问题的表述。这项工作需要与管理人员深入讨论，包括与其他职员和业务人员的接触以及必要数据的采集，以便了解问题的本质、历史及未来，问题中各个变量之间的关系。这项任务的目的是为研究中的问题提供一个模型框架，并为以后的全部工作确立方向。在这里，第一要考虑问题是否能够分解为若干串行或并行的子问题；第二要确定模型建立的细节，如问题尺度的确定、可控制决策变量的确定、不可控制状态变量的确定、有效性度量的确定，以及各类参数、常数的确定。

（4）模型的研制。模型是对各变量关系的描述，是正确研制成功解决问题的关键。构成模型的关系有几种类型，常用的有定义的关系、经验关系和规范关系等。

（5）模型求解。在这一步应充分考虑现有的计算机应用软件是否适应模型的条件，解的精度及可行性是否能够达到要求。若没有现成可直接应用的计算机软件，则需要做以下两步工作：

1）计算手段的拟定。在模型研制的同时，需要研究如何用数值方法求解模型。其中包括对问题变量性质（确定性、随机性、模糊性）、关系特征（线性、非线性）、手段（模拟、优化）及使用方法（现有的、新构造的）等的确定。

2）程序明细表的编制，程序的设计和调试。对于计算过程需要编制程序来实现计算机运算的，运筹学研究应包含算法过程的描述、计算流程框图的绘制。程序的实现及调试可以交由程序员完成，或会同程序员完成。

（6）数据收集。把有效性试验和实行方案所需的数据收集起来加以分析，研究输入的灵敏性，从而可以更准确地估计得到的结果。

（7）解的检验（验证）。验证在运筹学的研究与应用中的重要性无论怎样强调都不会过分。验证包括两个方面：①确定验证模型，包括为验证一致性、灵敏性、似然性和工作能力而设计的分析和试验；②验证的进行，即把前一步收集的数据用来对模型做完全试验。这样一种试验的结果，往往必须重新设计模型，并要求重编相关的程序。

（8）解方案的实施。有些人认为，在模型验证后任务就完成了，这是不对的。事实上，一项研究的真正困难往往在解方案实施这一步。很多问题常常在这时暴露出来，它们会涉及研制方案的全过程。因此，必须由参与整个过程的有关人员参与才能解决。

二、运筹学建模的一般思路

运筹学建模在理论上应属于数学建模的一部分。因此，运筹学建模所采用的手段、途径与一般数学建模所采用的类似。下面介绍根据运筹学本身的特征来处理建模问题的一般思路。

经过长期、深入的研究和发展，运筹学处理的问题将归纳成一系列具有较强背景和规范特征的典型问题。因此，对运筹学建模就要把相当的精力放在将实际问题合理地描述为某种典型的运筹模型上。在这个过程中，一般要求运筹学工作者应具有以下几方面的知识和能力：

（1）熟悉典型运筹模型的特征和它的应用背景。

（2）有广博的知识，有分析、理解实际问题的能力，有搜集信息、资料和数据的能力。

（3）有抽象分析问题的能力，有善于抓主要矛盾，善于逻辑思维、推理、归纳、联想、类比的能力。

（4）有运用各类工具知识的能力，包括有运用数学、计算机、其他自然科学的知识和工程技术的能力。

（5）有试验校正和维护修正模型的能力。

根据问题本身的情况，运筹学在解决问题时，按研究对象的不同可构造各种不同的模型。模型是研究者对客观现实经过思维抽象后用文字、图表、符号、关系式以及实体描述所认识到的客观对象。模型的有关参数和关系式比较容易改变，这样将有助于问题的分析和研究。利用模型可以对所研究的问题进行一定预测及灵敏度分析等。

目前运筹学中用得最多的是符号和数学模型。建立、构造模型是一种创造性的劳动，成功的模型往往是科学和艺术的结晶。常见的构建模型的方法和思路有以下几种：

（1）直接分析法。当对问题的内在关系、特征等比较熟悉时，可以根据对问题内在机理的认识直接构造出模型。运筹学中已有不少现存的模型，如线性规划模型、投入产出模型、排队模型、存储模型、决策和对策模型等。这些模型都有很好的求解方法及求解软件。有时模型的参数也可以直接从问题本身得到。

（2）类比法。通过对问题的深入分析，结合经验，常常会发现有些模型的结构性质是类同的。这就可以互相类比，通过类比把新遇到的问题用已知类似问题的模型来建立该问题的模型。这种情况往往得到的是模型归类，而模型参数需用其他方法取得。

（3）模拟法。利用计算机程序实现对问题的实际运行模拟，可以得到有用的数据。这些数据常用来求解模型参数，或对所建立模型的合理性、正确性进行检验。

（4）数据分析法。利用数据处理的方法分析各数据变量之间的关系是确定关系，还是相关关系，以及是何种相关等。这种方法还可以用回归分析找出变量的变化趋势，从而得到合理的数学模型。大量模型参数的求得也常常使用数据处理的统计方法。另外，回归模型常常就是一个无约束最优化模型。

（5）试验分析法。通过试验分析建模是工程管理中常用的方法。这种方法是以局部的试验产生数据，经过统计处理得到总体的模型或模型归类。试验分析更多地用于产生模型参数。

（6）构想法。当有些问题的机理不清楚，既缺少数据，又不能做试验来获得数据时，例如一些社会、经济、军事问题等，人们只能在已有的知识、经验和某些研究的基础上，对于将来可能发生的情况给出逻辑上合理的设想和描述，然后用已有的方法构造模型，并不断修正完善，直至比较满意为止。这种方法基于人们的构想。

三、如何学好运筹学

运筹学是一门基础性的应用学科，主要研究系统最优化的问题，通过对建立的模型求解，可以为管理人员做决策提供科学依据。本课程是经济管理类专业的必修基础课，为学习有关专业课打好基础，进而为学生毕业后在管理工作中运用模型技术、数量分析及优化方法打下良好的基础。本课程的主要任务是：

（1）要求学生掌握运筹学的基本概念、基本原理、基本方法和解题技巧。

（2）培养学生根据实际问题建立运筹学模型的能力及求解模型的能力。

（3）培养学生分析解题结果及经济评价的能力。

（4）培养学生理论联系实际的能力及自学能力。

通过教学，培养学生严谨的学风及勤奋刻苦的学习态度和科学的协作精神。

为了帮助有关人员更好地学习运筹学，根据编者多年的教学实践和体会，提出如下一些建议，仅供参考。

学习运筹学要把重点放在分析、理解有关的概念、思路上。在学习过程中，应该多向自己提问，如一个方法的实质是什么，为什么这样做，怎么做等。

在认真听课的基础上，学习或复习时要掌握以下三个重要环节：

（1）认真阅读教材和参考资料，以指定教材为主，同时参考其他有关书籍。一般每一本运筹学教材都有自己的特点，但是基本原理、概念都是一致的。注意主从，参考资料会帮助读者开阔思路，使学习深入。但是，把时间过多地放在参考资料上，会导致思路分散，不利于学好。

（2）要在理解了基本概念和理论的基础上研究例题。例题是帮助读者理解概念、理论的。作业练习的主要作用也是这样，它同时还有让读者检查自己学习效果的作用。因此，做题要有信心，要独立完成，不要怕出错。整个课程是一个整体，各节内容有内在联系，只要学到一定程度，将知识融会贯通起来，题做得是否正确自己就能判断。

（3）要学会做学习小结。每一节或一章学完后，必须学会用精练的语言来概括该部分所学内容。这样，才能够从较高的角度来看问题，更深刻地理解有关知识和内容，这就称作"把书读薄"。若能够结合自己参考大量文献后的深入理解，把相关知识从更深入、更广泛的角度进行论述，则称之为"把书读厚"。

第四节　运筹优化软件介绍

随着大数据时代的到来以及计算机性能的提升，商业化的运筹优化软件在行业中的应用越来越广泛而深入，对于有数百万个变量和约束条件的运筹与优化问题，软件工具可以在很短时间内给出一个满意解，而这种应用同时也推动了运筹学的发展。本节将介绍 CPLEX、Gurobi 和 Xpress 三个业界公认的优秀商业优化求解软件，同时介绍几个国内教学中常用于求解运筹学模型的软件工具，帮助初学者用以开展运筹学实验，加深理解本书所讲各章节知识。

一、商业软件

1. CPLEX

IBM ILOG CPLEX Optimization Studio 是一个优化软件包，由于其使用 C 语言编程实现单纯形方法而得名，最初由 Robert Bixby 开发，1988 年被 CPLEX 公司商业化出售，1997 年被 ILOG 公司收购，2009 年又被 IBM 公司收购。

完整的 IBM ILOG CPLEX Optimization Studio 包括用于数学规划的 CPLEX Optimizer、用于约束规划的 CP Optimizer、优化编程语言(OPL)和集成的 IDE。IBM ILOG CPLEX Optimizer 提供了高性能优化引擎，可以解决整数规划、超大型线性规划、凸和非凸二次规划以及带约束的二次规划等问题，具有求解速度快、自带语言简单易懂、与众多优化软件及语言兼容等特点。

2. Gurobi

Gurobi Optimization 公司成立于 2008 年，以其三位创始人 Zonghao Gu、Edward Rothberg 和 Robert Bixby 命名。Bixby 是 CPLEX 的创始人，Edward Rothberg 和 Zonghao Gu 领导 CPLEX 开发团队十多年。

Gurobi Optimizer 是全球性能领先的大规模优化器，支持 C/C + +、Java、. NET、R、MATLAB 和 Python 等多种编程和建模语言，可以解决线性规划、二次规划、二次约束规划、混合整数线性规划、混合整数二次规划等问题。Gurobi 全球用户超过 2600 家，广泛应用在金融、物流、制造、航空、石油石化、商业服务等多个领域。Gurobi 提供了免 IP 验证学术许可申请。

3. Xpress

Xpress 最初由 Dash Optimization 公司的 Bob Daniel 和 Robert Ashford 开发，2008 年被 FICO公司收购。

Xpress 包括其建模语言 Xpress Mosel 和集成开发环境 Xpress Workbench，可以解决线性规划、混合整数线性规划、凸二次规划、凸二次约束二次规划、二阶锥规划等问题。Xpress 的 BCL(Builder Component Library)建模模块提供了 C/C + +、Java 和 . NET 框架接口，此外还提供了 Python 和 MATLAB 接口。Xpress 是三大优化求解器中相对价格较低的一个，还面向教学使用提供了免费社区版本。

二、国内教学常用软件

1. LINGO

LINGO(Linear Interaction and General Optimizer)即 "交互式线性和通用优化求解器"，是由美国 LINDO 系统公司开发的一套专门用于求解最优化问题的软件包，内置建模语言，提供了诸多内部函数，能够很方便地定义规模较为庞大的规划模型，可以求解线性规划、二次规划、整数规划、非线性规划等问题，具有简单易学、与 Excel 及数据库交互方便等特点。

该软件有免费的 Demo 版本和收费的 Solve Suite、Super、Hyper、Industrial、Extended 等版本。

2. MATLAB

MATLAB 最早在 20 世纪 70 年代由美国新墨西哥大学计算机科学系主任 Cleve Moler 编写，1984 年被 Little、Moler、Steve Bangert 合作成立的 MathWorks 公司推向市场，目前广泛地用于数据分析、深度学习、图像处理与计算机视觉、量化金融与风险管理、控制系统等领域。MATLAB 主要面对科学计算、可视化以及交互式程序设计的高科技计算环境，提供了强大的行矩阵运算、绘制函数和数据、实现算法、创建用户界面、连接其他编程语言的程序等功能，通过直接命令调用即可实现线性模型和非线性模型的求解，是运筹学领域建立优化模型和仿真运算的首选工具之一。

3. WinQSB

WinQSB(Quantitative Systems for Business)软件是由美籍华人 Yih – Long Chang 和 Kiran Desai 开发的，可广泛应用于解决管理科学、决策科学、运筹学及生产管理等领域的问题。该软件具有界面设计友好、使用简单、方便演示等特点。该软件共有 19 个子程序（见表1-1），分别用于解决运筹学不同方面的问题，对于较小的问题还可以演示其计算过程，适用于初学者学习掌握课程基本知识。

表 1-1　WinQSB 软件子程序

序　号	子　程　序	缩写及文件名后缀
1	综合计划编制（Aggregate Planning）	AP
2	决策分析（Decision Analysis）	DA
3	动态规划（Dynamic Programming）	DP
4	设备场地布局（Facility Location and Layout）	FLL
5	预测与线性回归（Forecasting and Linear Regression）	FC
6	目标规划（Goal Programming）	GP
7	存储论（Inventory Theory and System）	ITS
8	作业调度（Job Scheduling）	JOB
9	线性与整数规划（Linear and Integer Programming）	LP – ILP
10	马尔科夫过程（MarKov Process）	MKP
11	物料需求计划（Material Requirements Planning）	MRP
12	网络模型（Network Modeling）	Net
13	非线性规划（Nonlinear Programming）	NLP
14	网络计划（PERT_CPM）	CMP
15	二次规划（Quadratic Programming）	QP
16	质量管理控制图（Quality Control Chart）	QCC
17	排队论（Queuing Analysis）	QA
18	排队系统模拟（Queuing System Simulation）	QSS
19	抽样分析（Acceptance Sampling Analysis）	ASA

第二章

线性规划建模及单纯形法

本章内容要点

- 线性规划模型与解的主要概念；
- 线性规划的单纯形法，线性规划的多解分析；
- 线性规划应用——建模。

核心概念

- 线性规划　Linear Programming
- 目标函数　Objective Function
- 可行域　Feasible Region
- 可行解　Feasible Solution
- 右端项　Right-hand Side
- 图解法　Graphical Method
- 基　Basis
- 基变量　Basic Variable
- 非基变量　Non-basic Variable
- 基本解　Basic Solution
- 基本可行解　Basic Feasible Solution
- 最优解　Optimal Solution
- 最优值　Optimal Value
- 单纯形法　Simplex Method
- 决策变量　Decision Variable
- 大 M 法　Big M Method
- 两阶段法　Two-Phase Method

【案例导引】

　　某企业生产甲、乙、丙三类特种钢材，每吨甲、乙、丙钢材需要加入材料 A、B、C、D 的数量，材料限制及每吨甲、乙、丙钢材的利润如表 2-1 所示。

表 2-1 相关资料表

钢 材	加入材料				
	A/(kg/t)	B/(kg/t)	C/(kg/t)	D/(kg/t)	利润/(千元/t)
甲	7	5	1	2	12
乙	1	8	6	5	9
丙	8	1	2	5	10
材料限制/kg	630	600	708	270	

寻求使得总利润最大的生产方案。即考虑在材料 A、B、C、D 的数量限制范围内，甲、乙、丙类钢材各生产多少吨，可使获得的总利润最大。

案例思考题：

上面案例如何求解？难点是什么？关键在哪里？从这里体会线性规划（Linear Programming）模型的建立、模型的特征、模型的求解思路和过程。

第一节 线性规划模型

一、线性规划问题的提出

在实践中，根据实际问题的要求，常常可以建立线性规划问题的数学模型。

例 2-1 某工厂拥有 A、B、C 三种类型的设备，生产甲、乙两种产品。每件产品在生产时需要占用的设备机时数、每件产品可以获得的利润以及三种设备可利用的机时数如表 2-2 所示。

表 2-2 产品有关数据

设 备	产 品		设备能力/h
	甲	乙	
A	3	2	65
B	2	1	40
C	0	3	75
利润/（元/件）	1500	2500	

问题：工厂应如何安排生产才可获得最大的总利润？

解 设变量 x_i 为第 i 种（甲、乙）产品的生产件数（$i=1,2$）。根据题意，知道两种产品的生产受到设备能力（机时数）的限制。对设备 A，两种产品生产所占用的机时数不能超过 65h，于是可以得到不等式：$3x_1+2x_2 \leq 65$；对设备 B，两种产品生产所占用的机时数不能超过 40h，于是可以得到不等式：$2x_1+x_2 \leq 40$；对设备 C，两种产品生产所占用的机时数不能超过 75h，于是可以得到不等式：$3x_2 \leq 75$；另外，产品数不可能为负，即 x_1，$x_2 \geq 0$。同时，有一个追求目标，即获取最大利润。于是可写出目标函数：max $z=1500x_1+2500x_2$。综合上述讨论，在加工时间以及利润与产品产量呈线性关系的假设下，把目标函数（Objective Function）和约束条件放在一起，可以建立下列线性规划模型：

目标函数 $\quad \max\ z = 1500x_1 + 2500x_2$

约束条件 $\quad$ s. t. $\begin{cases} 3x_1 + 2x_2 \leqslant 65 \\ 2x_1 + x_2 \leqslant 40 \\ 3x_2 \leqslant 75 \\ x_1, \quad x_2 \geqslant 0 \end{cases}$

这是一个典型的利润最大化的生产计划问题。其中，"max"是英文单词"maximize"的缩写，含义为"最大化"；"s. t."是"subject to"的缩写，表示"满足于……"。因此，上述模型的含义是：在给定的条件限制下，求使得目标函数 z 达到最大时的 x_1、x_2 的取值。

例 2-2 某工厂熔炼一种新型不锈钢，需要用四种合金 T_1、T_2、T_3 和 T_4 为原料，经测量这四种原料关于元素铬（Cr）、锰（Mn）和镍（Ni）的质量分数、单价以及这种不锈钢所需铬（Cr）、锰（Mn）和镍（Ni）的最低质量分数如表2-3所示。假设熔炼时重量没有损耗。

表 2-3 产品有关数据

元　　素	合　金				不锈钢所需各元素的最低质量分数
	T_1	T_2	T_3	T_4	
铬（Cr）（%）	3.21	4.53	2.19	1.76	3.20
锰（Mn）（%）	2.04	1.12	3.57	4.33	2.10
镍（Ni）（%）	5.82	3.06	4.27	2.73	4.30
单价/（万元/t）	11.5	9.7	8.2	7.6	

问题：要熔炼成100t这样的不锈钢，应选用原料 T_1、T_2、T_3 和 T_4 各多少吨，能够使成本最小？

解 设选用原料 T_1、T_2、T_3 和 T_4 分别为 x_1、x_2、x_3、x_4。根据题目条件，知道该工厂熔炼不锈钢的量是已知的，为100t，它将由四种合金 T_1、T_2、T_3 和 T_4 为原料熔炼而成，因此有一个等式约束：$x_1 + x_2 + x_3 + x_4 = 100$；该不锈钢所需铬（Cr）、锰（Mn）和镍（Ni）的最低质量分数是四种合金 T_1、T_2、T_3 和 T_4 对相应元素的含量构成，于是可以得到：

关于铬含量的不等式：$0.0321x_1 + 0.0453x_2 + 0.0219x_3 + 0.0176x_4 \geqslant 3.20$

关于锰含量的不等式：$0.0204x_1 + 0.0112x_2 + 0.0357x_3 + 0.0433x_4 \geqslant 2.10$

关于镍含量的不等式：$0.0582x_1 + 0.0306x_2 + 0.0427x_3 + 0.0273x_4 \geqslant 4.30$

另外，各种合金的加入都不可能为负，即有非负限制：x_1，x_2，x_3，$x_4 \geqslant 0$。最后，追求的目标是成本最小，于是可写出目标函数为：$\min\ z = 11.5x_1 + 9.7x_2 + 8.2x_3 + 7.6x_4$。

综合上述讨论，把目标函数和约束条件放在一起，可以建立如下线性规划模型：

目标函数 $\quad \min\ z = 11.5x_1 + 9.7x_2 + 8.2x_3 + 7.6x_4$

约束条件 $\quad$ s. t. $\begin{cases} 0.0321x_1 + 0.0453x_2 + 0.0219x_3 + 0.0176x_4 \geqslant 3.20 \\ 0.0204x_1 + 0.0112x_2 + 0.0357x_3 + 0.0433x_4 \geqslant 2.10 \\ 0.0582x_1 + 0.0306x_2 + 0.0427x_3 + 0.0273x_4 \geqslant 4.30 \\ x_1 + x_2 + x_3 + x_4 = 100 \\ x_1, \quad x_2, \quad x_3, \quad x_4 \geqslant 0 \end{cases}$

这是一个典型的成本最小化问题。其中，"min"是英文单词"minimize"的缩写，含义为"最小化"。因此，上述模型的含义是：在给定的条件限制下，求使得目标函数 z 达到最小值时的 x_1、x_2、x_3、x_4 的取值。

二、线性规划的模型结构

通过以上两个例子可以归纳出线性规划问题的一般形式：

对于一组变量 $x_j(j=1,2,\cdots,n)$ 取

$$\max(\min) \ z = c_1x_1 + c_2x_2 + \cdots + c_nx_n \tag{2-1}$$

$$\text{s. t.} \begin{cases} a_{11}x_1 + a_{12}x_2 + \cdots + a_{1n}x_n \leqslant (\ =,\geqslant) b_1 \\ a_{21}x_1 + a_{22}x_2 + \cdots + a_{2n}x_n \leqslant (\ =,\geqslant) b_2 \\ \qquad\qquad\qquad \vdots \\ a_{m1}x_1 + a_{m2}x_2 + \cdots + a_{mn}x_n \leqslant (\ =,\geqslant) b_m \end{cases} \tag{2-2}$$

$$x_1, \ x_2, \ \cdots, \ x_n \geqslant 0 \tag{2-3}$$

这是线性规划数学模型的一般形式。其中，式(2-1)称为目标函数，它只有两种形式：max 或 min；式(2-2)称为约束条件，它们表示问题所受到的各种约束条件，一般有三种形式："大于等于""小于等于"（这两种情况又称不等式约束）或"等于"（又称等式约束）；式(2-3)称为非负约束条件，很多情况下决策变量都蕴含了这个假设，它们在表述问题时常常不一定明确指出，建模时应该注意这种情况。在实际中，有些决策变量允许取任何实数，如温度变量、资金变量等，这时不能人为地强行限制其非负。

在线性规划模型中，也直接称 z 为目标函数；称 $x_j(j=1,2,\cdots,n)$ 为决策变量（Decision Variable）；称 $c_j(j=1,2,\cdots,n)$ 为目标函数系数或价值系数或费用系数；称 $b_i(i=1,2,\cdots,m)$ 为约束右端常数或简称右端项（Right-hand Side），也称为资源常数；称 $a_{ij}(i=1,2,\cdots,m;j=1,2,\cdots,n)$ 为约束系数或技术系数。这里，c_j、b_i、a_{ij} 均为常数。

线性规划的数学模型可以表示为下列简洁的形式：

$$\max(\min) \ z = \sum_{j=1}^{n} c_j x_j$$

$$\text{s. t.} \begin{cases} \sum_{j=1}^{n} a_{ij} x_j \leqslant (\ =,\geqslant) b_i & (i=1,2,\cdots,m) \\ x_j \geqslant 0 & (j=1,2,\cdots,n) \end{cases} \tag{2-4}$$

线性规划的数学模型还可以表示为下列矩阵形式或较简洁的分量形式，即向量和矩阵：

$$\boldsymbol{x} = \begin{pmatrix} x_1 \\ x_2 \\ \vdots \\ x_n \end{pmatrix} \quad \boldsymbol{c} = \begin{pmatrix} c_1 \\ c_2 \\ \vdots \\ c_n \end{pmatrix} \quad \boldsymbol{b} = \begin{pmatrix} b_1 \\ b_2 \\ \vdots \\ b_m \end{pmatrix} \quad \boldsymbol{A} = \begin{pmatrix} a_{11} & a_{12} & \cdots & a_{1n} \\ a_{21} & a_{22} & \cdots & a_{2n} \\ \vdots & \vdots & & \vdots \\ a_{m1} & a_{m2} & \cdots & a_{mn} \end{pmatrix}$$

为了书写方便，可把列向量记为行向量的转置，如 $\boldsymbol{x} = (x_1,x_2,\cdots,x_n)^{\mathrm{T}}$，"T"表示转置，是"transform"的缩写；对于 n 维列向量 $\boldsymbol{x}$，用符号表示为：$\boldsymbol{x} \in \mathbf{R}^n$；$\boldsymbol{A}$ 是 m 行 n 列的矩阵，称 $m \times n$ 矩阵。

在这里，矩阵 $\boldsymbol{A}$ 有时表示为：$\boldsymbol{A} = (\boldsymbol{p}_1,\boldsymbol{p}_2,\cdots,\boldsymbol{p}_n)$，其中，$\boldsymbol{p}_j = (a_{1j},a_{2j},\cdots,a_{mj})^{\mathrm{T}} \in \mathbf{R}^m$。于是，线性规划问题可用矩阵形式表示和向量形式表示。

用矩阵形式表示：

$$\max(\min) \ z = \boldsymbol{c}^{\mathrm{T}}\boldsymbol{x}$$
$$\text{s. t.} \begin{cases} \boldsymbol{Ax} \leqslant (\ =, \ \geqslant)\boldsymbol{b} \\ \boldsymbol{x} \geqslant \boldsymbol{0} \end{cases} \tag{2-5}$$

用向量形式表示：

$$\max(\min) \ z = \sum_{j=1}^{n} c_j x_j$$
$$\text{s. t.} \begin{cases} \displaystyle\sum_{j=1}^{n} \boldsymbol{p}_j x_j \leqslant (\ =, \ \geqslant)\boldsymbol{b} \\ x_j \geqslant 0 \quad (j = 1, 2, \cdots, n) \end{cases} \tag{2-6}$$

这里，向量的等式与不等式表示所有分量有一致的关系，即当 $\boldsymbol{x}$，$\boldsymbol{y} \in \mathbf{R}^n$ 时，$\boldsymbol{x} \leqslant \boldsymbol{y}$ 表示对所有 $i = 1, 2, \cdots, n$ 有 $x_i \leqslant y_i$；其他也类似。

于是，在线性规划模型中，称 $\boldsymbol{c}$ 为目标函数系数向量或价值系数向量或费用系数向量；称 $\boldsymbol{b}$ 为约束右端常数向量或简称右端项，也称资源常数向量；称 $\boldsymbol{A}$ 为约束系数矩阵或技术系数矩阵。

可以看出，线性规划模型有如下特点：①决策变量 x_1，x_2，$\cdots$，x_n 表示要寻求的方案，每一组值就是一个方案；②约束条件是用等式或不等式表述的限制条件；③一定有一个追求目标，或希望最大或希望最小；④所有函数都是线性的。

三、线性规划问题的规范形式和标准形式

为了讨论方便，在所有 $b_i \geqslant 0 (i = 1, 2, \cdots, m)$ 的前提下，称以下形式的线性规划问题为线性规划的规范形式：

$$\max \ z = c_1 x_1 + c_2 x_2 + \cdots + c_n x_n$$
$$\text{s. t.} \begin{cases} a_{11}x_1 + a_{12}x_2 + \cdots + a_{1n}x_n \leqslant b_1 \\ a_{21}x_1 + a_{22}x_2 + \cdots + a_{2n}x_n \leqslant b_2 \\ \qquad\qquad\qquad \vdots \\ a_{m1}x_1 + a_{m2}x_2 + \cdots + a_{mn}x_n \leqslant b_m \\ \quad x_1, \qquad x_2, \quad \cdots, \qquad x_n \geqslant 0 \end{cases} \tag{2-7}$$

矩阵形式：

$$\max \ z = \boldsymbol{c}^{\mathrm{T}}\boldsymbol{x}$$
$$\text{s. t.} \begin{cases} \boldsymbol{Ax} \leqslant \boldsymbol{b} \\ \boldsymbol{x} \geqslant \boldsymbol{0} \end{cases} \tag{2-8}$$

而称以下形式的线性规划问题为线性规划的标准形式：

$$\max \ z = c_1 x_1 + c_2 x_2 + \cdots + c_n x_n$$
$$\text{s. t.} \begin{cases} a_{11}x_1 + a_{12}x_2 + \cdots + a_{1n}x_n = b_1 \\ a_{21}x_1 + a_{22}x_2 + \cdots + a_{2n}x_n = b_2 \\ \qquad\qquad\qquad \vdots \\ a_{m1}x_1 + a_{m2}x_2 + \cdots + a_{mn}x_n = b_m \\ \quad x_1, \qquad x_2, \quad \cdots, \qquad x_n \geqslant 0 \end{cases} \tag{2-9}$$

矩阵形式:

$$\max\ z = \boldsymbol{c}^{\mathrm{T}}\boldsymbol{x}$$

$$\text{s. t.} \begin{cases} \boldsymbol{Ax} = \boldsymbol{b} \\ \boldsymbol{x} \geqslant \boldsymbol{0} \end{cases} \tag{2-10}$$

可以看出,线性规划的标准形式有如下四个特点:目标最大化、约束为等式、决策变量均非负、右端项非负。

对于各种非标准形式的线性规划问题,总可以通过以下变换将其转化为标准形式。

1. 极小化目标函数的问题

设目标函数为

$$\min\ f = c_1 x_1 + c_2 x_2 + \cdots + c_n x_n$$

则可以令 $z = -f$,以上极小化问题和这个极大化问题有相同的最优解,即

$$\max\ z = -c_1 x_1 - c_2 x_2 - \cdots - c_n x_n$$

但必须注意,尽管以上两个问题的最优解相同,但它们最优解的目标函数值却相差一个符号,即

$$\min\ f = -\max\ z$$

2. 约束条件不是等式的问题

设约束条件为

$$a_{i1} x_1 + a_{i2} x_2 + \cdots + a_{in} x_n \leqslant b_i$$

可以引进一个新的变量 s,使它等于约束右边与左边之差:

$$s = b_i - (a_{i1} x_1 + a_{i2} x_2 + \cdots + a_{in} x_n)$$

显然,s 也具有非负约束,即 $s \geqslant 0$,这时新的约束条件成为

$$a_{i1} x_1 + a_{i2} x_2 + \cdots + a_{in} x_n + s = b_i$$

当约束条件为

$$a_{i1} x_1 + a_{i2} x_2 + \cdots + a_{in} x_n \geqslant b_i$$

时,类似地令

$$s = (a_{i1} x_1 + a_{i2} x_2 + \cdots + a_{in} x_n) - b_i$$

显然,s 也具有非负约束,即 $s \geqslant 0$,这时新的约束条件成为

$$a_{i1} x_1 + a_{i2} x_2 + \cdots + a_{in} x_n - s = b_i$$

为了使约束由不等式成为等式而引进的变量 s 称为"松弛变量"。如果原问题中有若干个非等式约束,则将其转化为标准形式时,必须对各个约束引进不同的松弛变量。

例 2-3 将以下线性规划问题转化为标准形式:

$$\min\ f = 3.6 x_1 - 5.2 x_2 + 1.8 x_3$$

$$\text{s. t.} \begin{cases} 2.3 x_1 + 5.2 x_2 - 6.1 x_3 \leqslant 15.7 \\ 4.1 x_1 \qquad\qquad + 3.3 x_3 \geqslant 8.9 \\ x_1 \quad + x_2 \quad + x_3 = 38 \\ x_1, \quad\quad x_2, \quad\quad x_3 \geqslant 0 \end{cases}$$

解 首先,将目标函数转换成极大化,令

$$z = -f = -3.6 x_1 + 5.2 x_2 - 1.8 x_3$$

其次考虑约束，有两个不等式约束，引进松弛变量 x_4、x_5，且 x_4，$x_5 \geqslant 0$。

于是，可以得到以下标准形式的线性规划问题：

$$\max z = -3.6x_1 + 5.2x_2 - 1.8x_3$$

$$\text{s. t.} \begin{cases} 2.3x_1 + 5.2x_2 - 6.1x_3 + x_4 & = 15.7 \\ 4.1x_1 + 3.3x_3 & - x_5 = 8.9 \\ x_1 + x_2 + x_3 & = 38 \\ x_1, \quad x_2, \quad x_3, \quad x_4, \quad x_5 \geqslant 0 \end{cases}$$

3. 变量无符号限制的问题

在标准形式中，必须每一个变量均有非负约束。当某一个变量 x_j 没有非负约束时，可以令

$$x_j = x_j' - x_j''$$

其中，

$$x_j' \geqslant 0, \quad x_j'' \geqslant 0$$

即用两个非负变量之差来表示一个无符号限制的变量，当然 x_j 的符号取决于 x_j' 和 x_j'' 的大小。

4. 右端项有负值的问题

在标准形式中，要求右端项必须每一个分量非负。当某一个右端项系数为负时，如 $b_i < 0$，则把该等式约束两端同时乘以 -1，得到

$$-a_{i1}x_1 - a_{i2}x_2 - \cdots - a_{in}x_n = -b_i$$

例 2-4 将以下线性规划问题转化为标准形式：

$$\min f = -3x_1 + 5x_2 + 8x_3 - 7x_4$$

$$\text{s. t.} \begin{cases} 2x_1 - 3x_2 + 5x_3 + 6x_4 \leqslant 28 \\ 4x_1 + 2x_2 + 3x_3 - 9x_4 \geqslant 39 \\ 6x_2 + 2x_3 + 3x_4 \leqslant -58 \\ x_1, \quad x_3, \quad x_4 \geqslant 0 \end{cases}$$

解 首先，将目标函数转换成极大化，令

$$z = -f = 3x_1 - 5x_2 - 8x_3 + 7x_4$$

其次考虑约束，有 3 个不等式约束，引进松弛变量 x_5、x_6 和 x_7，且 x_5，x_6，$x_7 \geqslant 0$。

由于 x_2 无非负限制，可以令 $x_2 = x_2' - x_2''$，其中，$x_2' \geqslant 0$，$x_2'' \geqslant 0$。

由于第 3 个约束右端项系数为 -58，于是把该式两端乘以 -1。

于是，可以得到以下标准形式的线性规划问题：

$$\max z = 3x_1 - 5x_2' + 5x_2'' - 8x_3 + 7x_4$$

$$\text{s. t.} \begin{cases} 2x_1 - 3x_2' + 3x_2'' + 5x_3 + 6x_4 + x_5 & = 28 \\ 4x_1 + 2x_2' - 2x_2'' + 3x_3 - 9x_4 & - x_6 = 39 \\ -6x_2' + 6x_2'' - 2x_3 - 3x_4 & - x_7 = 58 \\ x_1, \quad x_2', \quad x_2'', \quad x_3, \quad x_4, \quad x_5, \quad x_6, \quad x_7 \geqslant 0 \end{cases}$$

第二节 线性规划图解法

一、线性规划的图解法(解的几何表示)

对于只有两个变量的线性规划问题,可以在二维直角坐标平面上作图表示线性规划问题的有关概念,并求解。图解法(Graphical Method)求解线性规划问题的步骤如下:

(1) 分别取决策变量 x_1、x_2 为坐标向量建立直角坐标系。

(2) 对每个约束(包括非负约束)条件,先取其等式在坐标系中作出直线,再通过判断确定不等式所决定的半平面。各约束半平面交汇出来的区域(存在或不存在)若存在,其中各点表示的解称为此线性规划的可行解(Feasible Solution)。这些符合约束限制的点集合,称为可行集或可行域(Feasible Region)。进行(3)。否则该线性规划问题无可行解。

(3) 任意给定目标函数一个值作一条目标函数的等值线,并确定该等值线平移后值增加的方向。平移此目标函数的等值线,使其达到既与可行域有交点又不可能使值再增加的位置(有时交于无穷远处,此时称无有限最优解)。若有交点时,此目标函数等值线与可行域的交点即最优解(Optimal Solution)(一个或多个),此目标函数的值即最优值(Optimal Value)。

考虑例 2-1,用图解法求解。

例 2-5 用图解法求解例 2-1,工厂应如何安排生产可获得最大的总利润?

解 设变量 x_i 为第 i 种(甲、乙)产品的生产件数($i = 1, 2$)。根据前面分析,可以建立如下线性规划模型:

$$\max \ z = 1500x_1 + 2500x_2$$
$$\text{s. t.} \begin{cases} 3x_1 + 2x_2 \leqslant 65 & (A) \\ 2x_1 + x_2 \leqslant 40 & (B) \\ 3x_2 \leqslant 75 & (C) \\ x_1, \quad x_2 \geqslant 0 & (D, E) \end{cases}$$

按照图解法的步骤在以决策变量 x_1、x_2 为坐标向量的平面直角坐标系上对每个约束(包括非负约束)条件作出直线,并通过判断确定不等式所决定的半平面。各约束半平面交汇出来的区域即可行集或可行域,如图 2-1 中阴影所示。

任意给定目标函数一个值作一条目标函数的等值线,并确定该等值线平移后值增加的方向,平移此目标函数的等值线,使其达到既与可行域有交点又不可能使值再增加的位置,得到交点 $(5, 25)$,此目标函数的值为 70000 元。于是得到这个线性规划的最优解: $x_1 = 5$ 件, $x_2 = 25$ 件,最优值 $z = 70000$ 元。即最优方案为生产甲产品 5

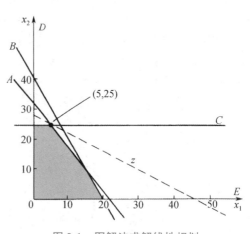

图 2-1 图解法求解线性规划

件、乙产品 25 件，此时可获得最大利润，为 70000 元。

例 2-6 在例 2-5 的线性规划模型中，如果目标函数变为

$$\max \quad z = 1500x_1 + 1000x_2$$

那么，最优情况下目标函数的等值线与直线 A 重合。这时，最优解有无穷多个，是从点 $(5, 25)$ 到点 $(15, 10)$ 线段上的所有点，最优值为 32500 元，如图 2-2 所示，z 沿箭头方向旋转到与直线 A 重合。

例 2-7 在例 2-5 的线性规划模型中，如果约束条件 (A)、(C) 变为

$$3x_1 + 2x_2 \geqslant 65 \quad (A')$$

$$3x_2 \geqslant 75 \quad (C')$$

并且去掉 (D, E) 的非负限制，那么可行域成为一个上无界的区域。这时，无有限最优解，如图 2-3 所示。

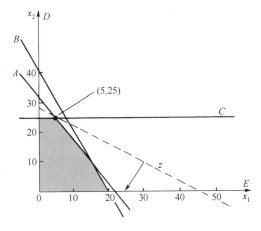

图 2-2 无穷多解的情况

例 2-8 在例 2-5 的线性规划模型中，如果增加约束条件 (F)：

$$x_1 + x_2 \geqslant 40 \quad (F)$$

那么可行域成为空的区域。这时，无可行解，显然线性规划问题无解，如图 2-4 所示。

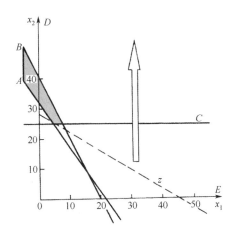

图 2-3 无有限最优解的情况

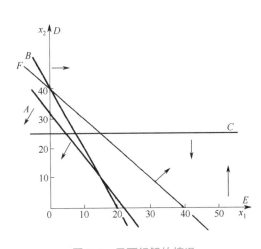

图 2-4 无可行解的情况

根据以上例题，进一步分析讨论可知，线性规划的可行域和最优解有下列几种可能的情况：

1. 可行域为封闭的有界区域

1）有唯一的最优解。

2）有无穷多个最优解。

2. 可行域为非封闭的无界区域

1）有唯一的最优解。

2）有无穷多个最优解。

3) 目标函数无界(即虽有可行解,但在可行域中,目标函数可以无限增大或无限减小),因而没有有限最优解。

3. 可行域为空集

这种情况没有可行解, 原问题无最优解。

以上几种情况的图示如图 2-5 所示。

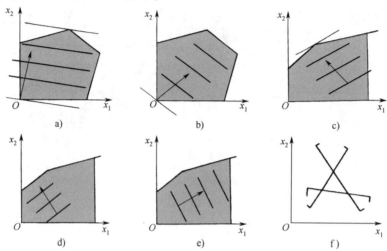

图 2-5　线性规划可行域和最优解的几种情况

a) 可行域有界, 唯一最优解　　b) 可行域有界, 多个最优解
c) 可行域无界, 唯一最优解　　d) 可行域无界, 多个最优解
e) 可行域无界, 目标函数无界　f) 可行域为空集, 无可行解

二、线性规划图解法中解的有关概念及性质

1. 多面体和极点

为了将以上概念推广到一般情况, 给出以下一些概念:

超平面和法向量: 在 n 维空间中, 所有满足条件

$$a_{i1}x_1 + a_{i2}x_2 + \cdots + a_{in}x_n = b_i$$

的点 $\boldsymbol{x} = (x_1, x_2, \cdots, x_n)^{\mathrm{T}}$ 构成的集合, 称为一个超平面。其中, 由矩阵 $\boldsymbol{A}$ 的行构成的向量

$$\boldsymbol{r}_i = (a_{i1}, a_{i2}, \cdots, a_{in})^{\mathrm{T}}$$

称为该超平面的法向量。

半闭空间: 在 n 维空间中, 所有满足条件

$$a_{i1}x_1 + a_{i2}x_2 + \cdots + a_{in}x_n \leqslant (\text{或} \geqslant) b_i$$

的点 $\boldsymbol{x} = (x_1, x_2, \cdots, x_n)^{\mathrm{T}}$ 构成的集合, 称为 n 维空间中的一个半闭空间。

多面体: 有限个半闭空间的交集, 即同时满足以下条件的非空点集

$$a_{11}x_1 + a_{12}x_2 + \cdots + a_{1n}x_n \leqslant (\text{或} \geqslant) b_1$$
$$a_{21}x_1 + a_{22}x_2 + \cdots + a_{2n}x_n \leqslant (\text{或} \geqslant) b_2$$
$$\vdots$$
$$a_{m1}x_1 + a_{m2}x_2 + \cdots + a_{mn}x_n \leqslant (\text{或} \geqslant) b_m$$

称为 n 维空间中的一个多面体。运用矩阵记号，n 维空间中的多面体也可记为

$$\{x \mid Ax \leqslant b\} \quad \text{或} \quad \{x \mid Ax \geqslant b\}$$

应该注意，每一个变量非负约束 $x_i \geqslant 0 (i = 1, 2, \cdots, n)$ 也都是半空间，其相应的超平面就是相应的坐标平面 $x_i = 0$。

在图 2-1 中可以看到，线性规划问题的可行域是一个凸多边形。在一般的 n 维空间中，n 个变量、m 个约束线性规划问题的可行域具备类似的性质。为此引进如下定义：

定义 2-1　设 S 是 n 维空间中的一个点集。若对任意 n 维向量 $x_1 \in S$，$x_2 \in S$，且 $x_1 \neq x_2$，以及任意实数 $\lambda (0 \leqslant \lambda \leqslant 1)$，有

$$x = \lambda x_1 + (1 - \lambda) x_2 \in S$$

则称 S 为 n 维空间中的一个凸集，点 x 称为点 x_1 和 x_2 的凸组合。

以上定义有明显的几何意义，它表示凸集 S 中的任意两个不相同点连线上的点（包括这两个端点），都位于凸集 S 之中。

图 2-6 是二维平面中一些凸集与非凸集的例子。

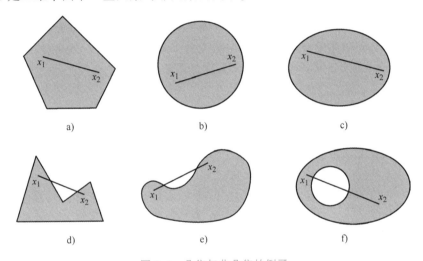

图 2-6　凸集与非凸集的例子
a) 凸集　b) 凸集　c) 凸集　d) 非凸集　e) 非凸集　f) 非凸集

从图 2-1 和图 2-2 上可以看出，线性规划如果有最优解，其最优解必定位于可行域边界的某个或某些交点上。在平面多边形中，这些点就是多边形的顶点；在 n 维空间中，称这样的点为极点。

在凸集中，不能表示为不同点的凸组合的点称为凸集的极点。用严格的定义描述如下：

定义 2-2　设 S 为一凸集，且 $x \in S$，$x_1 \in S$，$x_2 \in S$。对于 $0 < \lambda < 1$，若

$$x = \lambda x_1 + (1 - \lambda) x_2$$

则必定有 $x = x_1 = x_2$，称 x 为 S 的一个极点。

可以证明，线性规划的可行域以及最优解有以下性质：

（1）若线性规划的可行域非空，则可行域必定为一凸集。

（2）若线性规划的可行域非空，则至多有有限个极点。

（3）若线性规划有最优解，则至少有一个极点是最优解。

这样，求线性规划最优解的问题，从在可行域内无限个可行解中搜索的问题便转化为在其可行域的有限个极点上搜索的问题。

2. 线性规划的基、基本解与基本可行解

在一般情况下，由于图解法无法解决三个变量以上的线性规划问题，对于 n 个变量的线性规划问题，我们必须用解方程的办法来求得可行域的极点。再来进一步考察例 2-1。

例 2-9　把例 2-1 的线性规划模型标准化，引入松弛变量 x_3、x_4 和 x_5，且 x_3，x_4，$x_5 \geq 0$，得到

$$\max \ z = 1500x_1 + 2500x_2$$

$$\text{s. t.} \begin{cases} 3x_1 + 2x_2 + x_3 & = 65(A) \\ 2x_1 + x_2 + x_4 & = 40(B) \\ 3x_2 + x_5 & = 75(C) \\ x_1, \quad x_2, \ x_3, \ x_4, \ x_5 \geq 0 \end{cases}$$

用 (D)、(E)、(F)、(G)、(H) 分别表示 $x_1 = 0$，$x_2 = 0$，$x_3 = 0$，$x_4 = 0$，$x_5 = 0$。

解　这里一共有八个约束条件，其中三个等式约束（一般情况下，等式约束的个数少于决策变量的个数），五个变量非负约束（与决策变量个数相同）。每五个方程若线性无关可解得一个点，可以看到例 2-5 用图解法得到的区域每两条直线的交点与此例的各个方程有如下关系（参见图 2-1）：

直线 A、B 的交点对应于约束条件 (A)、(B)、(C)、(F)、(G) 的解，即

$$\boldsymbol{x}^{(1)} = (15, 10, 0, 0, 45)^{\mathrm{T}}$$

直线 A、C 的交点对应于约束条件 (A)、(B)、(C)、(F)、(H) 的解，即

$$\boldsymbol{x}^{(2)} = (5, 25, 0, 5, 0)^{\mathrm{T}}$$

直线 A、D 的交点对应于约束条件 (A)、(B)、(C)、(D)、(F) 的解，即

$$\boldsymbol{x}^{(3)} = (0, 32.5, 0, 7.5, -22.5)^{\mathrm{T}}$$

直线 A、E 的交点对应于约束条件 (A)、(B)、(C)、(E)、(F) 的解，即

$$\boldsymbol{x}^{(4)} = (65/3, 0, 0, -10/3, 75)^{\mathrm{T}}$$

直线 B、C 的交点对应于约束条件 (A)、(B)、(C)、(G)、(H) 的解，即

$$\boldsymbol{x}^{(5)} = (7.5, 25, -7.5, 0, 0)^{\mathrm{T}}$$

直线 B、D 的交点对应于约束条件 (A)、(B)、(C)、(D)、(G) 的解，即

$$\boldsymbol{x}^{(6)} = (0, 40, -15, 0, -45)^{\mathrm{T}}$$

直线 B、E 的交点对应于约束条件 (A)、(B)、(C)、(E)、(G) 的解，即

$$\boldsymbol{x}^{(7)} = (20, 0, 5, 0, 75)^{\mathrm{T}}$$

直线 C、D 的交点对应于约束条件 (A)、(B)、(C)、(D)、(H) 的解，即

$$\boldsymbol{x}^{(8)} = (0, 25, 15, 15, 0)^{\mathrm{T}}$$

直线 C、E 无交点（C、E 相互平行）。

直线 D、E 的交点对应于约束条件 (A)、(B)、(C)、(D)、(E) 的解，即

$$\boldsymbol{x}^{(9)} = (0, 0, 65, 40, 75)^{\mathrm{T}}$$

图 2-1 中各约束直线的交点是由以下方法得到的：在标准化的等式约束中，令其中某两个变量为零，得到其他变量的唯一解，这个解就是相应交点的坐标，如果某一交点的坐标

$(x_1, x_2, x_3, x_4, x_5)^T$ 全为非负，则该交点就对应于线性规划可行域的一个极点（如 A、B，A、C，B、E，C、D 和 D、E 的交点）；如果某一交点的坐标中至少有一个分量为负值（如 A、D，A、E，B、C 和 B、D 的交点），则该交点不是可行域的极点。

由图 2-1 可知，A、B 的交点对应于 $x_3 = 0$，$x_4 = 0$，在等式约束中令 $x_3 = 0$，$x_4 = 0$，得到 $x_1 = 15$，$x_2 = 10$，$x_5 = 45$。即 A、B 的交点对应于极点 $x = (x_1, x_2, x_3, x_4, x_5)^T = (15, 10, 0, 0, 45)^T$。由于所有分量都为非负，因此 A、B 的交点是可行域的极点。又知，B、C 的交点对应于 $x_4 = 0$，$x_5 = 0$，在等式约束中令 $x_4 = 0$，$x_5 = 0$，得到 $x_1 = 7.5$，$x_2 = 25$，$x_3 = -7.5$。即 B、C 的交点对应于点 $x = (x_1, x_2, x_3, x_4, x_5)^T = (7.5, 25, -7.5, 0, 0)^T$。由于有负分量，因此 B、C 的交点不是可行域的极点。同样可以讨论其他交点的情况。

下面讨论线性规划标准形式的基、基本解、基本可行解的概念。

考虑线性规划标准形式的约束条件：
$$Ax = b, \quad x \geqslant 0$$
其中，A 为 $m \times n$ 矩阵，$n > m$，秩 $(A) = m$，$b \in \mathbf{R}^m$。在等式约束中，令 n 维空间的解向量
$$x = (x_1, x_2, \cdots, x_n)^T$$
中 $n - m$ 个变量为零，如果剩下的 m 个变量在线性方程组中有唯一解，则这 n 个变量的值组成的向量 x 就对应于 n 维空间 $\mathbf{R}^n$ 中若干个超平面的一个交点。当这 n 个变量的值都是非负时，这个交点就是线性规划可行域的一个极点。

根据以上分析建立以下概念：

（1）线性规划的基。对于线性规划的约束条件：
$$Ax = b, \quad x \geqslant 0$$
设 B 是矩阵 A 中的一个非奇异（可逆）的 $m \times m$ 子矩阵，则称 B 为线性规划的一个基（Basis）。用前文的记号：$A = (p_1, p_2, \cdots, p_n)$，其中，$p_j = (a_{1j}, a_{2j}, \cdots, a_{mj})^T \in \mathbf{R}^m$，任取 A 中的 m 个线性无关列向量 $p_{j_k} \in \mathbf{R}^m (k = 1, 2, \cdots, m)$ 构成矩阵 $B = (p_{j_1}, p_{j_2}, \cdots, p_{j_m})$，那么 B 为线性规划的一个基。

对应于基 B 的变量 x_{j_1}，x_{j_2}，$\cdots$，x_{j_m} 称为基变量（Basic Variable）；其他变量称为非基变量（Non-basic Variable）。可以用矩阵来描述这些概念。

设 B 是线性规划的一个基，则 A 可以表示为
$$A = (B, N)$$
x 也可相应地分成：
$$x = \begin{pmatrix} x_B \\ x_N \end{pmatrix}$$
其中，x_B 为 m 维列向量，它的各分量称为基变量，与基 B 的列向量对应；x_N 为 $n - m$ 维列向量，它的各分量称为非基变量，与非基矩阵 N 的列向量对应。这时约束等式 $Ax = b$ 可表示为
$$(B, N) \begin{pmatrix} x_B \\ x_N \end{pmatrix} = b$$

或

$$Bx_B + Nx_N = b$$

如果对非基变量 x_N 取确定的值，则 x_B 有唯一的值与之对应：

$$x_B = B^{-1}b - B^{-1}Nx_N$$

特别地，当取 $x_N = 0$，这时有 $x_B = B^{-1}b$。关于这类特别的解，有以下概念：

（2）线性规划问题的基本解、基本可行解和可行基。对于线性规划问题，设矩阵 $B = (p_{j_1}, p_{j_2}, \cdots, p_{j_m})$ 为一个基，令所有非基变量为零，可以得到 m 个关于基变量 x_{j_1}，x_{j_2}，$\cdots$，x_{j_m} 的线性方程，解这个线性方程组得到基变量的值。称这个解为一个基本解（Basic Solution）；若得到的基变量的值均非负，则称为基本可行解（Basic Feasible Solution），同时称这个基 B 为可行基。

用矩阵描述，对于线性规划的解

$$x = \begin{pmatrix} x_B \\ x_N \end{pmatrix} = \begin{pmatrix} B^{-1}b \\ 0 \end{pmatrix}$$

称为线性规划与基 B 对应的基本解。若其中 $B^{-1}b \geq 0$，则称以上的基本解为一基本可行解，相应的基 B 称为可行基。

可以证明以下结论：线性规划的基本可行解就是可行域的极点。

这个结论被称为线性规划的基本定理，它的重要性在于把可行域的极点这一几何概念与基本可行解这一代数概念联系起来，因而可以通过求基本可行解的线性代数的方法得到可行域的一切极点，从而有可能进一步获得最优极点。

例 2-10 考虑例 2-9 的线性规划模型：

$$\max \ z = 1500x_1 + 2500x_2$$

$$\text{s. t.} \begin{cases} 3x_1 + 2x_2 + x_3 \qquad\qquad = 65 \\ 2x_1 + x_2 \qquad + x_4 \qquad = 40 \\ \qquad 3x_2 \qquad\qquad + x_5 = 75 \\ x_1, \quad x_2, \quad x_3, \quad x_4, \quad x_5 \geq 0 \end{cases}$$

注意，线性规划的基本解、基本可行解(极点)和可行基只与线性规划问题标准形式的约束条件有关。

$$A = (p_1, p_2, p_3, p_4, p_5) = \begin{pmatrix} 3 & 2 & 1 & 0 & 0 \\ 2 & 1 & 0 & 1 & 0 \\ 0 & 3 & 0 & 0 & 1 \end{pmatrix}$$

矩阵 A 包含以下10个 3×3 的子矩阵：

$$B_1 = (p_1, p_2, p_3) \quad B_2 = (p_1, p_2, p_4) \quad B_3 = (p_1, p_2, p_5)$$
$$B_4 = (p_1, p_3, p_4) \quad B_5 = (p_1, p_3, p_5) \quad B_6 = (p_1, p_4, p_5)$$
$$B_7 = (p_2, p_3, p_4) \quad B_8 = (p_2, p_3, p_5) \quad B_9 = (p_2, p_4, p_5)$$
$$B_{10} = (p_3, p_4, p_5)$$

其中，

$$B_4 = (p_1, p_3, p_4) = \begin{pmatrix} 3 & 1 & 0 \\ 2 & 0 & 1 \\ 0 & 0 & 0 \end{pmatrix}$$

其行列式 $|\boldsymbol{B}_4|=0$，因而 $\boldsymbol{B}_4$ 不是线性规划的基。其余均为非奇异方阵，因此该问题共有 9 个基。

对于基 $\boldsymbol{B}_3=(\boldsymbol{p}_1,\boldsymbol{p}_2,\boldsymbol{p}_5)$，令非基变量 $x_3=0$，$x_4=0$，在等式约束中令 $x_3=0$，$x_4=0$，解线性方程组

$$\begin{cases} 3x_1+2x_2+0x_5=65 \\ 2x_1+\ x_2+0x_5=40 \\ 0x_1+3x_2+\ x_5=75 \end{cases}$$

得到 $x_1=15$，$x_2=10$，$x_5=45$，对应于基本可行解 $\boldsymbol{x}^{(1)}=(x_1,x_2,x_3,x_4,x_5)^{\mathrm{T}}=(15,10,0,0,45)^{\mathrm{T}}$。于是对应于基 $\boldsymbol{B}_3$ 是一个可行基。

类似可得到 $\boldsymbol{x}^{(2)}=(5,25,0,5,0)^{\mathrm{T}}$（对应 $\boldsymbol{B}_2$），$\boldsymbol{x}^{(7)}=(20,0,5,0,75)^{\mathrm{T}}$（对应 $\boldsymbol{B}_5$），$\boldsymbol{x}^{(8)}=(0,25,15,15,0)^{\mathrm{T}}$（对应 $\boldsymbol{B}_7$），$\boldsymbol{x}^{(9)}=(0,0,65,40,75)^{\mathrm{T}}$（对应 $\boldsymbol{B}_{10}$）是基本可行解；而 $\boldsymbol{x}^{(3)}=(0,32.5,0,7.5,-22.5)^{\mathrm{T}}$（对应 $\boldsymbol{B}_9$），$\boldsymbol{x}^{(4)}=(65/3,0,0,-10/3,75)^{\mathrm{T}}$（对应 $\boldsymbol{B}_6$），$\boldsymbol{x}^{(5)}=(7.5,25,-7.5,0,0)^{\mathrm{T}}$（对应 $\boldsymbol{B}_1$），$\boldsymbol{x}^{(6)}=(0,40,-15,0,-45)^{\mathrm{T}}$（对应 $\boldsymbol{B}_8$）是基本解。因此，对应基本可行解（极点）的 $\boldsymbol{B}_2$、$\boldsymbol{B}_3$、$\boldsymbol{B}_5$、$\boldsymbol{B}_7$、$\boldsymbol{B}_{10}$ 都是可行基。

这里指出了一种求解线性规划问题的可能途径，就是先确定线性规划问题的基，如果是可行基，则计算相应的基本可行解以及相应解的目标函数值。由于基的个数是有限的（最多 C_n^m 个），因此必定可以从有限个基本可行解中找到最优解。

一个不可忽视的问题是，线性规划基的个数是随着问题规模的增大而很快增加的，以至于上述方法实际上成为不可能。例如，一个有 50 个变量、20 个约束等式的线性规划问题，其基的个数最多可能有

$$C_{50}^{20}=\frac{50!}{20!\times 30!}\text{个}=4.7\times 10^{13}\text{个}$$

为了说明计算所有基本可行解的计算量有多大，假定计算一个基本可行解（如求解一个 20×20 的线性方程组）只需要 1s，那么计算以上所有的基本可行解需要的时间为

$$\frac{4.7\times 10^{13}}{3600\times 24\times 365}\text{年}\approx 1.5\times 10^6\text{ 年}$$

即约 150 万年。显然，用这种思路对于较大规模的问题，是不可行的。下面将介绍单纯形法，可以极为有效地解决大规模的线性规划问题。

第三节　单　纯　形　法

一、单纯形法的基本思路

前面已经介绍，利用求线性规划问题基本可行解（极点）的方法求解较大规模的问题是不可行的。单纯形法（Simplex Method）的基本思路是有选择地取基本可行解，即从可行域的一个极点出发，沿着可行域的边界移到另一个相邻的极点，要求新极点的目标函数值不比原目标函数值差。

由上节的讨论可知，对于线性规划的一个基，当非基变量确定以后，基变量和目标函数的值也随之确定。因此，一个基本可行解向另一个基本可行解的移动，以及移动时基变量和

目标函数值的变化，可以分别由基变量和目标函数用非基变量的表达式来表示。同时，当可行解从可行域的一个极点沿着可行域的边界移动到一个相邻的极点的过程中，所有非基变量中只有一个变量的值从 0 开始增加，而其他非基变量的值都保持 0 不变。

根据以上讨论，单纯形法的基本过程如图 2-7 所示。

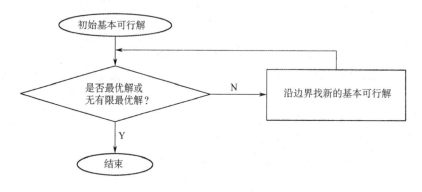

图 2-7　单纯形法的基本过程

考虑标准形式的线性规划问题：

$$\max \ z = c_1 x_1 + c_2 x_2 + \cdots + c_n x_n$$

$$\text{s. t.} \begin{cases} a_{11} x_1 + a_{12} x_2 + \cdots + a_{1n} x_n = b_1 \\ a_{21} x_1 + a_{22} x_2 + \cdots + a_{2n} x_n = b_2 \\ \qquad\qquad\qquad \vdots \\ a_{m1} x_1 + a_{m2} x_2 + \cdots + a_{mn} x_n = b_m \\ \quad x_1, \qquad x_2, \ \cdots, \qquad x_n \geqslant 0 \end{cases}$$

记

$$\boldsymbol{x} = \begin{pmatrix} x_1 \\ x_2 \\ \vdots \\ x_n \end{pmatrix} \quad \boldsymbol{c} = \begin{pmatrix} c_1 \\ c_2 \\ \vdots \\ c_n \end{pmatrix} \quad \boldsymbol{b} = \begin{pmatrix} b_1 \\ b_2 \\ \vdots \\ b_m \end{pmatrix} \quad \boldsymbol{A} = \begin{pmatrix} a_{11} & a_{12} & \cdots & a_{1n} \\ a_{21} & a_{22} & \cdots & a_{2n} \\ \vdots & \vdots & & \vdots \\ a_{m1} & a_{m2} & \cdots & a_{mn} \end{pmatrix}$$

这里，矩阵 $\boldsymbol{A}$ 表示为：$\boldsymbol{A} = (\boldsymbol{p}_1, \boldsymbol{p}_2, \cdots, \boldsymbol{p}_n)$，其中，$\boldsymbol{p}_j = (a_{1j}, a_{2j}, \cdots, a_{mj})^{\mathrm{T}} \in \mathbf{R}^m (j = 1, 2, \cdots, n)$。

若找到一个可行基，不妨设 $\boldsymbol{B} = (\boldsymbol{p}_1, \boldsymbol{p}_2, \cdots, \boldsymbol{p}_m)$，则 m 个基变量为 x_1，x_2，$\cdots$，x_m；$n-m$ 个非基变量为 x_{m+1}，x_{m+2}，$\cdots$，x_n。通过运算，所有的基变量都可以用非基变量来表示：

$$\begin{cases} x_1 = b'_1 - (a'_{1,m+1} x_{m+1} + a'_{1,m+2} x_{m+2} + \cdots + a'_{1n} x_n) \\ x_2 = b'_2 - (a'_{2,m+1} x_{m+1} + a'_{2,m+2} x_{m+2} + \cdots + a'_{2n} x_n) \\ \qquad\qquad\qquad\qquad \vdots \\ x_m = b'_m - (a'_{m,m+1} x_{m+1} + a'_{m,m+2} x_{m+2} + \cdots + a'_{mn} x_n) \end{cases} \tag{2-11}$$

把它们代入目标函数，得

$$z = z' + \sigma_{m+1} x_{m+1} + \sigma_{m+2} x_{m+2} + \cdots + \sigma_n x_n \tag{2-12}$$

其中，

$$\sigma_j = c_j - (c_1 a'_{1j} + c_2 a'_{2j} + \cdots + c_m a'_{mj})。$$

把由非基变量表示的目标函数形式称为基 **B** 相应的目标函数典式。

单纯形法的基本步骤可描述如下：

（1）寻找一个初始的可行基和相应基本可行解（极点），确定基变量、非基变量以及基变量、非基变量（全部等于 0）和目标函数的值，并将目标函数和基变量分别用非基变量表示。

（2）在用非基变量表示的目标函数表达式(2-12)中，称非基变量 x_j 的系数（或其负值）为检验数，记为 σ_j。若 $\sigma_j > 0$，那么相应的非基变量 x_j 的值从当前值 0 开始增加时，目标函数值随之增加。这个选定的非基变量 x_j 称为进基变量，转(3)。如果任何一个非基变量的值增加都不能使目标函数值增加，即所有 σ_j 非正，则当前的基本可行解就是最优解，计算结束。

（3）在基变量用非基变量表示的表达式(2-11)中，观察进基变量增加时各基变量变化的情况，确定使基变量的值在进基变量增加过程中首先减少到 0 的变量 x_r，满足：

$$\theta = \min \left\{ \frac{b_i'}{a_{ij}'} \ \middle| \ a_{ij}' > 0 \right\} = \frac{b_r'}{a_{rj}'}$$

这个基变量 x_r 称为出基变量。当进基变量的值增加到 θ，出基变量 x_r 的值降为 0 时，可行解就移动到了相邻的基本可行解（极点），转(4)。如果进基变量的值增加时，所有基变量的值都不减少，即所有 a_{ij}' 非正，则表示可行域是不封闭的，且目标函数值随进基变量的增加可以无限增加。此时，不存在有限最优解，计算结束。

（4）将进基变量作为新的基变量，出基变量作为新的非基变量，确定新的基、新的基本可行解和新的目标函数值。在新的基变量、非基变量的基础上重复(1)~(4)。

例 2-11　用单纯形法的基本思路解例 2-9 的线性规划问题：

$$\max \ z = 1500x_1 + 2500x_2$$

$$\text{s. t.} \begin{cases} 3x_1 + 2x_2 + x_3 & = 65 \\ 2x_1 + x_2 & + x_4 & = 40 \\ & 3x_2 & + x_5 = 75 \\ x_1, & x_2, \ x_3, \ x_4, \ x_5 \geq 0 \end{cases}$$

第一次迭代：

（1）取初始可行基 $\boldsymbol{B}_{10} = (\boldsymbol{p}_3, \boldsymbol{p}_4, \boldsymbol{p}_5)$，那么 x_3、x_4、x_5 为基变量，x_1、x_2 为非基变量。将基变量和目标函数用非基变量表示：

$$z = 1500x_1 + 2500x_2$$
$$x_3 = 65 - 3x_1 - 2x_2$$
$$x_4 = 40 - 2x_1 - x_2$$
$$x_5 = 75 - 3x_2$$

当非基变量 x_1，$x_2 = 0$ 时，相应的基变量和目标函数值为 $x_3 = 65$，$x_4 = 40$，$x_5 = 75$，$z = 0$，得到当前的基本可行解：$\boldsymbol{x} = (0, 0, 65, 40, 75)^{\mathrm{T}}$，$z = 0$。这个解对应于图 2-1 中直线 D、E 的交点。

（2）选择进基变量。在目标函数 $z = 1500x_1 + 2500x_2$ 中，非基变量 x_1、x_2 的系数都是正数，因此 x_1、x_2 进基都可以使目标函数 z 增大，但 x_2 的系数为 2500，绝对值比 x_1 的系数

1500 大，所以 x_2 进基可以使目标函数 z 增加更快。选择 x_2 进基，使 x_2 的值从 0 开始增加，另一个非基变量 x_1 保持 0 不变。

（3）确定出基变量。在约束条件

$$x_3 = 65 - 3x_1 - 2x_2$$
$$x_4 = 40 - 2x_1 - x_2$$
$$x_5 = 75 - 3x_2$$

中，由于进基变量 x_2 在三个约束条件中的系数都是负数，当 x_2 的值从 0 开始增加时，基变量 x_3、x_4、x_5 的值分别从当前的值 65、40 和 75 开始减少，当 x_2 增加到 25 时，x_5 首先下降为 0，成为非基变量。这时，新的基变量为 x_3、x_4、x_2，新的非基变量为 x_1、x_5，当前的基本可行解和目标函数值为：$\boldsymbol{x} = (0,25,15,15,0)^{\mathrm{T}}$，$z = 62500$ 元。这个解对应于图 2-1 中直线 C、D 的交点。

第二次迭代：

（1）当前的可行基为 $\boldsymbol{B}_7 = (\boldsymbol{p}_2, \boldsymbol{p}_3, \boldsymbol{p}_4)$，那么 x_2、x_3、x_4 为基变量，x_1、x_5 为非基变量。将基变量和目标函数用非基变量表示：

$$z = 62500 + 1500x_1 - \frac{2500}{3}x_5$$

$$x_2 = 25 - \frac{1}{3}x_5$$

$$x_3 = 15 - 3x_1 + \frac{2}{3}x_5$$

$$x_4 = 15 - 2x_1 + \frac{1}{3}x_5$$

（2）选择进基变量。在目标函数 $z = 62500 + 1500x_1 - 2500x_5/3$ 中，非基变量 x_1 的系数是正数，因此 x_1 进基可以使目标函数 z 增大，于是选择 x_1 进基，使 x_1 的值从 0 开始增加，另一个非基变量 x_5 保持 0 不变。

（3）确定出基变量。在约束条件

$$x_2 = 25 - \frac{1}{3}x_5$$

$$x_3 = 15 - 3x_1 + \frac{2}{3}x_5$$

$$x_4 = 15 - 2x_1 + \frac{1}{3}x_5$$

中，由于进基变量 x_1 在两个约束条件中的系数都是负数，当 x_1 的值从 0 开始增加时，基变量 x_3、x_4 的值分别从当前的值 15、15 开始减少，当 x_1 增加到 5 时，x_3 首先下降为 0，成为非基变量。这时，新的基变量为 x_1、x_2、x_4，新的非基变量为 x_3、x_5，当前的基本可行解和目标函数值为：$\boldsymbol{x} = (5,25,0,5,0)^{\mathrm{T}}$，$z = 70000$ 元。这个解对应于图 2-1 中直线 A、C 的交点。

第三次迭代：

（1）当前的可行基为 $\boldsymbol{B}_2 = (\boldsymbol{p}_1, \boldsymbol{p}_2, \boldsymbol{p}_4)$，那么 x_1、x_2、x_4 为基变量，x_3、x_5 为非基变量。将基变量和目标函数用非基变量表示：

$$z = 70000 - 500x_3 - 500x_5$$

$$x_1 = 5 - \frac{1}{3}x_3 + \frac{2}{9}x_5$$

$$x_2 = 25 - \frac{1}{3}x_5$$

$$x_4 = 5 + \frac{2}{3}x_3 - \frac{1}{9}x_5$$

（2）选择进基变量。在目标函数 $z = 70000 - 500x_3 - 500x_5$ 中，非基变量 x_3、x_5 的系数均不是正数，因此进基都不可能使目标函数 z 增大，于是得到最优解 $\boldsymbol{x}^* = (5, 25, 0, 5, 0)^\mathrm{T}$，最优目标值 $z^* = 70000$ 元。这个解对应于图 2-1 中直线 A、C 的交点，称相应的基 $\boldsymbol{B}_2 = (\boldsymbol{p}_1, \boldsymbol{p}_2, \boldsymbol{p}_4)$ 为最优基。计算结束。

例 2-12　用单纯形法的基本思路解下列线性规划问题：

$$\max z = 1500x_1 + 2500x_2$$

$$\text{s. t.} \begin{cases} 3x_1 + 2x_2 \geqslant 65\,(A) \\ 2x_1 + x_2 \geqslant 40\,(B) \\ \quad\ \ 3x_2 \geqslant 75\,(C) \\ x_1, \quad x_2 \geqslant 0\,(D,\ E) \end{cases}$$

标准化后得到

$$\max z = 1500x_1 + 2500x_2$$

$$\text{s. t.} \begin{cases} 3x_1 + 2x_2 - x_3 \qquad\quad = 65 \\ 2x_1 + x_2 \qquad - x_4 \quad\ = 40 \\ \quad\ \ 3x_2 \qquad\qquad - x_5 = 75 \\ x_1, \quad x_2, \quad x_3, \quad x_4, \quad x_5 \geqslant 0 \end{cases}$$

记

$$\boldsymbol{A} = (\boldsymbol{p}_1, \boldsymbol{p}_2, \boldsymbol{p}_3, \boldsymbol{p}_4, \boldsymbol{p}_5) = \begin{pmatrix} 3 & 2 & -1 & 0 & 0 \\ 2 & 1 & 0 & -1 & 0 \\ 0 & 3 & 0 & 0 & -1 \end{pmatrix}$$

矩阵 $\boldsymbol{A}$ 包含以下 10 个 3×3 的子矩阵：

$$\boldsymbol{B}_1 = (\boldsymbol{p}_1, \boldsymbol{p}_2, \boldsymbol{p}_3) \quad \boldsymbol{B}_2 = (\boldsymbol{p}_1, \boldsymbol{p}_2, \boldsymbol{p}_4) \quad \boldsymbol{B}_3 = (\boldsymbol{p}_1, \boldsymbol{p}_2, \boldsymbol{p}_5)$$

$$\boldsymbol{B}_4 = (\boldsymbol{p}_1, \boldsymbol{p}_3, \boldsymbol{p}_4) \quad \boldsymbol{B}_5 = (\boldsymbol{p}_1, \boldsymbol{p}_3, \boldsymbol{p}_5) \quad \boldsymbol{B}_6 = (\boldsymbol{p}_1, \boldsymbol{p}_4, \boldsymbol{p}_5)$$

$$\boldsymbol{B}_7 = (\boldsymbol{p}_2, \boldsymbol{p}_3, \boldsymbol{p}_4) \quad \boldsymbol{B}_8 = (\boldsymbol{p}_2, \boldsymbol{p}_3, \boldsymbol{p}_5) \quad \boldsymbol{B}_9 = (\boldsymbol{p}_2, \boldsymbol{p}_4, \boldsymbol{p}_5)$$

$$\boldsymbol{B}_{10} = (\boldsymbol{p}_3, \boldsymbol{p}_4, \boldsymbol{p}_5)$$

第四次迭代：

（1）取初始可行基 $\boldsymbol{B}_1 = (\boldsymbol{p}_1, \boldsymbol{p}_2, \boldsymbol{p}_3)$，那么 x_1、x_2、x_3 为基变量，x_4、x_5 为非基变量。将基变量和目标函数用非基变量表示：

$$z = 73750 + 750x_4 + \frac{1750}{3}x_5$$

$$x_1 = \frac{15}{2} + \frac{1}{2}x_4 - \frac{1}{6}x_5$$

$$x_2 = 25 + \frac{1}{3}x_5$$

$$x_3 = \frac{15}{2} + \frac{3}{2}x_4 + \frac{1}{6}x_5$$

当非基变量 x_4，$x_5 = 0$ 时，相应的基变量和目标函数值为 $x_1 = 15/2$，$x_2 = 25$，$x_3 = 15/2$，$z = 73750$，得到当前的基本可行解和目标函数值为：$\boldsymbol{x} = (15/2, 25, 15/2, 0, 0)^{\mathrm{T}}$，$z = 73750$ 元。这个解对应于图 2-1 中直线 B、C 的交点。

（2）选择进基变量。在目标函数 $z = 73750 + 750x_4 + 1750x_5/3$ 中，非基变量 x_4 的系数是正数，因此 x_4 进基可以使目标函数 z 增大，于是选择 x_4 进基，使 x_4 的值从 0 开始增加，另一个非基变量 x_5 保持 0 不变。

（3）确定出基变量。在约束条件

$$x_1 = \frac{15}{2} + \frac{1}{2}x_4 - \frac{1}{6}x_5$$

$$x_2 = 25 + \frac{1}{3}x_5$$

$$x_3 = \frac{15}{2} + \frac{3}{2}x_4 + \frac{1}{6}x_5$$

中，由于进基变量 x_4 在所有约束条件中的系数均是非负数，当 x_4 的值增加时，所有基变量的值都不减少，则说明此可行域是不封闭的，且目标函数值随进基变量的增加可以无限增加。因此，不存在有限最优解，计算结束。

二、用单纯形法求解线性规划问题

考虑规范形式的线性规划问题：设 $b_i > 0 (i = 1, \cdots, m)$，则

$$\max\ z = c_1 x_1 + c_2 x_2 + \cdots + c_n x_n$$

$$\text{s. t.} \begin{cases} a_{11}x_1 + a_{12}x_2 + \cdots + a_{1n}x_n \leqslant b_1 \\ a_{21}x_1 + a_{22}x_2 + \cdots + a_{2n}x_n \leqslant b_2 \\ \qquad\qquad\qquad \vdots \\ a_{m1}x_1 + a_{m2}x_2 + \cdots + a_{mn}x_n \leqslant b_m \\ \quad x_1, \qquad x_2, \quad \cdots, \qquad x_n \geqslant 0 \end{cases}$$

加入松弛变量，化为标准形式：

$$\max\ z = c_1 x_1 + c_2 x_2 + \cdots + c_n x_n$$

$$\text{s. t.} \begin{cases} a_{11}x_1 + a_{12}x_2 + \cdots + a_{1n}x_n + x_{n+1} \qquad\qquad\qquad = b_1 \\ a_{21}x_1 + a_{22}x_2 + \cdots + a_{2n}x_n \qquad + x_{n+2} \qquad\qquad = b_2 \\ \qquad\qquad\qquad\qquad \vdots \\ a_{m1}x_1 + a_{m2}x_2 + \cdots + a_{mn}x_n \qquad\qquad\qquad + x_{n+m} = b_m \\ \quad x_1, \qquad x_2, \quad \cdots, \qquad x_n, \ x_{n+1}, \quad \cdots, \ x_{n+m} \geqslant 0 \end{cases} \qquad (2\text{-}13)$$

1. 初始单纯形表

考虑式(2-13)，显然 x_{n+1}，x_{n+2}，$\cdots$，x_{n+m} 对应的一个基是单位矩阵，得到一个基本可行解

$$x_1 = x_2 = \cdots = x_n = 0；\ x_{n+1} = b_1，\ x_{n+2} = b_2，\ \cdots，\ x_{n+m} = b_m$$

用非基变量来表示基变量，则

$$\begin{cases} x_{n+1} = b_1 - (a_{11}x_1 + a_{12}x_2 + \cdots + a_{1n}x_n) \\ x_{n+2} = b_2 - (a_{21}x_1 + a_{22}x_2 + \cdots + a_{2n}x_n) \\ \quad\quad\quad\quad\quad\quad\quad \vdots \\ x_{n+m} = b_m - (a_{m1}x_1 + a_{m2}x_2 + \cdots + a_{mn}x_n) \end{cases} \quad (2\text{-}14)$$

对于一般情况，如果标准形式的目标函数为

$$z = c_1x_1 + c_2x_2 + \cdots + c_nx_n + c_{n+1}x_{n+1} + \cdots + c_{n+m}x_{n+m}$$

把式(2-14)代入，可以得到

$$z = z' + \sigma_1 x_1 + \sigma_2 x_2 + \cdots + \sigma_n x_n$$

其中，

$$\sigma_j = c_j - (c_{n+1}a_{1j} + c_{n+2}a_{2j} + \cdots + c_{n+m}a_{mj}) = c_j - \sum_{i=1}^{m} c_{n+i}a_{ij} \quad (j = 1,2,\cdots,n)$$

$$z' = c_{n+1}b_1 + c_{n+2}b_2 + \cdots + c_{n+m}b_m = \sum_{i=1}^{m} c_{n+i}b_i$$

为了便于计算，可以利用一种比较合理的表格形式来进行计算，这种表格称为单纯形表。

显然，$x_j = 0$（$j = 1，\cdots，n$），$x_{n+i} = b_i$（$i = 1，\cdots，m$）是基本可行解，对应的基是单位矩阵。可以构造如表2-4所示的初始单纯形表。

表2-4　初始单纯形表

| c_B | x_B | b' | c_1 | c_2 | $\cdots$ | c_n | c_{n+1} | c_{n+2} | $\cdots$ | c_{n+m} | θ_i |
			x_1	x_2	$\cdots$	x_n	x_{n+1}	x_{n+2}	$\cdots$	x_{n+m}	
c_{n+1}	x_{n+1}	b_1	a_{11}	a_{12}	$\cdots$	a_{1n}	1	0	$\cdots$	0	θ_1
c_{n+2}	x_{n+2}	b_2	a_{21}	a_{22}	$\cdots$	a_{2n}	0	1	$\cdots$	0	θ_2
$\vdots$	$\vdots$	$\vdots$	$\vdots$	$\vdots$		$\vdots$	$\vdots$	$\vdots$		$\vdots$	$\vdots$
c_{n+m}	x_{n+m}	b_m	a_{m1}	a_{m2}	$\cdots$	a_{mn}	0	0	$\cdots$	1	θ_m
$-z$		$-z'$	σ_1	σ_2	$\cdots$	σ_n	0	0	$\cdots$	0	

表2-4中，$z' = \sum_{i=1}^{m} c_{n+i}b_i$，$\sigma_j = c_j - \sum_{i=1}^{m} c_{n+i}a_{ij}$ 为检验数，同时 $c_{n+i} = 0$（$i = 1,\cdots,m$）；$a_{n+i,i} = 1$，$a_{n+i,j} = 0$（$i,j = 1,\cdots,m;j \neq i$）。

这一变化过程的实质是利用消元法把目标函数中的基变量消去，用非基变量来表示目标函数。因此，所得到的最后一行中非基变量的系数即为检验数 σ_j，而常数列则是 $-z$ 的取值 $-z'$。把这些信息设计成表格，即称为初始单纯形表。

表2-4中，x_B 列填入基变量，这里是 x_{n+1}，x_{n+2}，$\cdots$，x_{n+m}；c_B 列填入基变量对应的价值系数，这里是 c_{n+1}，c_{n+2}，$\cdots$，c_{n+m}；b' 列中填入约束方程右端的常数，代表基变量的取值；第二行填入所有的变量，第一行填入相应变量的价值系数；第四列至倒数第二列、第三行至倒数第二行之间填入整个约束系数矩阵；最后一行称为检验数行，对应于各个非基变量的检验数为 σ_j，而基变量的检验数均为零。

在运算过程中，c_B 列的基变量对应的价值系数随基变量的变化而改变。填入这一列的目的是计算检验数 σ_j，由表中检验数行（最后一行）可以看出：

$$\sigma_j = c_j - \sum_{i=1}^{m} c_{n+i} a_{ij}$$

恰好是由 x_j 的价值系数 c_j 减去 c_B 列的各元素与 x_j 列各对应元素的乘积。

θ_i 列的数字是在确定了换入变量 x_k 以后，分别由 b' 列的元素 b_i 除以 x_k 列的对应元素 a_{ik}，计算出来以后填上的，即

$$\text{当 } a_{ik} > 0 \text{ 时，} \theta_i = b_i/a_{ik}; \text{ 否则，} \theta_i = \infty \qquad (2\text{-}15)$$

在初始单纯形表中，第三行至倒数第二行是用非基变量表示基变量的表达式，也是所有的约束条件（除非负约束外）。最后一行是用非基变量表示的目标函数，而原来的目标函数可由 c_j 行得到。当前基变量是 x_B 列的变量，当前 x_B 的取值在 b' 列。因此该表中既包含原问题的信息，也包含当前基本可行解的信息，以及最优性检验所需的信息，因而可以利用它来进行单纯形法的迭代。

值得注意的是，变量非负约束是单纯形表中所隐含的，任何时候 b' 列的值都应是非负的，如果出现负值，则表示当前基本解不是可行解，求解也就无法进行。造成这种情况的原因可能是初始基本解不是可行解，或者迭代过程中在选出基变量或在主元变换时出现了错误。

2. 单纯形法的迭代

在上述初始单纯形表的基础上，按下列规则过程进行迭代，可以得到如表 2-5 所示的一般形式的单纯形表。经过有限步迭代，将寻求到线性规划问题的解。

表 2-5 一般形式的单纯形表

c_B	x_B	b'	c_1	c_2	$\cdots$	c_n	c_{n+1}	c_{n+2}	$\cdots$	c_{n+m}	θ_i
			x_1	x_2	$\cdots$	x_n	x_{n+1}	x_{n+2}	$\cdots$	x_{n+m}	
c_{n+1}	x_{n+1}	b_1	a_{11}	a_{12}	$\cdots$	a_{1n}	$a_{1,n+1}$	$a_{1,n+2}$	$\cdots$	$a_{1,n+m}$	θ_1
c_{n+2}	x_{n+2}	b_2	a_{21}	a_{22}	$\cdots$	a_{2n}	$a_{2,n+1}$	$a_{2,n+2}$	$\cdots$	$a_{2,n+m}$	θ_2
$\vdots$	$\vdots$	$\vdots$	$\vdots$	$\vdots$		$\vdots$	$\vdots$	$\vdots$		$\vdots$	$\vdots$
c_{n+m}	x_{n+m}	b_m	a_{m1}	a_{m2}	$\cdots$	a_{mn}	$a_{m,n+1}$	$a_{m,n+2}$	$\cdots$	$a_{m,n+m}$	θ_m
$-z$		$-z'$	σ_1	σ_2		σ_n	σ_{n+1}	σ_{n+2}		σ_{n+m}	

表 2-5 中，$z' = \sum_{i=1}^{m} c_{n+i} b_i$，$\sigma_j = c_j - \sum_{i=1}^{m} c_{n+i} a_{ij}$ 为检验数。对于基变量 x_j，相应的 $\sigma_j = 0$，且 $a_{jj} = 1$，$a_{ij} = 0 (i, j = 1, 2, \cdots, m, j \neq i)$。

可以得出以下结论：

（1）若在单纯形表中，所有 $\sigma_j \leq 0$，则当前基本可行解是最优解；否则，若存在 $\sigma_k > 0$，则可选 x_k 进基。

（2）若表中 x_k 列的所有系数 $a_{ik} \leq 0$，则没有有限最优解，计算结束；否则按式（2-15）计算 θ_i，填入 θ_i 列。

（3）在 θ_i 列取 $\min\{\theta_i\} = \theta_r$，则以 x_B 列 r 行的变量为出基变量。取 a_{rk} 为主元，这时显然有 $a_{rk} > 0$。

（4）建立一个与原表相同格式的空表，把第 r 行乘以 $1/a_{rk}$ 之后的结果填入新表的第 r 行；对于 $i \neq r$ 行，把第 r 行乘以 $-(a_{ik}/a_{rk})$ 之后与原表中第 i 行相加，将结果填入新表的第 i 行；在 $\boldsymbol{x}_B$ 列中 r 行位置填入 x_k，其余行不变；在 $\boldsymbol{c}_B$ 列中用 c_k 代替 r 行原来的值，其余的行与原表中相同。

注意：在计算过程中，第三行至倒数第二行中部（第三列至倒数第二列）的每一行表示一个等式：

$$a_{i1}x_1 + a_{i2}x_2 + \cdots + a_{in}x_n + a_{i,n+1}x_{n+1} + a_{i,n+2}x_{n+2} + \cdots + a_{i,n+m}x_{n+m} = b_i \quad (i = 1, 2, \cdots, m)$$

这组等式是与原问题的约束等价的线性方程组。

（5）用 x_j 的价值系数 c_j 减去 $\boldsymbol{c}_B$ 列的各元素与 x_j 列各对应元素的乘积，把计算结果填入 x_j 列的最后一行，得到检验数 σ_j，计算并填入 $-z'$ 的值（以零减去 $\boldsymbol{c}_B$ 列各元素与 $\boldsymbol{b}'$ 列各元素的乘积）。

（4）、（5）这两个过程，实质上是通过矩阵初等行变换，使表格第 k 列的第三行至最后一行的元素除第 r 行第 k 列元素为 1 外，其余均为 0。

经过上述过程，就可以得到一张新的单纯形表，对应一个新的基本可行解。重复上述迭代过程，就可以得到最优解或判断出无有限最优解。

3. 单纯形法的矩阵描述

设标准的线性规划问题为

$$\max \; z = \boldsymbol{c}^{\mathrm{T}}\boldsymbol{x}$$
$$\text{s. t.} \begin{cases} \boldsymbol{A}\boldsymbol{x} = \boldsymbol{b} \\ \boldsymbol{x} \geqslant \boldsymbol{0} \end{cases} \tag{2-16}$$

并设

$$\boldsymbol{A} = (\boldsymbol{p}_1, \boldsymbol{p}_2, \cdots, \boldsymbol{p}_n)$$

其中，$\boldsymbol{p}_j(j = 1, 2, \cdots, n)$ 是矩阵 $\boldsymbol{A}$ 的第 j 个列向量。再设

$$\boldsymbol{B} = (\boldsymbol{p}_{B_1}, \boldsymbol{p}_{B_2}, \cdots, \boldsymbol{p}_{B_m})$$

是矩阵 $\boldsymbol{A}$ 的一个基。

这样，矩阵 $\boldsymbol{A}$ 可以分块记为 $\boldsymbol{A} = (\boldsymbol{B}, \boldsymbol{N})$，相应地，向量 $\boldsymbol{x}$ 和 $\boldsymbol{c}$ 可以记为

$$\boldsymbol{x} = \begin{pmatrix} \boldsymbol{x}_B \\ \boldsymbol{x}_N \end{pmatrix}, \quad \boldsymbol{c} = \begin{pmatrix} \boldsymbol{c}_B \\ \boldsymbol{c}_N \end{pmatrix}$$

利用以上记号，式(2-16)中的等式约束 $\boldsymbol{A}\boldsymbol{x} = \boldsymbol{b}$ 可以写成：

$$\boldsymbol{B}\boldsymbol{x}_B + \boldsymbol{N}\boldsymbol{x}_N = \boldsymbol{b}$$

由于基 $\boldsymbol{B}$ 可逆，所以可以得到：

$$\boldsymbol{x}_B = \boldsymbol{B}^{-1}\boldsymbol{b} - \boldsymbol{B}^{-1}\boldsymbol{N}\boldsymbol{x}_N \tag{2-17}$$

这就是在约束条件中，基变量用非基变量表示的形式。

对于一个确定的基 $\boldsymbol{B}$，目标函数 z 可以写成：

$$z = \boldsymbol{c}^{\mathrm{T}}\boldsymbol{x} = (\boldsymbol{c}_B^{\mathrm{T}}, \boldsymbol{c}_N^{\mathrm{T}}) \begin{pmatrix} \boldsymbol{x}_B \\ \boldsymbol{x}_N \end{pmatrix} = \boldsymbol{c}_B^{\mathrm{T}}\boldsymbol{x}_B + \boldsymbol{c}_N^{\mathrm{T}}\boldsymbol{x}_N \tag{2-18}$$

将式(2-17)代入以上目标函数表达式(2-18)，得到目标函数 z 用非基变量表示的形式：

$$z = \boldsymbol{c}_B^{\mathrm{T}}(\boldsymbol{B}^{-1}\boldsymbol{b} - \boldsymbol{B}^{-1}\boldsymbol{N}\boldsymbol{x}_N) + \boldsymbol{c}_N^{\mathrm{T}}\boldsymbol{x}_N$$

$$= \boldsymbol{c}_B^{\mathrm{T}} \boldsymbol{B}^{-1} \boldsymbol{b} - (\boldsymbol{c}_B^{\mathrm{T}} \boldsymbol{B}^{-1} \boldsymbol{N} - \boldsymbol{c}_N^{\mathrm{T}}) \boldsymbol{x}_N \tag{2-19}$$

令

$$\boldsymbol{\sigma}_N = \boldsymbol{c}_N^{\mathrm{T}} - \boldsymbol{c}_B^{\mathrm{T}} \boldsymbol{B}^{-1} \boldsymbol{N} \tag{2-20}$$

为检验数。式(2-17)和式(2-19)表示非基变量的任何一组确定的值，基变量和目标函数都有一组确定的值与之相对应。特别地，当 $\boldsymbol{x}_N = \boldsymbol{0}$ 时，相应的解

$$\boldsymbol{x} = \begin{pmatrix} \boldsymbol{x}_B \\ \boldsymbol{x}_N \end{pmatrix} = \begin{pmatrix} \boldsymbol{B}^{-1} \boldsymbol{b} \\ \boldsymbol{0} \end{pmatrix}$$

就是对应于基 $\boldsymbol{B}$ 的基本解。如果 $\boldsymbol{B}$ 是一个可行基，则有

$$\boldsymbol{x} = \begin{pmatrix} \boldsymbol{x}_B \\ \boldsymbol{x}_N \end{pmatrix} = \begin{pmatrix} \boldsymbol{B}^{-1} \boldsymbol{b} \\ \boldsymbol{0} \end{pmatrix} \geqslant \boldsymbol{0}$$

单纯形算法包括以下步骤：

（1）取得一个初始可行基 $\boldsymbol{B}$、相应的基本可行解 $\boldsymbol{x} = \begin{pmatrix} \boldsymbol{x}_B \\ \boldsymbol{x}_N \end{pmatrix} = \begin{pmatrix} \boldsymbol{B}^{-1} \boldsymbol{b} \\ \boldsymbol{0} \end{pmatrix}$，以及当前的目标函数值 $z = \boldsymbol{c}_B^{\mathrm{T}} \boldsymbol{x}_B = \boldsymbol{c}_B^{\mathrm{T}} \boldsymbol{B}^{-1} \boldsymbol{b}$。

（2）考察检验数 $\boldsymbol{\sigma}_N$，如果 $\boldsymbol{\sigma}_N \leqslant \boldsymbol{0}$，则当前的基已经是最优基，计算结束。否则，选取一个 $\sigma_k > 0$，使相应的 x_k 值由当前值 0 开始增加，并要求在 x_k 增加时目标函数严格增大，其余非基变量的值均保持 0 不变。

（3）当 x_k 的值由 0 开始增加时，由式(2-17)可知，当前各基变量的值也要随之变化。有以下两种情况将会发生：

1）当 x_k 的值增加时，某些基变量的值随之减小，则必定有一个基变量 x_{Br} 的值在 x_k 的增加过程中首先降为 0。这时，这个基变量 x_{Br} 成为非基变量，而非基变量 x_k 成为一个新的基变量，相应地，x_k 在矩阵 $\boldsymbol{A}$ 中相应（不在基 $\boldsymbol{B}$ 中）的列向量 $\boldsymbol{p}_k$ 将取代基变量 x_{Br} 在基 $\boldsymbol{B}$ 中的列向量 $\boldsymbol{p}_{Br}$，从而实现由原来的可行基 $\boldsymbol{B}$ 到一个新的可行基 $\boldsymbol{B}'$ 的变换。在这一过程中，称变量 x_k 为进基变量，x_{Br} 为出基变量，由可行基 $\boldsymbol{B}$ 到 $\boldsymbol{B}'$ 的变换称为基变换。由 x_k 的选取可知，新的基 $\boldsymbol{B}'$ 对应的目标函数值必定大于原可行基 $\boldsymbol{B}$ 对应的目标函数值。转(4)。

2）当 x_k 增加时，由式(2-17)确定的所有基变量的值都随之增加，即 $\boldsymbol{B}^{-1} \boldsymbol{p}_k \leqslant \boldsymbol{0}$，则不会有任何基变量出基，这时 x_k 值的增加没有任何限制，可判定该问题无有限最优解，计算结束。

（4）对于新的可行基，重复步骤(2)和(3)，就一定可以获得最优解或确定无有限最优解。

用矩阵、向量表示的单纯形表如表 2-6 所示。

表 2-6　矩阵形式的单纯形表

$\boldsymbol{c}_B$	$\boldsymbol{x}_B$	$\boldsymbol{b}'$	$\boldsymbol{c}_B^{\mathrm{T}}$ $\boldsymbol{x}_B^{\mathrm{T}}$	$\boldsymbol{c}_N^{\mathrm{T}}$ $\boldsymbol{x}_N^{\mathrm{T}}$	θ_i
$\boldsymbol{c}_B$	$\boldsymbol{x}_B$	$\boldsymbol{B}^{-1} \boldsymbol{b}$	$\boldsymbol{B}^{-1} \boldsymbol{B}$	$\boldsymbol{B}^{-1} \boldsymbol{N}$	
	$-z$	$-\boldsymbol{c}_B^{\mathrm{T}} \boldsymbol{B}^{-1} \boldsymbol{b}$	$\boldsymbol{0}^{\mathrm{T}}$	$\boldsymbol{c}_N^{\mathrm{T}} - \boldsymbol{c}_B^{\mathrm{T}} \boldsymbol{B}^{-1} \boldsymbol{N}$	

三、单纯形法表格计算

例 2-13 用单纯形法求解例 2-1 中的线性规划问题。标准化后得

$$\max \; z = 1500x_1 + 2500x_2$$

$$\text{s. t.} \begin{cases} 3x_1 + 2x_2 + x_3 & = 65 \\ 2x_1 + x_2 + x_4 & = 40 \\ 3x_2 + x_5 & = 75 \\ x_1, \quad x_2, \; x_3, \; x_4, \; x_5 \geq 0 \end{cases}$$

解 取初始基本可行解 $x_1 = x_2 = 0$，$x_3 = 65$，$x_4 = 40$，$x_5 = 75$；它的基是 $(\boldsymbol{p}_3, \boldsymbol{p}_4, \boldsymbol{p}_5) = \boldsymbol{E}$（单位矩阵）。于是，得到如表 2-7 所示的初始单纯形表。

表 2-7 初始单纯形表

c_B	x_B	b'	1500	2500	0	0	0	θ_i
			x_1	x_2	x_3	x_4	x_5	
0	x_3	65	3	2	1	0	0	
0	x_4	40	2	1	0	1	0	
0	x_5	75	0	3	0	0	1	
$-z$		0	1500	2500	0	0	0	

以下可以把过程单纯形表连接起来，如表 2-8 所示。

表 2-8 单纯形法表格计算过程

c_B	x_B	b'	1500	2500	0	0	0	θ_i
			x_1	x_2	x_3	x_4	x_5	
0	x_3	65	3	2	1	0	0	32.5
0	x_4	40	2	1	0	1	0	40
0	x_5	75	0	[3]	0	0	1	25
$-z$		0	1500	2500*	0	0	0	
0	x_3	15	[3]	0	1	0	$-2/3$	5
0	x_4	15	2	0	0	1	$-1/3$	7.5
2500	x_2	25	0	1	0	0	1/3	—
$-z$		-62500	1500*	0	0	0	$-2500/3$	
1500	x_1	5	1	0	1/3	0	$-2/9$	—
0	x_4	5	0	0	$-2/3$	1	1/9	—
2500	x_2	25	0	1	0	0	1/3	—
$-z$		-70000	0	0	-500	0	-500	

在最优单纯形表中，非基变量 x_3、x_5 的检验数均为负数，于是得到最优解 $\boldsymbol{x}^* = (5, 25, 0, 5, 0)^{\mathrm{T}}$，最优目标值 $z^* = 70000$ 元（注意：表中的 -70000 元为 $-z$ 的值）。

为了能够更清晰地看清单纯形法的解题思路，以及单纯形法表格计算过程中表格内各量的关系，把例 2-11 计算过程中 3 次迭代的表达式重述如下：

第一次迭代：

取初始可行基 $\boldsymbol{B}_{10} = (\boldsymbol{p}_3, \boldsymbol{p}_4, \boldsymbol{p}_5)$，那么 x_3、x_4、x_5 为基变量，x_1、x_2 为非基变量。将基变量和目标函数用非基变量表示：

$$z = 1500x_1 + 2500x_2$$
$$x_3 = 65 - 3x_1 - 2x_2$$
$$x_4 = 40 - 2x_1 - x_2$$
$$x_5 = 75 - 3x_2$$

第二次迭代：

当前的可行基 $\boldsymbol{B}_7 = (\boldsymbol{p}_2, \boldsymbol{p}_3, \boldsymbol{p}_4)$，那么 x_2、x_3、x_4 为基变量，x_1、x_5 为非基变量。将基变量和目标函数用非基变量表示：

$$z = 62500 + 1500x_1 - \frac{2500}{3}x_5$$

$$x_2 = 25 - \frac{1}{3}x_5$$

$$x_3 = 15 - 3x_1 + \frac{2}{3}x_5$$

$$x_4 = 15 - 2x_1 + \frac{1}{3}x_5$$

第三次迭代：

当前的可行基 $\boldsymbol{B}_2 = (\boldsymbol{p}_1, \boldsymbol{p}_2, \boldsymbol{p}_4)$，那么 x_1、x_2、x_4 为基变量，x_3、x_5 为非基变量。将基变量和目标函数用非基变量表示：

$$z = 70000 - 500x_3 - 500x_5$$

$$x_1 = 5 - \frac{1}{3}x_3 + \frac{2}{9}x_5$$

$$x_2 = 25 - \frac{1}{3}x_5$$

$$x_4 = 5 + \frac{2}{3}x_3 - \frac{1}{9}x_5$$

在目标函数 $z = 70000 - 500x_3 - 500x_5$ 中，非基变量 x_3、x_5 的检验数不是正数，于是得到最优解 $\boldsymbol{x}^* = (5, 25, 0, 5, 0)^{\mathrm{T}}$，最优目标值 $z^* = 70000$ 元。

例 2-14 用单纯形法求解下列线性规划问题（多解问题）：

$$\max \ z = 1500x_1 + 1000x_2$$

$$\text{s. t.} \begin{cases} 3x_1 + 2x_2 + x_3 & = 65 \\ 2x_1 + x_2 + x_4 & = 40 \\ 3x_2 + x_5 = 75 \\ x_1, \quad x_2, \quad x_3, \quad x_4, \quad x_5 \geq 0 \end{cases}$$

解 取初始基本可行解 $x_1 = x_2 = 0$，$x_3 = 65$，$x_4 = 40$，$x_5 = 75$；它的基是 $(\boldsymbol{p}_3, \boldsymbol{p}_4, \boldsymbol{p}_5) = \boldsymbol{E}$（单位矩阵）。于是，得到如表 2-9 所示的单纯形法表格计算过程。

在最优单纯形表中，非基变量 x_3、x_5 的检验数不是正数，于是得到最优解 $\boldsymbol{x}^* = (5, 25, 0, 5, 0)^{\mathrm{T}}$，最优目标值 $z^* = 32500$ 元。注意到 x_5 的检验数是 0，如果选 x_5 为进基变量，迭代还可以进行下去，但是最优值不会增大，而只有最优解改变，这就是多解的情况。

表 2-9　单纯形法表格计算过程

c_B	x_B	b'	1500	1000	0	0	0	θ_i
			x_1	x_2	x_3	x_4	x_5	
0	x_3	65	3	2	1	0	0	32.5
0	x_4	40	2	1	0	1	0	40
0	x_5	75	0	[3]	0	0	1	25
$-z$		0	1500	1000*	0	0	0	
0	x_3	15	[3]	0	1	0	$-2/3$	5
0	x_4	15	2	0	0	1	$-1/3$	7.5
1000	x_2	25	0	1	0	0	1/3	—
$-z$		-25000	1500*	0	0	0	$-1000/3$	
1500	x_1	5	1	0	1/3	0	$-2/9$	—
0	x_4	5	0	0	$-2/3$	1	1/9	—
1000	x_2	25	0	1	0	0	1/3	—
$-z$		-32500	0	0	-500	0	0	

下面再迭代一步(表 2-10):

表 2-10　进一步迭代过程

c_B	x_B	b'	1500	1000	0	0	0	θ_i
			x_1	x_2	x_3	x_4	x_5	
1500	x_1	5	1	0	1/3	0	$-2/9$	—
0	x_4	5	0	0	$-2/3$	1	[1/9]	45
1000	x_2	25	0	1	0	0	1/3	75
$-z$		-32500	0	0	-500	0	0*	
1500	x_1	15	1	0	-1	2	0	—
0	x_5	45	0	0	-6	9	1	—
1000	x_2	10	0	1	2	-3	0	—
$-z$		-32500	0	0	-500	0	0	

在这个最优单纯形表中,非基变量 x_3、x_4 的检验数不是正数,得到最优解 $y^* = (15, 10, 0, 0, 45)^{\mathrm{T}}$,最优目标值 $z^* = 32500$ 元。实际上,x^* 与 y^* 之间线段上各点均是此线性规划问题的最优解。

例 2-15　用单纯形法求解线性规划问题(无有限最优解情况):

$$\max \ z = 7x_1 + x_2 - 4x_3 + 2x_4$$

$$\text{s. t.} \begin{cases} x_1 + 4x_2 - 2x_3 + x_4 + x_5 = 5 \\ 2x_1 - x_2 - 5x_3 + 3x_4 + x_6 = 11 \\ -x_1 + 3x_2 + x_3 + x_7 = 15 \\ x_1, \quad x_2, \quad x_3, \quad x_4, \ x_5, \ x_6, \ x_7 \geqslant 0 \end{cases}$$

解　取初始基本可行解 $x_1 = x_2 = x_3 = x_4 = 0$，$x_5 = 5$，$x_6 = 11$，$x_7 = 15$；它的基是 $(p_5, p_6, p_7) = E$（单位矩阵）。于是，得到如表 2-11 所示的单纯形法表格计算过程。

在第二个单纯形表中，非基变量 x_3 的检验数大于零，但是该列的其他元素 $a'_{i3} \le 0 (i = 1, 2, 3)$，于是得到无有限最优解的结论，计算终止。

表 2-11　单纯形法表格计算过程

c_B	x_B	b'	7	1	-4	2	0	0	0	θ_i
			x_1	x_2	x_3	x_4	x_5	x_6	x_7	
0	x_5	5	[1]	4	-2	1	1	0	0	5
0	x_6	11	2	-1	-5	3	0	1	0	5.5
0	x_7	15	-1	3	1	0	0	0	1	—
$-z$		0	7*	1	-4	2	0	0	0	
7	x_1	5	1	4	-2	1	1	0	0	
0	x_6	1	0	-9	-1	1	-2	1	0	
0	x_7	20	0	7	1	1	1	0	1	
$-z$		-35	0	-27	10*	-5	-7	0	0	

四、一般线性规划问题的处理

对于一般线性规划标准形式问题：设 $b_i \ge 0$（$i = 1, 2, \cdots, m$），则

$$\max z = c_1 x_1 + c_2 x_2 + \cdots + c_n x_n \tag{2-21}$$

$$\text{s. t.} \begin{cases} a_{11} x_1 + a_{12} x_2 + \cdots + a_{1n} x_n = b_1 \\ a_{21} x_1 + a_{22} x_2 + \cdots + a_{2n} x_n = b_2 \\ \quad \vdots \\ a_{m1} x_1 + a_{m2} x_2 + \cdots + a_{mn} x_n = b_m \\ \quad x_1, \quad x_2, \quad \cdots, \quad x_n \ge 0 \end{cases} \tag{2-22}$$

系数矩阵中不含单位矩阵。这时，没有明显的基本可行解，常常采用引入非负人工变量的方法来求得初始基本可行解。前文已经介绍过，基、基本可行解等概念只与约束有关，因此可以引入

$$x_{n+1}, x_{n+2}, \cdots, x_{n+m} \ge 0$$

使约束即式(2-22)变化为如下标准形式：

$$\begin{cases} a_{11} x_1 + a_{12} x_2 + \cdots + a_{1n} x_n + x_{n+1} = b_1 \\ a_{21} x_1 + a_{22} x_2 + \cdots + a_{2n} x_n + x_{n+2} = b_2 \\ \quad \vdots \\ a_{m1} x_1 + a_{m2} x_2 + \cdots + a_{mn} x_n + x_{n+m} = b_m \\ x_1, x_2, \cdots, x_n, x_{n+1}, \cdots, x_{n+m} \ge 0 \end{cases} \tag{2-23}$$

考虑式(2-23)，显然 $x_{n+1}, x_{n+2}, \cdots, x_{n+m}$ 对应的一个基是单位矩阵，得到一个基本可行解

$$x_1 = x_2 = \cdots = x_n = 0; \ x_{n+1} = b_1, \ x_{n+2} = b_2, \cdots, x_{n+m} = b_m$$

根据单纯形法的特点，迭代总是在基本可行解的范围内进行，一旦找到不含这些引入的人工变量的基本可行解，迭代就可以回到原问题的范围内进行。在实际计算时，常用两种方法："大 M 法"（Big M Method）和"两阶段法"（Two-Phase Method），下面分别介绍。

1. 大 M 法

大 M 法也称为惩罚法。主要做法是，取 $M > 0$ 为一个任意大的正数，在原问题的目标函数中加入 $-M$ 乘以每一个人工变量，得到

$$\max\ z = c_1 x_1 + c_2 x_2 + \cdots + c_n x_n - M x_{n+1} - M x_{n+2} - \cdots - M x_{n+m}$$

取约束为式(2-23)，构造一个新的问题。这样，求解这个新问题就从最大化的角度迫使人工变量取零值，以达到求解原问题最优解的目的。

一个明显的事实：

设 $\boldsymbol{x}^* = (x_1^*, x_2^*, \cdots, x_n^*, x_{n+1}^*, \cdots, x_{n+m}^*)^{\mathrm{T}}$ 为新问题的最优解，那么若 $x_{n+1}^* = x_{n+2}^* = \cdots = x_{n+m}^* = 0$，则 $(x_1^*, x_2^*, \cdots, x_n^*)^{\mathrm{T}}$ 为原问题的最优解，这时的目标函数值为最优值；否则，即 x_{n+1}^*，x_{n+2}^*，$\cdots$，x_{n+m}^* 不全为零时，说明原问题无可行解。

例 2-16　求解线性规划问题：

$$\max\ z = 3x_1 - x_2 - x_3$$
$$\text{s. t.}\begin{cases} x_1 - 2x_2 + x_3 \leqslant 11 \\ -4x_1 + x_2 + 2x_3 \geqslant 3 \\ -2x_1 + x_3 = 1 \\ x_1, \quad x_2, \quad x_3 \geqslant 0 \end{cases}$$

解　标准化并引入人工变量，得

$$\max\ z' = 3x_1 - x_2 - x_3 + 0x_4 + 0x_5 - M x_6 - M x_7$$
$$\text{s. t.}\begin{cases} x_1 - 2x_2 + x_3 + x_4 = 11 \\ -4x_1 + x_2 + 2x_3 - x_5 + x_6 = 3 \\ -2x_1 + x_3 + x_7 = 1 \\ x_1, \quad x_2, \quad x_3, \ x_4, \ x_5, \ x_6, \ x_7 \geqslant 0 \end{cases}$$

用单纯形法计算（表 2-12）。注意，初始单纯形表的检验数行需直接用前文介绍的方法在表格上计算得到，即用 x_j 的价值系数 c_j 减去 $\boldsymbol{c}_B$ 列的各元素与 x_j 列各对应元素的乘积，把计算结果填入 x_j 列的最后一行，得到检验数 σ_j，计算并填入 $-z'$ 的值（以 0 减去 $\boldsymbol{c}_B$ 列各元素与 $\boldsymbol{b}'$ 列各元素的乘积）。

根据最优单纯形表得到最优解 $\boldsymbol{x}^* = (4, 1, 9, 0, 0, 0, 0)^{\mathrm{T}}$，最优值 $z^* = 2$。由于人工变量的值均为零，故得到原问题的最优解 $\boldsymbol{x}^* = (4, 1, 9)^{\mathrm{T}}$，最优值 $z^* = 2$。

表 2-12　单纯形法表格计算过程

c_B	$\boldsymbol{x}_B$	b'	3	-1	-1	0	0	$-M$	$-M$	θ_i
			x_1	x_2	x_3	x_4	x_5	x_6	x_7	
0	x_4	11	1	-2	1	1	0	0	0	11
$-M$	x_6	3	-4	1	2	0	-1	1	0	3/2
$-M$	x_7	1	-2	0	[1]	0	0	0	1	1
\multicolumn{2}{c}{$-z'$}	$4M$	$3-6M$	$-1+M$	$-1+3M^*$	0	$-M$	0	0	

(续)

c_B	x_B	b'	3	-1	-1	0	0	$-M$	$-M$	θ_i
			x_1	x_2	x_3	x_4	x_5	x_6	x_7	
0	x_4	10	3	-2	0	1	0	0	-1	—
$-M$	x_6	1	0	$[1]$	0	0	-1	1	-2	1
-1	x_3	1	-2	0	1	0	0	0	1	—
$-z'$		$M+1$	1	$-1+M$	0	0	$-M$	0	$-3M+1$	
0	x_4	12	$[3]$	0	0	1	-2	2	-5	4
-1	x_2	1	0	1	0	0	-1	1	-2	—
-1	x_3	1	-2	0	1	0	0	0	1	—
$-z'$		2	1	0	0	0	-1	$-M+1$	$-M-1$	
3	x_1	4	1	0	0	$1/3$	$-2/3$	$2/3$	$-5/3$	
-1	x_2	1	0	1	0	0	-1	1	-2	
-1	x_3	9	0	0	1	$2/3$	$-4/3$	$4/3$	$-7/3$	
$-z'$		-2	0	0	0	$-1/3$	$-1/3$	$-M+1/3$	$-M+2/3$	

2. 两阶段法

两阶段法是把一般问题的求解过程分为两步。

第一步,求原问题的一个基本可行解。

建立一个辅助问题。取约束为式(2-23),目标函数为

$$\max\ z' = -x_{n+1} - x_{n+2} - \cdots - x_{n+m}$$

这样,从目标最优角度迫使人工变量取零值,以达到求原问题一个基本可行解的目的。

显然,这个第一阶段的辅助问题有下列明显的事实:

设 $\pmb{x}^* = (x_1^*, x_2^*, \cdots, x_n^*, x_{n+1}^*, \cdots, x_{n+m}^*)^{\mathrm{T}}$ 为这个问题的最优解,那么,若 $x_{n+1}^* = x_{n+2}^* = \cdots = x_{n+m}^* = 0$,则 $(x_1^*, x_2^*, \cdots, x_n^*)^{\mathrm{T}}$ 为原问题的一个基本可行解,这时的目标函数值为零;否则,即 x_{n+1}^*,x_{n+2}^*,$\cdots$,x_{n+m}^* 不全为零时,说明原问题无可行解。

第二步,求解原问题。

以第一步得到的基本可行解为初始基本可行解,用单纯形法求解原问题。在表格计算过程中,这一步的初始单纯形表可这样产生:①由第一步的最优单纯形表删去 x_{n+1},x_{n+2},$\cdots$,x_{n+m}列;②把第一行的目标函数系数行换为原问题目标函数的系数;③检验数行直接用前文介绍的方法在表格上计算得到,即用 x_j 的价值系数 c_j 减去 $\pmb{c}_B$ 列的各元素与 x_j 列各对应元素的乘积,把计算结果填入 x_j 列的最后一行,得到检验数 σ_j,计算并填入 $-z'$ 的值(以 0 减去 $\pmb{c}_B$ 列各元素与 $\pmb{b}'$列各元素的乘积)。

例 2-17 用两阶段法求解线性规划问题:

$$\max\ z = 3x_1 - x_2 - x_3$$

$$\text{s. t.}\ \begin{cases} x_1 - 2x_2 + x_3 \leqslant 11 \\ -4x_1 + x_2 + 2x_3 \geqslant 3 \\ -2x_1 + x_3 = 1 \\ x_1,\quad x_2,\quad x_3 \geqslant 0 \end{cases}$$

解 第一步，标准化并引入人工变量，建立辅助问题：

$$\max z' = -x_6 - x_7$$

$$\text{s. t.} \begin{cases} x_1 - 2x_2 + x_3 + x_4 &= 11 \\ -4x_1 + x_2 + 2x_3 - x_5 + x_6 &= 3 \\ -2x_1 + x_3 + x_7 &= 1 \\ x_1, \quad x_2, \quad x_3, x_4, x_5, x_6, x_7 \geq 0 \end{cases}$$

用单纯形法计算(表 2-13)。

表 2-13　单纯形法表格计算过程

c_B	x_B	b'	0	0	0	0	0	-1	-1	θ_i
			x_1	x_2	x_3	x_4	x_5	x_6	x_7	
0	x_4	11	1	-2	1	1	0	0	0	11
-1	x_6	3	-4	1	2	0	-1	1	0	3/2
-1	x_7	1	-2	0	[1]	0	0	0	1	1
	$-z'$	4	-6	1	3^*	0	-1	0	0	
0	x_4	10	3	-2	0	1	0	0	-1	
-1	x_6	1	0	[1]	0	0	-1	1	-2	1
0	x_3	1	-2	0	1	0	0	0	1	—
	$-z'$	1	0	1^*	0	0	-1	0	-3	
0	x_4	12	[3]	0	0	1	-2	2	-5	
0	x_2	1	0	1	0	0	-1	1	-2	
0	x_3	1	-2	0	1	0	0	0	1	
	$-z'$	0	0	0	0	0	0	-1	-1	

根据最优单纯形表得到最优解 $\boldsymbol{x}^* = (0,1,1,12,0,0,0)^{\mathrm{T}}$，最优值 $z'^* = 0$。由于人工变量的值均为零，故得标准化后原问题的基本可行解 $\boldsymbol{x} = (0,1,1,12,0)^{\mathrm{T}}$。

第二步，在第一步最优单纯形表的基础上构造标准化后原问题的初始单纯形表(表 2-14)。

表 2-14　第二步计算

c_B	x_B	b'	3	-1	-1	0	0	θ_i
			x_1	x_2	x_3	x_4	x_5	
0	x_4	12	[3]	0	0	1	-2	4
-1	x_2	1	0	1	0	0	-1	—
-1	x_3	1	-2	0	1	0	0	—
	$-z'$	2	1^*	0	0	0	-1	
3	x_1	4	1	0	0	1/3	$-2/3$	
-1	x_2	1	0	1	0	0	-1	
-1	x_3	9	0	0	1	2/3	$-4/3$	
	$-z'$	-2	0	0	0	$-1/3$	$-1/3$	

根据最优单纯形表得到，最优解 $x^* = (4,1,9,0,0)^T$，最优值 $z^* = 2$。返回原问题的最优解为 $x^* = (4,1,9)^T$，最优值为 $z^* = 2$。

利用单纯形法表格计算求解问题应注意：

（1）每一步运算只能用矩阵初等行变换。

（2）表中第3列（b'列）的数值总应保持非负（≥ 0），出现负值常常是由于选取主元时没有取到最小 θ_i 所对应的元素。

（3）当所有检验数均非正（≤ 0）时，得到最优单纯形表（若直接对目标求最小时，要求所有检验数均非负）。

（4）当最优单纯形表存在非基变量对应的检验数为零时，可能存在无穷多解。

（5）关于退化和循环。如果在一个基本可行解的基变量中至少有一个分量 $x_{Bi} = 0$（$i = 1,2,\cdots,m$），则称此基本可行解是退化的基本可行解。一般情况下，退化的基本可行解（极点）是由若干个不同的基本可行解（极点）在特殊情况下合并成一个基本可行解（极点）而形成的。退化的结构对单纯形迭代会造成不利的影响，可能出现以下情况：①进行进基、出基变换后，虽然改变了基，但没有改变基本可行解（极点），目标函数当然也不会改进。进行若干次基变换后，才脱离退化基本可行解（极点），进入其他基本可行解（极点）。这种情况会增加迭代次数，使单纯形法收敛的速度减慢。②在特殊情况下，退化会出现基的循环，一旦出现这样的情况，单纯形迭代将永远停留在同一极点上，因而无法求得最优解。

在单纯形法求解线性规划问题时，一旦出现这种因退化而导致的基的循环，单纯形法就无法求得最优解，这是一般单纯形法的一个缺陷。但是实际上，尽管退化的结构经常会遇到，而循环现象在实际问题中出现得较少。尽管如此，人们还是对如何防止出现循环做了大量研究。1952年，Charnes 提出了"摄动法"，1954年，Dantzig、Orden 和 Wolfe 又提出了"字典序法"。这些方法都比较复杂，同时也降低了迭代的速度。1976年，Bland 提出了一个避免循环的新方法，其原则十分简单，仅在选择进基变量和出基变量时做了以下规定：①在选择进基变量时，在所有 $\sigma_j > 0$ 的非基变量中选取下标最小的进基；②当有多个变量同时可作为出基变量时，选择下标最小的那个变量出基。这样就可以避免出现循环，当然，这样可能使收敛速度降低。

对于退化和循环问题的研究，有兴趣的读者可进一步参阅有关文献。

第四节　线性规划建模应用

一、线性规划建模的原则

在线性规划的应用中，十分重要的一步工作是建立数学模型。线性规划方法通过对实际问题进行分析，建立其相应的线性规划模型，然后进行求解和分析，为决策提供依据。所建立的模型是否能够恰当地反映实际问题中的主要矛盾，将直接影响所求得的解是否有意义，从而影响决策的质量。因此，建模是应用线性规划方法的第一步，也是最为重要的一步。

数学规划的建模有许多共同点，要遵循下列原则：

（1）容易理解。建立的模型不但要求建模者理解，还应当让有关人员理解。这样便于考察实际问题与模型之间的关系，增加将得到的结论在实际中应用的信心。

（2）容易查找模型中的错误。这个原则的目的显然与（1）相关。常出现的错误有：书写错误和公式错误。

（3）容易求解。对线性规划来说，容易求解的问题主要是控制问题的规模，包括决策变量的个数和约束的个数应尽量少。这条原则的实现往往会与（1）发生矛盾，在实现时需要对两条原则进行统筹考虑。

本章作为线性规划的应用着重强调线性规划的建模，读者应理解其中有些内容是不仅仅限于线性规划的。建立线性规划模型的过程可分为以下四步：

（1）设立决策变量。

（2）明确约束条件并用决策变量的线性等式或不等式表示。

（3）用决策变量的线性函数表示目标，并确定是求极大（max）还是求极小（min）。

（4）根据决策变量的物理性质研究变量是否有非负性。

其中最关键的是设决策变量，如果决策变量设定得恰当，则后面三步工作就比较容易进行；否则，根本无法用决策变量的线性函数来描述目标函数或约束条件。在这种情况下，可以尝试重新设定决策变量。特别要积累经验，学会充分利用建立相关约束的方法或增加一些决策变量来解决建模问题。一般情况下，设定决策变量没有严格的规律可以遵循，必须具体问题具体分析。

因此线性规划建模过程是具有相当灵活性的，只有通过大量的实例，掌握一定的经验，结合对问题本身的深入研究来提高建模的能力。下面就一些常见的问题给出线性规划建模的实例。

二、线性规划建模举例

1. 生产计划问题

生产计划问题是企业生产过程中时常遇到的问题，其中最简单的一种形式可以描述如下：

用若干种原材料（资源）生产某几种产品，原材料（或某种资源）供应有一定的限制，要求制订一个产品生产计划，使其在给定的资源限制条件下能得到最大收益。如果用 m 种资源 B_1，B_2，$\cdots$，B_m，生产 n 种产品 A_1，A_2，$\cdots$，A_n，单位产品所需资源数 a_{ij}（如原材料、人力、时间等）、所得利润 c_j 及可供应的资源总量 b_i 已知，如表 2-15 所示，那么应如何组织生产才能使利润最大？

表 2-15　数据情况表

资　　源	产　品				可供应资源数
	A_1	A_2	$\cdots$	A_n	
B_1	a_{11}	a_{12}	$\cdots$	a_{1n}	b_1
B_2	a_{21}	a_{22}	$\cdots$	a_{2n}	b_2
$\vdots$	$\vdots$	$\vdots$	$\vdots$	$\vdots$	$\vdots$
B_m	a_{m1}	a_{m2}	$\cdots$	a_{mn}	b_m
单位产品利润	c_1	c_2	$\cdots$	c_n	

设 x_j 为生产 A_j 产品的计划数，则这类问题的数学模型常常为规范形式的线性规划问题。这里，资源限制数显然满足 $b_i > 0$（$i = 1，\cdots，m$），建立的模型为

$$\max \ z = c_1 x_1 + c_2 x_2 + \cdots + c_n x_n$$

$$\text{s. t.} \begin{cases} a_{11} x_1 + a_{12} x_2 + \cdots + a_{1n} x_n \leqslant b_1 \\ a_{21} x_1 + a_{22} x_2 + \cdots + a_{2n} x_n \leqslant b_2 \\ \qquad\qquad\qquad \vdots \\ a_{m1} x_1 + a_{m2} x_2 + \cdots + a_{mn} x_n \leqslant b_m \\ x_1, \qquad x_2, \cdots, \qquad x_n \geqslant 0 \end{cases}$$

模型中的不等式约束表示生产各种产品所需要的资源总数不能超过它的可供应数，决策变量的非负约束是产品计划生产数不能为负的实际反映。

类似这样的问题，可以采用问什么设什么的方法设定决策变量，但有些问题会有稍微复杂的情况出现。下面举例来看几种产品生产计划的问题。

例 2-18 某工厂生产 A、B 两种产品，均需经过两道工序，每生产 1t A 产品需要经第一道工序加工 2h，第二道工序加工 3h；每生产 1t B 产品需要经过第一道工序加工 3h，第二道工序加工 4h。可供利用的第一道工序工时为 15h，第二道工序工时为 25h。

生产产品 B 的同时可产出副产品 C，每生产 1t 产品 B，可同时得到 2t 产品 C 而不需要外加任何费用。副产品 C 一部分可以盈利，其余的只能报废，且报废需要花费一定的费用。

各项费用的情况为：出售产品 A 每吨能盈利 400 元；出售产品 B 每吨能盈利 800 元；每销售 1t 副产品 C 能盈利 300 元；当剩余的产品 C 报废时，每吨损失费为 200 元。

经市场预测，在计划期内产品 C 的最大销量为 5t。

试列出本问题的线性规划模型，决定如何安排 A、B 两种产品的产量可使工厂总的盈利为最大？

解 分析：此问题的难度是由于副产品 C 的出现而使问题复杂化了。如果只设 A、B、C 产品的产量分别为 x_1、x_2、x_3，则由于产品 C 的单位利润是在盈利 300 元（+300）或损失 200 元（-200）之间变化，因此目标函数中 x_3 的系数不是常数，目标函数成为非线性函线。但是如果把 C 的销售量和报废量区分开来，设作两个变量，则可以较容易地建立线性规划模型。

设 A、B 产品的产量分别为 x_1、x_2，C 产品的销售量和报废量分别为 x_3、x_4。根据问题的条件和限制容易建立下述线性规划模型（为了方便，取利润或损失金额的单位为百元）：

目标函数：$\max \ z = 4x_1 + 8x_2 + 3x_3 - 2x_4$

约束：

产品 C 是产品 B 的副产品，1t 产品 B 产生 2t 产品 C，即有 $2x_2 = x_3 + x_4$

产品 A 的限制　$2x_1 + 3x_2 \leqslant 15$

产品 B 的限制　$3x_1 + 4x_2 \leqslant 25$

产品 C 的限制　　　　$x_3 \leqslant 5$

于是可得到如下线性规划模型：

$$\max z = 4x_1 + 8x_2 + 3x_3 - 2x_4$$

$$\text{s. t.} \begin{cases} 2x_2 - x_3 - x_4 = 0 \\ 2x_1 + 3x_2 \leqslant 15 \\ 3x_1 + 4x_2 \leqslant 25 \\ \qquad x_3 \leqslant 5 \\ x_1, \quad x_2, \quad x_3, \quad x_4 \geqslant 0 \end{cases}$$

利用线性规划单纯形法求解可得：$\boldsymbol{x}^* = (3.75, 2.5, 5, 0)^{\mathrm{T}}$，最大利润 $z^* = 50$ 百元，第二道加工工序有 3.75h 的空闲。

求解过程从略，读者可以作为练习自己去求解。

例 2-19 某公司生产甲、乙、丙三种产品，都需要经过铸造、机加工和装配三个车间。甲、乙两种产品的铸件既可以外包协作，也可以自行生产，但产品丙必须本厂铸造才能保证质量。有关数据如表 2-16 所示。问：公司为了获得最大利润，甲、乙、丙三种产品各生产多少件？甲、乙两种产品的铸件由本公司铸造和由外包协作各应多少件？

表 2-16 有关数据

工时与成本	产 品			工时限制/h
	甲	乙	丙	
单件铸造工时/h	5	10	7	8000
单件机加工工时/h	6	4	8	12000
单件装配工时/h	3	2	2	10000
自产铸件成本/(元/件)	3	5	4	
外协铸件成本/(元/件)	5	6	—	
机加工成本/(元/件)	2	1	3	
装配成本/(元/件)	3	2	2	
产品售价/(元/件)	23	18	16	

解 分析：此问题的难度是由于产品甲和产品乙的铸件既可以外包协作，也可以自行生产，从而使问题复杂化了。如果只设甲、乙、丙产品的产量分别为 x_1、x_2、x_3，则由于产品甲和产品乙的铸件来源不同造成单位利润不同，因此目标函数中 x_1 和 x_2 的系数不是常数，目标函数成为非线性函数。但是如果把它们区分开来，另设两个变量，则可以较容易地建立问题的线性规划模型。

设 x_1、x_2、x_3 分别为三道工序都由本公司加工的甲、乙、丙三种产品的件数，x_4、x_5 分别为由外协铸造再由本公司机加工和装配的甲、乙两种产品的件数。为了建立目标函数，首先计算各决策变量的获利系数：获利系数 = 售价 – 成本(铸造、机加工、装配)。

x_1(三道工序都由本公司加工的甲产品)：$c_1 = 23$ 元/件 $- (3+2+3)$ 元/件 $= 15$ 元/件

x_2(三道工序都由本公司加工的乙产品)：$c_2 = 18$ 元/件 $- (5+1+2)$ 元/件 $= 10$ 元/件

x_3(三道工序都由本公司加工的丙产品)：$c_3 = 16$ 元/件 $- (4+3+2)$ 元/件 $= 7$ 元/件

x_4(由外协铸造再由本公司机加工和装配的甲产品)：$c_4 = 23$ 元/件 $- (5+2+3)$ 元/件 $= 13$ 元/件

x_5(由外协铸造再由本公司机加工和装配的乙产品)：$c_5 = 18$ 元/件 $-(6+1+2)$ 元/件 $= 9$ 元/件

目标函数：$\max z = 15x_1 + 10x_2 + 7x_3 + 13x_4 + 9x_5$

约束：

铸造的限制：$5x_1 + 10x_2 + 7x_3 \leqslant 8000$

机加工的限制：$6x_1 + 4x_2 + 8x_3 + 6x_4 + 4x_5 \leqslant 12000$

装配的限制：$3x_1 + 2x_2 + 2x_3 + 3x_4 + 2x_5 \leqslant 10000$

无论如何，生产产品的计划数总是非负的：x_1，x_2，x_3，x_4，$x_5 \geqslant 0$。由此得到线性规划模型：

$$\max z = 15x_1 + 10x_2 + 7x_3 + 13x_4 + 9x_5$$

$$\text{s. t.} \begin{cases} 5x_1 + 10x_2 + 7x_3 & \leqslant 8000 \\ 6x_1 + 4x_2 + 8x_3 + 6x_4 + 4x_5 \leqslant 12000 \\ 3x_1 + 2x_2 + 2x_3 + 3x_4 + 2x_5 \leqslant 10000 \\ x_1, \quad x_2, \quad x_3, \quad x_4, \quad x_5 \geqslant 0 \end{cases}$$

利用线性规划单纯形法求解可得：$\boldsymbol{x}^* = (1600, 0, 0, 0, 600)^\mathrm{T}$，最大利润 $z^* = 29400$ 元，装配工时有 4000h 的空闲。

求解过程从略，读者可以作为练习自己去求解。

2. 合理下料问题

下料问题是加工业中常见的一种问题。它的一般提法是：某种原材料有已知的固定规格，要切割成给定尺寸的若干种零件的毛坯，在各种零件数量要求给定的前提下，考虑设计切割方案，使得用料最少（浪费最小）。

合理下料问题有一维下料问题（线材下料）、二维下料问题（面材下料）和三维下料问题（积材下料）等，其中线材下料问题最简单。

例 2-20　某工厂要制作 100 套专用钢架，每套钢架需要用长为 2.9m、2.1m 和 1.5m 的圆钢各一根。已知原材料每根长 7.4m，现考虑应如何下料，可使所用原材料最省？

解　分析：利用 7.4m 长的圆钢裁成 2.9m、2.1m、1.5m 的圆钢共有如表 2-17 所示的 8 种下料方案。

表 2-17　下料方案

毛坯/m	方案							
	方案 1	方案 2	方案 3	方案 4	方案 5	方案 6	方案 7	方案 8
2.9	2	1	1	1	0	0	0	0
2.1	0	2	1	0	3	2	1	0
1.5	1	0	1	3	0	2	3	4
合　计	7.3	7.1	6.5	7.4	6.3	7.2	6.6	6.0
剩余料头	0.1	0.3	0.9	0	1.1	0.2	0.8	1.4

一般情况下，可以设 x_1、x_2、x_3、x_4、x_5、x_6、x_7、x_8 分别为表 2-17 中 8 种方案下料的原材料根数。根据目标的要求，可以建立两种形式的目标函数：

材料根数最少：$\min z = x_1 + x_2 + x_3 + x_4 + x_5 + x_6 + x_7 + x_8$　　　　　　（1）

剩余料头最少：$\min z = 0.1x_1 + 0.3x_2 + 0.9x_3 + 0x_4 + 1.1x_5 + 0.2x_6 + 0.8x_7 + 1.4x_8$　　　（2）

约束是要满足各种方案剪裁得到的 2.9m、2.1m、1.5m 三种圆钢各自不少于 100 个，即

$$
\begin{array}{ll}
2.9\text{m} & 2x_1 + x_2 + x_3 + x_4 \geq 100 \\
2.1\text{m} & 2x_2 + x_3 + 3x_5 + 2x_6 + x_7 \geq 100 \\
1.5\text{m} & x_1 + x_3 + 3x_4 + 2x_6 + 3x_7 + 4x_8 \geq 100 \\
\text{非负条件} & x_1, \quad x_2, \ x_3, \quad x_4, \quad x_5, \quad x_6, \quad x_7, \quad x_8 \geq 0
\end{array}
$$

这样用目标函数（1）可以建立如下数学模型：

$$
\min z = x_1 + x_2 + x_3 + x_4 + x_5 + x_6 + x_7 + x_8
$$

$$
\text{s. t.}
\begin{cases}
2x_1 + x_2 + x_3 + x_4 \geq 100 \\
2x_2 + x_3 + 3x_5 + 2x_6 + x_7 \geq 100 \\
x_1 + x_3 + 3x_4 + 2x_6 + 3x_7 + 4x_8 \geq 100 \\
x_1, \quad x_2, \quad x_3, \quad x_4, \quad x_5, \quad x_6, \quad x_7, \quad x_8 \geq 0
\end{cases}
$$

利用线性规划单纯形法求解可得：$\boldsymbol{x}^* = (10, 50, 0, 30, 0, 0, 0, 0)^{\mathrm{T}}$，最少使用的材料数为 90 根，各种圆钢数均正好 100 个。

求解过程从略，读者可以作为练习自己去求解。

如果用目标函数（2），可以建立如下数学模型：

$$
\min z = 0.1x_1 + 0.3x_2 + 0.9x_3 + 0x_4 + 1.1x_5 + 0.2x_6 + 0.8x_7 + 1.4x_8
$$

$$
\text{s. t.}
\begin{cases}
2x_1 + x_2 + x_3 + x_4 \geq 100 \\
2x_2 + x_3 + 3x_5 + 2x_6 + x_7 \geq 100 \\
x_1 + x_3 + 3x_4 + 2x_6 + 3x_7 + 4x_8 \geq 100 \\
x_1, \quad x_2, \quad x_3, \quad x_4, \quad x_5, \quad x_6, \quad x_7, \quad x_8 \geq 0
\end{cases}
$$

利用线性规划单纯形法求解可得：$\boldsymbol{x}^* = (0, 0, 0, 100, 0, 50, 0, 0)^{\mathrm{T}}$，最少的剩余料头为 10m。这时 2.9m 和 2.1m 的圆钢数正好 100 个，而 1.5m 的圆钢数多了 300 个。显然，这不是最优解，为什么会出现误差呢？仔细观察一下会发现，原因出现在方案 4 的剩余料头为零，求解过程中目标函数最小对它失去了作用。由此提示我们，在实际使用线性规划解决问题时，隐含的逻辑错误往往很难发现，必须进行解的分析才能够找出问题。

上述求解过程从略，读者可以作为练习自己去求解。

例 2-21　某钢窗厂要制作 50 套一种规格的钢窗，这种钢窗每套需要用长为 1.5m 的料 2 根、1.45m 的料 2 根、1.3m 的料 6 根和 0.35m 的料 12 根。已知供切割用的角钢长度为 8m，现考虑应如何切割，可使所用的角钢数最少？

解　分析：看起来本题与例 2-20 完全类似，但在考虑方案时发现可能的方案太多了，如果直接计算，总可以用上述方法求得精确的解。但是，这样做（人工列方案）的代价是否太大？因为运筹学解决问题除要考虑精确度之外，还要考虑其复杂性、可行性等因素。这里，无妨借此例的讨论给读者一个提示。

根据数据情况，可以考虑对此问题进行简化：

把 1 根 1.3m 的料与 2 根 0.35m 的料绑在一起考虑，看成一根 2m 的料；再简化一点，还可以把 1.45m 的料也视为 1.5m 的料。

显然，如此简化后问题变得非常简单了。请有兴趣的读者自己计算两种情况的结果。需注意的是，任何问题的简化都是有条件的，必须深入分析数据才能够构造出比较理想的简化问题。本例中，之所以考虑到这样简化，是由于前一组合得到的长度恰好是原材料的 1/4；而后一种近似，每根的误差只有 0.05m，在可以承受的范围内。

3. 合理配料问题

这类问题的一般提法是：由多种原料制成含有 m 种成分的产品，已知产品中所含各种成分的比例要求、各种原料的单位价格以及各种原料所含成分的数量。考虑的问题是，应如何配料，可使产品的成本最低。

例 2-22　某公司计划用 A、B、C 三种原料混合调制出三种不同规格的产品甲、乙、丙，产品的规格要求、单位价格、原料的供应量、原料的单位价格等数据如表 2-18 所示。

表 2-18　有关数据表

产 品	原 料			产品单价/(元/单位)
	A	B	C	
甲	≥50%	≤35%	不限	150
乙	≥40%	≤45%	不限	85
丙	30%	50%	20%	65
原料供应量	200	150	100	
原料单价/(元/单位)	60	35	30	

问：该公司应如何安排生产，可使利润最大？

解　分析：本例的难点在于给出的数据非确定数值，而且各产品与原料的关系较为复杂。为了方便，设 x_{ij} 表示第 i 种（$i=1$ 为甲，$i=2$ 为乙，$i=3$ 为丙）产品中原料 j（$j=1$ 为 A，$j=2$ 为 B，$j=3$ 为 C）的质量分数。这样我们建立数学模型时，要考虑如下变量：

对于甲：x_{11}、x_{12}、x_{13}

对于乙：x_{21}、x_{22}、x_{23}

对于丙：x_{31}、x_{32}、x_{33}

对于原料 A：x_{11}、x_{21}、x_{31}

对于原料 B：x_{12}、x_{22}、x_{32}

对于原料 C：x_{13}、x_{23}、x_{33}

目标函数：求利润最大，利润＝收入－原料支出

考虑收入：甲为 150 元 $(x_{11}+x_{12}+x_{13})$、乙为 85 元 $(x_{21}+x_{22}+x_{23})$、丙为 65 元 $(x_{31}+x_{32}+x_{33})$，三项相加

考虑支出：原料 A 为 60 元 $(x_{11}+x_{21}+x_{31})$，原料 B 为 35 元 $(x_{12}+x_{22}+x_{32})$，原料 C 为 30 元 $(x_{13}+x_{23}+x_{33})$，三项相加

于是得到目标函数：

$$\max z = 150(x_{11}+x_{12}+x_{13}) + 85(x_{21}+x_{22}+x_{23}) + 65(x_{31}+x_{32}+x_{33}) - 60(x_{11}+x_{21}+x_{31})$$
$$\qquad - 35(x_{12}+x_{22}+x_{32}) - 30(x_{13}+x_{23}+x_{33})$$
$$= 90x_{11} + 115x_{12} + 120x_{13} + 25x_{21} + 50x_{22} + 55x_{23} + 5x_{31} + 30x_{32} + 35x_{33}$$

约束条件：规格要求七个、供应量限制三个和决策变量的非负条件。

规格要求:

甲对原料 A 的规格要求: $x_{11} \geqslant 0.5(x_{11}+x_{12}+x_{13})$,整理后得

$$0.5x_{11}-0.5x_{12}-0.5x_{13}\geqslant 0$$

甲对原料 B 的规格要求: $x_{12} \leqslant 0.35(x_{11}+x_{12}+x_{13})$,整理后得

$$-0.35x_{11}+0.65x_{12}-0.35x_{13}\leqslant 0$$

乙对原料 A 的规格要求: $x_{21} \geqslant 0.4(x_{21}+x_{22}+x_{23})$,整理后得

$$0.6x_{21}-0.4x_{22}-0.4x_{23}\geqslant 0$$

乙对原料 B 的规格要求: $x_{22} \leqslant 0.45(x_{21}+x_{22}+x_{23})$,整理后得

$$-0.45x_{21}+0.55x_{22}-0.45x_{23}\leqslant 0$$

丙对原料 A 的规格要求: $x_{31} = 0.3(x_{31}+x_{32}+x_{33})$,整理后得

$$0.7x_{31}-0.3x_{32}-0.3x_{33}= 0$$

丙对原料 B 的规格要求: $x_{32} = 0.5(x_{31}+x_{32}+x_{33})$,整理后得

$$-0.5x_{31}+0.5x_{32}-0.5x_{33}= 0$$

丙对原料 C 的规格要求: $x_{33} = 0.2(x_{31}+x_{32}+x_{33})$,整理后得

$$-0.2x_{31}-0.2x_{32}+0.8x_{33}= 0$$

供应量限制:

原料 A: $x_{11}+x_{21}+x_{31}\leqslant 200$

原料 B: $x_{12}+x_{22}+x_{32}\leqslant 150$

原料 C: $x_{13}+x_{23}+x_{33}\leqslant 100$

决策变量的非负条件:

x_{11}, x_{12}, x_{13}, x_{21}, x_{22}, x_{23}, x_{31}, x_{32}, $x_{33}\geqslant 0$

于是,可以得到下列线性规划模型:

$$\max \ z = 90x_{11}+115x_{12}+120x_{13}+25x_{21}+50x_{22}+55x_{23}+5x_{31}+30x_{32}+35x_{33}$$

$$\text{s. t.} \begin{cases} 0.5x_{11} & -0.5x_{12} & -0.5x_{13}\geqslant 0 \\ -0.35x_{11} & +0.65x_{12} & -0.35x_{13}\leqslant 0 \\ 0.6x_{21} & -0.4x_{22} & -0.4x_{23}\geqslant 0 \\ -0.45x_{21} & +0.55x_{22} & -0.45x_{23}\leqslant 0 \\ 0.7x_{31} & -0.3x_{32} & -0.3x_{33}= 0 \\ -0.5x_{31} & +0.5x_{32} & -0.5x_{33}= 0 \\ -0.2x_{31} & -0.2x_{32} & +0.8x_{33}= 0 \\ x_{11} & +x_{21} & +x_{31}\leqslant 200 \\ x_{12} & +x_{22} & +x_{32}\leqslant 150 \\ x_{13} & +x_{23} & +x_{33}\leqslant 100 \\ x_{11}, x_{12}, x_{13}, x_{21}, x_{22}, x_{23}, x_{31}, x_{32}, x_{33}\geqslant 0 \end{cases}$$

求解从略。

4. 动态投资问题

例 2-23 某企业现有资金 200 万元,计划在今后五年内给 A、B、C、D 四个项目投资。

根据有关情况的分析得知：

项目 A：从第一年到第五年每年年初都可进行投资，当年年末就能收回本利 110%；

项目 B：从第一年到第四年每年年初都可进行投资，次年年末能收回本利 125%，但是要求每年最大投资额不能超过 30 万元；

项目 C：若投资则必须在第三年年初投资，到第五年年末能收回本利 140%，但是限制最大投资额不能超过 80 万元；

项目 D：若投资则需在第二年年初投资，到第五年年末能收回本利 155%，但是规定最大投资额不能超过 100 万元；

根据测定每万元每次投资的风险指数为：项目 A 为 1，项目 B 为 3，项目 C 为 4，项目 D 为 5.5。

问题：

（1）应如何确定这些项目的每年投资额，使得第五年年末拥有资金的本利金额为最大？

（2）应如何确定这些项目的每年投资额，使得第五年年末拥有资金的本利在 330 万元的基础上保证其投资的总风险系数为最小？

解 首先考虑问题（1）：

1）确定决策变量。本题是一个连续投资的问题，需要考虑每年年初对不同项目的投资数，为了便于理解，建立双下标决策变量。

设 $x_{ij}(i=1,2,3,4,5; j=1,2,3,4)$ 表示第 i 年年初投资于项目 $A(j=1)$、项目 $B(j=2)$、项目 $C(j=3)$、项目 $D(j=4)$ 的金额。根据题意，建立如表 2-19 所示的决策变量。

表 2-19 决策变量表

项目	第一年年初	第二年年初	第三年年初	第四年年初	第五年年初
A	x_{11}	x_{21}	x_{31}	x_{41}	x_{51}
B	x_{12}	x_{22}	x_{32}	x_{42}	
C			x_{33}		
D		x_{24}			

2）考虑约束条件。由于项目 A 的投资当年年末就可以收回本息，因此在每一年的年初必然把所有的资金都投入到各项目中，否则一定不是最优的。下面分年来考虑：

第一年年初：由于只有项目 A 和项目 B 可以投资，又应把全部 200 万元资金投出去，于是有

$$x_{11} + x_{12} = 200$$

第二年年初：由于项目 B 要次年年末才可收回投资，故第二年年初的资金只有第一年年初对项目 A 投资后在年末收回的本利 $110\% x_{11}$，而投资项目为 A、B 和 D，于是有

$$x_{21} + x_{22} + x_{24} = 1.1 x_{11}$$

整理后得

$$-1.1 x_{11} + x_{21} + x_{22} + x_{24} = 0$$

第三年年初：年初的资金为第二年年初对项目 A 投资后在年末收回的本利 $110\% x_{21}$，以及第一年年初对项目 B 投资后在年末收回的本利 $125\% x_{12}$，而投资项目有 A、B 和 C，于是有

$$x_{31} + x_{32} + x_{33} = 1.1 x_{21} + 1.25 x_{12}$$

整理后得

$$-1.1x_{21} - 1.25x_{12} + x_{31} + x_{32} + x_{33} = 0$$

第四年年初：年初的资金为第三年年初对项目 A 投资后在年末收回的本利 $110\% x_{31}$，以及第二年年初对项目 B 投资后在年末收回的本利 $125\% x_{22}$，而投资项目只有 A 和 B，于是有

$$x_{41} + x_{42} = 1.1x_{31} + 1.25x_{22}$$

整理后得

$$-1.1x_{31} - 1.25x_{22} + x_{41} + x_{42} = 0$$

第五年年初：年初的资金为第四年年初对项目 A 投资后在年末收回的本利 $110\% x_{41}$，以及第三年年初对项目 B 投资后在年末收回的本利 $125\% x_{32}$，而投资项目只有 A，于是有

$$x_{51} = 1.1x_{41} + 1.25x_{32}$$

整理后得

$$-1.1x_{41} - 1.25x_{32} + x_{51} = 0$$

其他的还有项目 B、C、D 的投资限制以及各决策变量的非负约束：

项目 B 的投资限制：$x_{j2} \leq 30$ （$j = 1,2,3,4$）

项目 C 的投资限制：$x_{33} \leq 80$

项目 D 的投资限制：$x_{24} \leq 100$

各决策变量的非负约束：x_{i1}，x_{j2}，x_{33}，$x_{24} \geq 0$ （$i = 1,2,3,4,5$；$j = 1,2,3,4$）

3）建立目标函数。问题要求在第五年年末公司这 200 万元用于四个项目投资的运作获得本利最大，而第五年年末的本利获得有四项：

第五年年初对项目 A 投资后，在年末收回的本利为 $110\% x_{51}$；

第四年年初对项目 B 投资后，在年末收回的本利为 $125\% x_{42}$；

第三年年初对项目 C 投资后，在年末收回的本利为 $140\% x_{33}$；

第二年年初对项目 D 投资后，在年末收回的本利为 $155\% x_{24}$。

于是得到目标函数为

$$\max \ z = 1.1x_{51} + 1.25x_{42} + 1.4x_{33} + 1.55x_{24}$$

根据上面的分析得到下列线性规划模型：

$$\max \ z = 1.1x_{51} + 1.25x_{42} + 1.4x_{33} + 1.55x_{24}$$

$$\text{s. t.} \begin{cases} x_{11} + x_{12} = 200 \\ -1.1x_{11} + x_{21} + x_{22} + x_{24} = 0 \\ -1.1x_{21} - 1.25x_{12} + x_{31} + x_{32} + x_{33} = 0 \\ -1.1x_{31} - 1.25x_{22} + x_{41} + x_{42} = 0 \\ -1.1x_{41} - 1.25x_{32} + x_{51} = 0 \\ x_{j2} \leq 30 \quad (j = 1,2,3,4) \\ x_{33} \leq 80 \\ x_{24} \leq 100 \\ x_{i1}, \ x_{j2}, \ x_{33}, \ x_{24} \geq 0 \quad (i = 1,2,3,4,5; \ j = 1,2,3,4) \end{cases}$$

考虑问题（2）：

根据题意，问题（2）的决策变量设置与问题（1）的设置 1）完全相同；而问题（2）的约束

设置除与问题(1)的设置2)完全相同外，还增加一约束，就是使第五年年末拥有资金的本利在330万元以上，即

$$1.1x_{51} + 1.25x_{42} + 1.4x_{33} + 1.55x_{24} \geqslant 330$$

问题(2)与问题(1)的主要区别在于目标不同，是要使得第五年年末拥有资金的本利在330万元的基础上保证其投资的总风险系数为最小。因此，目标函数为各年各项目的风险系数之和，而风险系数等于投资数乘以相应的风险指数。于是得到下列目标函数：

$$\min f = (x_{11} + x_{21} + x_{31} + x_{41} + x_{51}) + 3(x_{12} + x_{22} + x_{32} + x_{42}) + 4x_{33} + 5.5x_{24}$$

综合以上分析，问题(2)的线性规划模型为

$$\min f = (x_{11} + x_{21} + x_{31} + x_{41} + x_{51}) + 3(x_{12} + x_{22} + x_{32} + x_{42}) + 4x_{33} + 5.5x_{24}$$

$$\text{s. t.} \begin{cases} x_{11} + x_{12} \leqslant 200 \\ -1.1x_{11} + x_{21} + x_{22} + x_{24} \leqslant 0 \\ -1.1x_{21} - 1.25x_{12} + x_{31} + x_{32} + x_{33} \leqslant 0 \\ -1.1x_{31} - 1.25x_{22} + x_{41} + x_{42} \leqslant 0 \\ -1.1x_{41} - 1.25x_{32} + x_{51} \leqslant 0 \\ x_{j2} \leqslant 30 \quad (j = 1,2,3,4) \\ x_{33} \leqslant 80 \\ x_{24} \leqslant 100 \\ 1.1x_{51} + 1.25x_{42} + 1.4x_{33} + 1.55x_{24} \geqslant 330 \\ x_{i1}, x_{j2}, x_{33}, x_{24} \geqslant 0 \quad (i = 1,2,3,4,5; j = 1,2,3,4) \end{cases}$$

此例属于动态规划问题，它既可以建立上述模型用线性规划求解，也可以用动态规划的方法求解。很多运筹学问题是可以用多种方法求解的，不同方法求解在理论上得到的结果应是一致的，但是由于方法本身的特征，不同算法可以得到不同的附带信息。例如，利用线性规划求解除了可得到最优解和最优值之外，还可通过分析得到后面将要介绍的影子价格(对偶价格)、灵敏度分析结果等。另外，不同方法求解同一个问题时，计算量、复杂性、精确度等都会有差异。因此，读者在学习过程中了解并掌握多种建模思路，学会多种求解方法，对于提高解决实际问题的能力和水平是十分重要的。由于篇幅限制，这里仅介绍上述几个例题，有兴趣的读者可参考有关文献资料进一步学习。

本 章 小 结

线性规划是实践中应用非常广泛的一种运筹学方法。本章首先根据实际问题引入线性规划的模型，介绍了线性规划模型的规范形式、标准形式及标准形式的变换；对于只有两个变量的线性规划问题，可以用图解法求解，根据图解法可以直观地总结线性规划可行域和最优解的几种情况，图解法的结论可以推广到 n 维的一般情况；根据线性规划可行域及最优解的性质，求线性规划最优解的问题，把在可行域内无限个可行解中搜索的问题转化为在其可行域的有限个极点上搜索的问题。引入线性规划的基、基本解、基本可行解的概念，根据线性规划的基本定理，可以通过求解线性规划的基本可行解得到可行域的极点；单纯形法提供了求解较大规模线性规划问题的思路和方法，单纯形法的求解步骤可以用单纯形表来实现；实践中可以用线性规划方法解决的问题有很多，建立问题的线性规划模型很关键，需要创造性

思维。

本章知识导图如下：

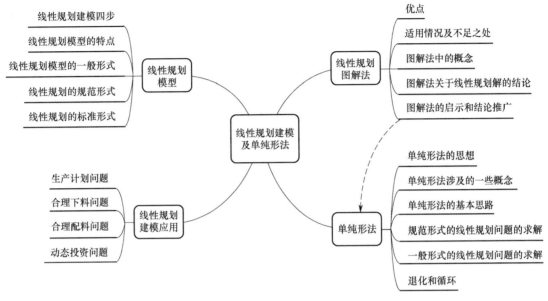

本章学习与教学思路建议

本章的重点在于引导学生分析、理解单纯形法的思路及其求解过程，培养其逻辑推理与开拓创新的能力。建议强调如下的推演进程：

（1）从比较简单的引例理解线性规划建模的思路与步骤，并引出一般线性规划模和标准形式。

（2）两个变量的线性规划问题图解法→约束集合为多边形→如果存在有限最优解，则必定存在一个顶点为最优解。

（3）从两个变量的线性规划问题向多个变量的线性规划问题的推广，如表 2-20 所示。

表 2-20　线性规划问题的推广

	两个变量情况	多个变量情况
领域	平面解析几何	n 维欧氏空间
约束集合	多边形	多面体
考察点	顶点	极点
最优解特点	如果存在有限最优解，则必定存在一个顶点为最优解	如果存在有限最优解，则必定存在一个极点为最优解

（4）用代数方法实现线性规划的求解过程：线性规划的标准形式中，约束集合表示为等式约束（方程组）与决策变量的非负约束不等式。利用核心概念——基，对等式约束方程组集合找到基本解→通过决策变量的非负性考察→基本可行解，即极点→通过目标函数典式中非基变量系数（检验数）考察，判断是否最优解→是，则达到目的；否则，寻找新的极点。

（5）对于规范形式的线性规划问题，标准化后就能方便地得到初始基本可行解；而对一般形式需要引入人工变量。

<h2 style="text-align:center">习 题</h2>

1. 将下列线性规划问题化为标准形式：

（1） $\max z = 3x_1 + 5x_2 - 4x_3 + 2x_4$

s. t. $\begin{cases} 2x_1 + 6x_2 \quad - x_3 + 3x_4 \leq 18 \\ x_1 \quad - 3x_2 + 2x_3 - 2x_4 \geq 13 \\ -x_1 \quad + 4x_2 - 3x_3 - 5x_4 = 9 \\ x_1, \quad x_2, \qquad x_4 \geq 0 \end{cases}$

（2） $\min f = -x_1 + 5x_2 - 2x_3$

s. t. $\begin{cases} 3x_1 + 2x_2 - 4x_3 \leq 6 \\ 2x_1 - 3x_2 + x_3 \geq 5 \\ x_1 \quad + x_2 + x_3 = 9 \\ x_1 \geq 0, \ x_2 \leq 0 \end{cases}$

（3） $\min f = 3x_1 + x_2 + 4x_3 + 2x_4$

s. t. $\begin{cases} 2x_1 + 3x_2 \quad - x_3 \quad - 2x_4 \leq -51 \\ 3x_1 - 2x_2 + 2x_3 \quad - x_4 \geq -7 \\ 2x_1 + 4x_2 \quad - 3x_3 \quad + 2x_4 = 15 \\ x_1, \ x_2 \geq 0, \ x_4 \leq 0 \end{cases}$

2. 求出以下不等式组所定义的多面体的所有基本解和基本可行解（极点）：

（1） $\begin{cases} 2x_1 + 3x_2 + 3x_3 \leq 6 \\ -2x_1 + 3x_2 + 4x_3 \leq 12 \\ x_1, \quad x_2, \quad x_3 \geq 0 \end{cases}$

（2） $\begin{cases} x_1 + 2x_2 + 3x_3 = 18 \\ -2x_1 + 3x_2 \qquad \leq 12 \\ x_1, \quad x_2, \quad x_3 \geq 0 \end{cases}$

3. 用图解法求解以下线性规划问题：

（1） $\max z = 3x_1 - 2x_2$

s. t. $\begin{cases} x_1 + x_2 \leq 1 \\ x_1 + 2x_2 \geq 4 \\ x_1, \quad x_2 \geq 0 \end{cases}$

（2） $\min f = x_1 - 3x_2$

s. t. $\begin{cases} 2x_1 - x_2 \leq 4 \\ x_1 + x_2 \geq 3 \\ x_2 \leq 5 \\ x_1 \leq 4 \\ x_1, \quad x_2 \geq 0 \end{cases}$

（3） $\max z = x_1 + 2x_2$

s. t. $\begin{cases} 2x_1 - x_2 \leq 6 \\ 3x_1 + 2x_2 \leq 12 \\ x_1 \leq 3 \\ x_1, \quad x_2 \geq 0 \end{cases}$

（4） $\min f = -x_1 + 3x_2$

s. t. $\begin{cases} 4x_1 + 7x_2 \geq 56 \\ 3x_1 - 5x_2 \geq 15 \\ x_1, \quad x_2 \geq 0 \end{cases}$

4. 在以下问题中，列出所有的基，指出其中的可行基、基本可行解以及最优解：

$\max z = 2x_1 + x_2 - x_3$

s. t. $\begin{cases} x_1 + x_2 + 2x_3 \leq 6 \\ x_1 + 4x_2 - x_3 \leq 4 \\ x_1, \quad x_2, \quad x_3 \geq 0 \end{cases}$

5. 用单纯形法求解以下线性规划问题：

（1） $\max z = 3x_1 + 2x_2$

s. t. $\begin{cases} 2x_1 - 3x_2 \leq 3 \\ -x_1 + x_2 \leq 5 \\ x_1, \quad x_2 \geq 0 \end{cases}$

（2） $\max z = x_2 - 2x_3$

s. t. $\begin{cases} x_1 + 3x_2 + 4x_3 = 12 \\ 2x_2 - x_3 \leq 12 \\ x_1, \quad x_2, \quad x_3 \geq 0 \end{cases}$

(3) $\max z = x_1 - 2x_2 + x_3$

s. t. $\begin{cases} x_1 + x_2 + x_3 \leqslant 12 \\ 2x_1 + x_2 - x_3 \leqslant 6 \\ -x_1 + 3x_2 \leqslant 9 \\ x_1, \quad x_2, \quad x_3 \geqslant 0 \end{cases}$

(4) $\min f = -2x_1 - x_2 + 3x_3 - 5x_4$

s. t. $\begin{cases} x_1 + 2x_2 + 4x_3 - x_4 \leqslant 6 \\ 2x_1 + 3x_2 - x_3 + x_4 \leqslant 12 \\ x_1 + x_3 + x_4 \leqslant 4 \\ x_1, \quad x_2, \quad x_3, \quad x_4 \geqslant 0 \end{cases}$

6. 用大 M 法及两阶段法求解以下线性规划问题：

(1) $\min f = 3x_1 - x_2$

s. t. $\begin{cases} x_1 + 3x_2 \geqslant 3 \\ 2x_1 - 3x_2 \geqslant 6 \\ 2x_1 + x_2 \leqslant 8 \\ -4x_1 + x_2 \geqslant -16 \\ x_1, \quad x_2 \geqslant 0 \end{cases}$

(2) $\max z = x_1 + 3x_2 + 4x_3$

s. t. $\begin{cases} 3x_1 + 2x_2 \leqslant 13 \\ x_2 + 3x_3 \leqslant 17 \\ 2x_1 + x_2 + x_3 = 13 \\ x_1, \quad x_2, \quad x_3 \geqslant 0 \end{cases}$

(3) $\max z = 2x_1 - x_2 + x_3$

s. t. $\begin{cases} x_1 + x_2 - 2x_3 \leqslant 8 \\ 4x_1 - x_2 + x_3 \leqslant 2 \\ 2x_1 + 3x_2 - x_3 \geqslant 4 \\ x_1, \quad x_2, \quad x_3 \geqslant 0 \end{cases}$

(4) $\min f = x_1 + 3x_2 - x_3$

s. t. $\begin{cases} x_1 + x_2 + x_3 \geqslant 3 \\ -x_1 + 2x_2 \geqslant 2 \\ -x_1 + 5x_2 + x_3 \leqslant 4 \\ x_1, \quad x_2, x_3 \geqslant 0 \end{cases}$

7. 福安商场是个中型的百货商场，它对售货员的需求情况经过统计分析如表 2-21 所示。为了保证售货人员充分休息，售货人员每周工作 5 天，休息两天，并要求休息的两天是连续的。问：应该如何安排售货人员的作息，才能既满足工作的需要，又使配备的售货人员的人数最少？

表 2-21 每日售货员的需求情况表

时 间	所需售货员人数/人	时 间	所需售货员人数/人
星期一	15	星期五	31
星期二	24	星期六	28
星期三	25	星期日	28
星期四	19		

8. 某工厂生产过程中需要长度为 3.1m、2.5m 和 1.7m 的同种棒料毛坯分别为 200 根、100 根和 300 根。现有的原料为 9m 长棒材，问如何下料可使废料最少？

9. 有 1、2、3、4 四种零件均可在设备 A 或设备 B 上加工。已知在这两种设备上分别加工一个零件的费用如表 2-22 所示。又知设备 A 或 B 只要有零件加工均需要设备的起动费用，分别为 100 元和 150 元。现要求加工 1、2、3、4 零件各 3 件。问应如何安排生产使总的费用最小？试建立线性规划模型。

表 2-22 在两种设备上分别加工一个零件的费用 （单位：元）

设 备	零 件			
	1	2	3	4
A	50	80	90	40
B	30	100	50	70

10. 某造船厂根据合同从当年起连续三年年末各提供四条规格相同的大型客货轮。已知该厂这三年内生产大型客货轮的能力及每艘客货轮的成本如表 2-23 所示。

表 2-23 造船厂三年内生产大型客货轮的能力及每艘客货轮的成本

年　度	正常生产时间内可完成的客货轮数/艘	加班生产时间内可完成的客货轮数/艘	正常生产时每艘客货轮成本/万元
1	3	3	500
2	5	2	600
3	2	3	500

已知加班生产时，每艘客货轮的成本比正常时高出 60 万元；又知造出来的客货轮若当年不交货，每艘每积压一年造成的损失为 30 万元。在签订合同时，该厂已积压了 2 艘未交货的客货轮，而该厂希望在第三年年末完成合同还能储存 1 艘备用。问该厂如何安排每年客货轮的生产量，能够在满足上述各项要求的情况下总的生产费用最少？试建立线性规划模型，不求解。

第三章

线性规划问题的对偶与灵敏度分析

本章内容要点

- 线性规划的对偶问题的概念、理论及经济意义；
- 线性规划的对偶单纯形法；
- 线性规划的灵敏度分析；
- 线性规划的应用。

核心概念

- 对偶问题　Dual Problem
- 影子价格　Shadow Price
- 对偶单纯形法　Dual Simplex Method
- 灵敏度分析　Sensitivity Analysis

【案例导引】

进一步讨论第二章案例。

某企业生产甲、乙、丙三类特种钢材，每吨甲、乙、丙钢材需要加入材料 A、B、C、D 的数量，材料限制及每吨甲、乙、丙钢材的利润如表 3-1 所示。

表 3-1　相关资料

钢　　材	材　　料				利润/（千元/t）
	A/（kg/t）	B/（kg/t）	C/（kg/t）	D/（kg/t）	
甲	7	5	1	2	12
乙	1	8	6	5	9
丙	8	1	2	5	10
材料限制/kg	630	600	708	270	

寻求使得总利润最大的生产方案。即考虑在材料 A、B、C、D 的数量限制范围内，甲、乙、丙类钢材各生产多少吨，可使获得的总利润最大。

通过计算可知，当钢材甲生产 87.273t，钢材乙生产 19.091t，钢材丙不生产时，可得到材料限制下的最高利润 1219.091 千元。作为决策者，只知道这些结果还不够，他们希望了解如下信息：

（1）如果材料 A、B、C、D 可以用相同的价格购买补充，将优先考虑哪一种，为什么？购买价格在什么范围内企业可以接受？

（2）当钢材甲的利润由 12 千元/t 变为 10 千元/t 的同时，钢材乙的利润由 9 千元/t 变为 9.5 千元/t，这时原来的最优方案变不变？为什么？

（3）当其他材料的供应量不变时，材料 A 的供应量在什么范围内可以直接估计总利润的变化？

（4）材料 C 的购入对利润有什么影响？

（5）材料 A、D 分别购进 30kg 和 5kg 后，总利润是否可以直接计算出来？如果可以，总利润是多少？

案例思考题：

这个案例的进一步思考问题包含了哪些实际中可能遇到的情况？从这里得到了哪些对解决实际问题的启发？这些问题如何解决？难点是什么？关键在哪里？从这里体会线性规划的对偶及灵敏度分析等概念、求解思路和过程。

本章涉及的内容是在线性规划基本概念、单纯形法理论与应用基础上的进一步研究和讨论，是线性规划中不容忽视的重要组成部分。这里有理论、有方法、有应用，更为重要的是它的思路与实际意义。

第一节　线性规划的对偶问题

线性规划有一个有趣的特性，就是对于任何一个求极大的线性规划问题都存在一个与其匹配的求极小的线性规划问题，并且这一对线性规划问题的解之间还存在着密切的关系。线性规划的这个特性称为对偶性。这不仅仅是数学上具有的理论问题，也是实际问题内在的经济联系在线性规划中的必然反映。

在这一节里，将从经济意义上研究线性规划的对偶问题（Dual Problem），通过对对偶问题的研究，从不同的角度对线性规划问题进行分析，从而利用有限的数据得出更多的结果，间接地获得更多的有用信息，为企业经营决策提供更多的科学依据。另外，还将利用对偶性质给出求解线性规划的另一个方法——对偶单纯形法。

一、对偶问题的提出

下面是一个生产计划问题。

例 3-1　某工厂计划在下一生产周期生产三种产品 A_1、A_2、A_3，这些产品都要在甲、乙、丙、丁四种设备上加工，根据设备性能和以往的生产情况知道单位产品的加工工时、各种设备的最大加工工时限制，以及每种产品的单位利润，如表 3-2 所示。问如何安排生产计划，才能使工厂获得最大利润？

表3-2　设备加工工时以及每种产品的单位利润

设　备		产　品			总工时限制/h
		A_1	A_2	A_3	
工时/h	甲	2	1	3	70
	乙	4	2	2	80
	丙	3	0	1	15
	丁	2	2	0	50
单位利润/千元		8	10	2	

解　设 x_1、x_2、x_3 分别为产品 A_1、A_2、A_3 的产量，构造此问题的线性规划模型为

$$\max z = 8x_1 + 10x_2 + 2x_3$$

$$\text{s. t.} \begin{cases} 2x_1 & + x_2 + 3x_3 \leqslant 70 \\ 4x_1 & + 2x_2 + 2x_3 \leqslant 80 \\ 3x_1 & + x_3 \leqslant 15 \\ 2x_1 & + 2x_2 \leqslant 50 \\ x_1, & x_2, \quad x_3 \geqslant 0 \end{cases}$$

增加松弛变量 x_4、x_5、x_6、x_7，化为标准形式求解，得到最优单纯形表（表3-3）。

表3-3　最优单纯形表

基变量		x_1	x_2	x_3	x_4	x_5	x_6	x_7
x_3	15	1/3	0	1	1/3	0	0	-1/6
x_5	0	4/3	0	0	-2/3	1	0	-2/3
x_6	0	8/3	0	0	-1/3	0	1	1/6
x_2	25	1	1	0	0	0	0	1/2
σ_j	-280	-8/3	0	0	-2/3	0	0	-14/3

最优方案是：生产产品 A_2 和 A_3，产量分别为 25 件和 15 件，企业的最大利润为 280 千元。

现在从另一个角度来讨论该问题。

假设工厂考虑不安排生产，而准备将所有设备出租，收取租费，于是，需要为每种设备的台时进行估价。

设 y_1、y_2、y_3、y_4 分别表示甲、乙、丙、丁四种设备的台时估价。由表3-2可知，生产 1 件产品 A_1 需用各设备台时分别为 2h、4h、3h、2h，如果将 2h、4h、3h、2h 不用于生产产品 A_1，而是用于出租，那么将得到租费：

$$2y_1 + 4y_2 + 3y_3 + 2y_4$$

当然，工厂为了不至于蚀本，在为设备定价时，应保证用于生产产品 A_1 的各设备台时得到的租费不能低于产品 A_1 的单位利润 8 千元，即

$$2y_1 + 4y_2 + 3y_3 + 2y_4 \geqslant 8$$

按照同样的分析，用于生产一件产品 A_2 的各设备台时 1h、2h、0、2h 所得的租费，不

59

能低于产品 A_2 的单位利润 10 千元，即

$$y_1 + 2y_2 + 2y_4 \geq 10$$

同理，还有

$$3y_1 + 2y_2 + y_3 \geq 2$$

另外，价格显然不能为负值，所以 $y_i \geq 0$（$i = 1, 2, 3, 4$）。

企业现在设备的总台时数为 70h、80h、15h、50h，如果将这些台时都用于出租，企业的总收入为

$$f = 70y_1 + 80y_2 + 15y_3 + 50y_4$$

企业为了能够得到租用设备的用户，使出租设备的计划成交，在价格满足上述约束的条件下，应将设备价格定得尽可能低，因此取 f 的最小值。综合上述分析，可得到例 3-1 的另一个线性规划，即

$$\min \ f = 70y_1 + 80y_2 + 15y_3 + 50y_4$$

$$\text{s. t.} \begin{cases} 2y_1 + 4y_2 + 3y_3 + 2y_4 \geq 8 \\ y_1 + 2y_2 + 2y_4 \geq 10 \\ 3y_1 + 2y_2 + y_3 \geq 2 \\ y_1, \quad y_2, \quad y_3, \quad y_4 \geq 0 \end{cases}$$

称后一个规划为前一个规划的对偶规划，反之，也称前一个规划为后一个规划的对偶规划。

对后一个规划求解，可得到最优解为

$$y_1 = \frac{2}{3} \text{千元}, \ y_2 = y_3 = 0, \ y_4 = \frac{14}{3} \text{千元}$$

因此，甲、乙、丙、丁四种设备的台时估价分别为 2/3 千元、0、0、14/3 千元。

从上面的分析可知，新得到的对偶规划是一个很重要的线性规划，它对问题的分析又深入了一步，对减少管理工作的盲目性提供了更多的科学依据。原规划与对偶规划是互相对应的，它们从不同的角度对企业的经营管理问题进行分析研究。它们之间存在着密切的关系，这些关系将会在下面看到。

二、对偶规划的形式

以上从一个生产计划问题引出了对设备的估价问题，得到了对偶规划。实际上，对于一般的线性规划模型可以直接给出其对偶规划模型，并不需要像上面那样经过一番讨论。对偶规划的形式分为对称形式和非对称形式两种。

1. 对称形式的对偶问题

一般称具有下面形式的一对规划是对称形式的对偶规划：

$$\max \ z = c^{\mathrm{T}} x \qquad\qquad \min \ f = b^{\mathrm{T}} y$$

$$(P) \text{s. t.} \begin{cases} Ax \leq b \\ x \geq 0 \end{cases} \qquad (D) \text{s. t.} \begin{cases} A^{\mathrm{T}} y \geq c \\ y \geq 0_1 \end{cases}$$

其中，A^{T}、b^{T}、c^{T} 分别为 A、b、c 的转置；0 和 0_1 分别为 n 维和 m 维零向量。

例 3-1 中的一对规划就是对称形式的，为了清楚起见，将它们重新表示如下：

$$\max \ z = 8x_1 + 10x_2 + 2x_3$$

$$\text{s. t.} \begin{cases} 2x_1 & + x_2 + 3x_3 \leqslant 70 \\ 4x_1 & + 2x_2 + 2x_3 \leqslant 80 \\ 3x_1 & + x_3 \leqslant 15 \\ 2x_1 & + 2x_2 \leqslant 50 \\ x_1, & x_2, \quad x_3 \geqslant 0 \end{cases}$$

$$\min \ f = 70y_1 + 80y_2 + 15y_3 + 50y_4$$

$$\text{s. t.} \begin{cases} 2y_1 & + 4y_2 + 3y_3 + 2y_4 \geqslant 8 \\ y_1 & + 2y_2 + 2y_4 \geqslant 10 \\ 3y_1 & + 2y_2 + y_3 \geqslant 2 \\ y_1, & y_2, \quad y_3, \quad y_4 \geqslant 0 \end{cases}$$

经对比可以看出，一对对称形式的对偶规划之间具有下面的对应关系：

（1）若一个模型为目标求"极大"，约束为"小于等于"的不等式，则它的对偶模型为目标求"极小"，约束是"大于等于"的不等式。即"max，$\leqslant$"与"min，$\geqslant$"相对应。

（2）从约束系数矩阵看，一个模型中为 A，则另一个模型中为 A^{T}。一个模型是 m 个约束，n 个变量，则它的对偶模型为 n 个约束，m 个变量。

（3）从数据 b、c 的位置看：在两个规划模型中，b 和 c 的位置对换。

（4）两个规划模型中的变量皆非负。

为了便于记忆，将这些对应关系表示在一个表中，如表 3-4 所示。

表 3-4　原问题与对偶问题的对应关系

$\min f$	max z				$x_i \geqslant 0$
	x_1	x_2	x_3		
y_1	a_{11}	a_{12}	a_{13}	$\leqslant$	b_1
y_2	a_{21}	a_{22}	a_{23}	$\leqslant$	b_2
y_3	a_{31}	a_{32}	a_{33}	$\leqslant$	b_3
y_4	a_{41}	a_{42}	a_{43}	$\leqslant$	b_4
$y_i \geqslant 0$	$\geqslant$	$\geqslant$	$\geqslant$		
	c_1	c_2	c_3		

根据这些关系，可以由规划 (P) 直接写出规划 (D)，也可以由规划 (D) 直接写出规划 (P)。

例 3-2　写出下面线性规划的对偶规划模型：

$$\max \ z = 3x_1 + 75x_2 + 2x_3 + x_4$$

$$\text{s. t.} \begin{cases} 2x_1 & + 5x_2 + 6x_3 + x_4 \leqslant 40 \\ 3x_1 & + 2x_2 + x_3 - x_4 \leqslant 50 \\ x_1 & - 2x_2 - 3x_3 + 2x_4 \leqslant 20 \\ x_j \geqslant 0 (j = 1,2,3,4) \end{cases}$$

解　按照对称形式的对偶关系，上面线性规划的对偶模型为

$$\min \ f = 40y_1 + 50y_2 + 20y_3$$

$$\text{s. t.} \begin{cases} 2y_1 & + 3y_2 + y_3 \geqslant 3 \\ 5y_1 & + 2y_2 - 2y_3 \geqslant 75 \\ 6y_1 & + y_2 - 3y_3 \geqslant 2 \\ y_1 & - y_2 + 2y_3 \geqslant 1 \\ y_1, & y_2, \quad y_3 \geqslant 0 \end{cases}$$

2. 非对称形式的对偶规划

一般称不具有对称形式的一对线性规划为非对称形式的对偶规划。

对于非对称形式的对偶规划，可以按照下面的对应关系直接给出其对偶规划。

（1）将模型统一为"max，$\leq$"或"min，$\geq$"的形式，对于其中的等式约束及决策变量无非负约束的情况按下面(2)、(3)中的方法处理。

（2）若原规划的某个约束条件为等式约束，则在对偶规划中与此约束对应的那个变量取值没有非负限制。

（3）若原规划的某个变量的值没有非负限制，则在对偶问题中与此变量对应的那个约束为等式。

下面对关系(2)做一说明。对于关系(3)可以给出类似的解释。

设原规划中第一个约束为等式：

$$a_{11}x_1 + \cdots + a_{1n}x_n = b_1$$

那么，这个等式与下面两个不等式等价：

$$a_{11}x_1 + \cdots + a_{1n}x_n \geq b_1$$
$$a_{11}x_1 + \cdots + a_{1n}x_n \leq b_1$$

这样，原规划模型可以写成：

$$\max \ z = \quad c_1x_1 + \cdots + c_nx_n$$
$$\text{s. t.} \begin{cases} a_{11}x_1 + \cdots + a_{1n}x_n \leq b_1 \\ -a_{11}x_1 - \cdots - a_{1n}x_n \leq -b_1 \\ \quad\vdots \\ a_{m1}x_1 + \cdots + a_{mn}x_n \leq b_m \\ x_j \geq 0 \,(j = 1,2,\cdots,n) \end{cases}$$

此时已转化为对称形式，直接写出其对偶规划模型：

$$\min \ f = b_1y_1' - b_1y_1'' + b_2y_2 + \cdots + b_my_m$$
$$\text{s. t.} \begin{cases} a_{11}y_1' - a_{11}y_1'' + \cdots + a_{m1}y_m \geq c_1 \\ a_{12}y_1' - a_{12}y_1'' + \cdots + a_{m2}y_m \geq c_2 \\ \quad\vdots \\ a_{1n}y_1' - a_{1n}y_1'' + \cdots + a_{mn}y_m \geq c_n \\ y_1', \ y_1'', \ y_2, \ \cdots, \ y_m \qquad \geq 0 \end{cases}$$

这里，把 y_1 看作 $y_1 = y_1' - y_1''$，于是 y_1 没有非负限制，关系(2)的说明完毕。

例 3-3 写出下面线性规划的对偶规划模型：

$$\max \ z = \ x_1 \ -x_2 +5x_3 -7x_4$$
$$\text{s. t.} \begin{cases} x_1 +3x_2 -2x_3 \ +x_4 =25 \\ 2x_1 \qquad -7x_3 +2x_4 \geq -60 \\ 2x_1 +2x_2 -4x_3 \qquad \leq 30 \\ -5 \leq x_4 \leq 10, \ x_1, \ x_2 \geq 0, \ x_3 \ 没有非负限制 \end{cases}$$

解 先将约束条件变形为"$\leq$"的形式：

$$\begin{cases} x_1 + 3x_2 - 2x_3 + x_4 = 25 \\ -2x_1 + 7x_3 - 2x_4 \leqslant 60 \\ 2x_1 + 2x_2 - 4x_3 \leqslant 30 \\ x_4 \leqslant 10 \\ -x_4 \leqslant 5 \\ x_1 \geqslant 0, \ x_2 \geqslant 0, \ x_3, \ x_4 \ 没有非负限制 \end{cases}$$

再根据非对称形式的对应关系，直接写出对偶规划模型：

$$\min f = 25y_1 + 60y_2 + 30y_3 + 10y_4 + 5y_5$$

$$\text{s. t.} \begin{cases} y_1 - 2y_2 + 2y_3 \geqslant 1 \\ 3y_1 + 2y_3 \geqslant -1 \\ -2y_1 + 7y_2 - 4y_3 = 5 \\ y_1 - 2y_2 + y_4 - y_5 = -7 \\ y_1 \ 没有非负限制, \ y_2, \ y_3, \ y_4, \ y_5 \geqslant 0 \end{cases}$$

三、对偶性定理

在讨论对偶性质之前，先给出将要用到的一些矩阵表达式。

设有一对互为对偶的线性规划：

$$\max z = \boldsymbol{c}^{\mathrm{T}}\boldsymbol{x} \qquad\qquad \min f = \boldsymbol{b}^{\mathrm{T}}\boldsymbol{y}$$

$$(P)\text{s. t.} \begin{cases} \boldsymbol{A}\boldsymbol{x} \leqslant \boldsymbol{b} \\ \boldsymbol{x} \geqslant \boldsymbol{0} \end{cases} \qquad (D)\text{s. t.} \begin{cases} \boldsymbol{A}^{\mathrm{T}}\boldsymbol{y} \geqslant \boldsymbol{c} \\ \boldsymbol{y} \geqslant \boldsymbol{0}_1 \end{cases}$$

$\boldsymbol{A}$ 为 $m \times n$ 阶矩阵，$\boldsymbol{A}$ 的秩为 m。引入松弛变量 $\boldsymbol{x}_s$，得到原规划 (P) 的标准形式为 (P_1)

$$\max z = \boldsymbol{c}^{\mathrm{T}}\boldsymbol{x} + \boldsymbol{0}_1^{\mathrm{T}}\boldsymbol{x}_s$$

$$(P_1)\text{s. t.} \begin{cases} \boldsymbol{A}\boldsymbol{x} + \boldsymbol{E}\boldsymbol{x}_s = \boldsymbol{b} \\ \boldsymbol{x} \geqslant \boldsymbol{0}, \ \boldsymbol{x}_s \geqslant \boldsymbol{0}_1 \end{cases}$$

其中，$\boldsymbol{0}_1$ 和 $\boldsymbol{E}$ 分别为 m 维的零向量和 m 维的单位矩阵。记 $\hat{\boldsymbol{A}} = (\boldsymbol{A}, \boldsymbol{E})$，$\hat{\boldsymbol{c}} = \begin{pmatrix} \boldsymbol{c} \\ \boldsymbol{0}_1 \end{pmatrix}$，$\hat{\boldsymbol{x}} = \begin{pmatrix} \boldsymbol{x} \\ \boldsymbol{x}_s \end{pmatrix}$，则上面的标准形式可记为 (P_2)

$$\max z = \hat{\boldsymbol{c}}^{\mathrm{T}}\hat{\boldsymbol{x}}$$

$$(P_2)\text{s. t.} \begin{cases} \hat{\boldsymbol{A}}\hat{\boldsymbol{x}} = \boldsymbol{b} \\ \hat{\boldsymbol{x}} \geqslant \boldsymbol{0}_2 \end{cases}$$

其中，$\boldsymbol{0}_2$ 为 $m + n$ 维零向量。

设 $\boldsymbol{B}$ 为一可行基，并记

$$\hat{\boldsymbol{A}} = (\boldsymbol{B}, \boldsymbol{N}), \quad \hat{\boldsymbol{c}} = \begin{pmatrix} \boldsymbol{c}_B \\ \boldsymbol{c}_N \end{pmatrix}, \quad \hat{\boldsymbol{x}} = \begin{pmatrix} \boldsymbol{x}_B \\ \boldsymbol{x}_N \end{pmatrix}$$

得到模型 (P_2) 的另一种表示形式：

$$\max \ z = c_B^T x_B + c_N^T x_N$$
$$\text{s. t.} \begin{cases} Bx_B + Nx_N = b \\ x_B \geqslant 0_1, \ x_N \geqslant 0 \end{cases}$$

而 B 对应的典式为

$$\max \ z = c_B^T B^{-1} b + (c_N^T - c_B^T B^{-1} N) X_N$$
$$\text{s. t.} \begin{cases} x_B + B^{-1} Nx_N = B^{-1} b \\ x_B \geqslant 0_1, \ x_N \geqslant 0 \end{cases}$$

记 $\sigma_N^T = c_N^T - c_B^T B^{-1} N$，$\sigma_N$ 为非基变量检验数的向量表达形式。由于基变量的检验数为零，所以全部检验数的向量形式可记为 $\sigma^T = c^T - c_B^T B^{-1} A$。

由典式可知，可行基 B 对应的基本可行解 $x^0 = \begin{pmatrix} x_B \\ x_N \end{pmatrix} = \begin{pmatrix} B^{-1} b \\ 0 \end{pmatrix}$，$x^0$ 的目标函数值 $z_0 = c_B^T B^{-1} b$。

定理 3-1 若 $\bar{x}$ 和 $\bar{y}$ 分别为原规划 (P) 和对偶规划 (D) 的可行解，则

$$c^T \bar{x} \leqslant b^T \bar{y}$$

证明 因 $\bar{x}$ 是原规划 (P) 的可行解，且 $\bar{y} \geqslant 0_1$，所以有

$$A\bar{x} \leqslant b, \quad \bar{y}^T A\bar{x} \leqslant \bar{y}^T b$$

又因为 $\bar{y}$ 是对偶规划 (D) 的可行解，且 $\bar{x} \geqslant 0$，所以有

$$c^T \leqslant \bar{y}^T A, \quad c^T \bar{x} \leqslant \bar{y}^T A\bar{x}$$

因此，$c^T \bar{x} \leqslant \bar{y}^T b = b^T \bar{y}$。

推论 3-1 设 x^0 和 y^0 分别为原规划 (P) 和对偶规划 (D) 的可行解，当 $c^T x^0 = b^T y^0$ 时，则 x^0、y^0 分别是两个问题的最优解。

证明 由定理 3-1 可知，对于对偶规划 (D) 的任一可行解 y，都有 $b^T y \geqslant b^T y^0$，因此 y^0 是对偶规划 (D) 的最优解，类似地可证明，x^0 是原规划 (P) 的最优解。

推论 3-2 若原规划 (P) 有可行解，则原规划 (P) 有最优解的充分必要条件是对偶规划 (D) 有可行解。

推论 3-3 若对偶规划 (D) 有可行解，则对偶规划 (D) 有最优解的充分必要条件是原规划 (P) 有可行解。

例 3-4 试用对偶理论判断下面线性规划是否有最优解：

$$\max \ z = x_1 + x_2$$
$$\text{s. t.} \begin{cases} -x_1 + x_2 + x_3 \leqslant 2 \\ -2x_1 + x_2 - x_3 \leqslant 1 \\ x_1, \ x_2, \ x_3 \geqslant 0 \end{cases}$$

解 此规划存在可行解 $\bar{x} = (0,0,0)^T$，其对偶规划为

$$\min \ f = 2y_1 + y_2$$
$$\text{s. t.} \begin{cases} -y_1 - 2y_2 \geqslant 1 \\ y_1 + y_2 \geqslant 1 \\ y_1 - y_2 \geqslant 0 \\ y_1, \ y_2 \geqslant 0 \end{cases}$$

显然，对偶规划没有可行解，因此，原规划没有最优解。

例 3-5　用对偶理论判断下面线性规划是否存在最优解：

$$\max \ z = 3x_1 + 2x_2$$

$$\text{s. t.} \begin{cases} -x_1 + 2x_2 \leqslant 4 \\ 3x_1 + 2x_2 \leqslant 14 \\ x_1 - x_2 \leqslant 3 \\ x_1, \quad x_2 \geqslant 0 \end{cases}$$

解　此规划存在可行解 $\bar{x} = (0, 1)^{\mathrm{T}}$，其对偶规划为

$$\min \ f = 4y_1 + 14y_2 + 3y_3$$

$$\text{s. t.} \begin{cases} -y_1 + 3y_2 + y_3 \geqslant 3 \\ 2y_1 + 2y_2 - y_3 \geqslant 2 \\ y_1, \quad y_2, \quad y_3 \geqslant 0 \end{cases}$$

对偶规划也存在可行解 $\bar{y} = (0, 1, 0)^{\mathrm{T}}$，因此，原规划存在最优解。

定理 3-2　若原规划 (P) 有最优解，则对偶规划 (D) 也有最优解，反之亦然，并且两者的目标函数值相等。

证明　考虑原规划 (P) 的标准形式 (P_2)。

设 B 为模型 (P_2) 的最优基，现在证明对偶规划 (D) 也有最优解。由单纯形法可知，此时，$\boldsymbol{\sigma}^{\mathrm{T}} = \hat{\boldsymbol{c}}^{\mathrm{T}} - \boldsymbol{c}_B^{\mathrm{T}} \boldsymbol{B}^{-1} \hat{\boldsymbol{A}} \leqslant \boldsymbol{0}_2^{\mathrm{T}}$，即

$$\boldsymbol{c}_B^{\mathrm{T}} \boldsymbol{B}^{-1} \hat{\boldsymbol{A}} \geqslant \hat{\boldsymbol{c}}^{\mathrm{T}}, \quad \boldsymbol{c}_B^{\mathrm{T}} \boldsymbol{B}^{-1} (\boldsymbol{A}, \boldsymbol{E}) \geqslant (\boldsymbol{c}^{\mathrm{T}}, \boldsymbol{0}_1^{\mathrm{T}})$$

$$\boldsymbol{c}_B^{\mathrm{T}} \boldsymbol{B}^{-1} \boldsymbol{A} \geqslant \boldsymbol{c}^{\mathrm{T}}, \quad \boldsymbol{c}_B^{\mathrm{T}} \boldsymbol{B}^{-1} \geqslant \boldsymbol{0}_1^{\mathrm{T}}$$

令 $\hat{\boldsymbol{y}}^{\mathrm{T}} = \boldsymbol{c}_B^{\mathrm{T}} \boldsymbol{B}^{-1}$，则有

$$\hat{\boldsymbol{y}}^{\mathrm{T}} \boldsymbol{A} \geqslant \boldsymbol{c}^{\mathrm{T}}, \quad \hat{\boldsymbol{y}} \geqslant \boldsymbol{0}_1$$

因此 $\hat{\boldsymbol{y}}$ 为对偶规划 (D) 的可行解。另一方面有

$$\hat{\boldsymbol{y}}^{\mathrm{T}} \boldsymbol{b} = \boldsymbol{c}_B^{\mathrm{T}} \boldsymbol{B}^{-1} \boldsymbol{b} = \boldsymbol{c}^{\mathrm{T}} \boldsymbol{x}^0$$

其中，$\boldsymbol{x}^0 = \begin{pmatrix} \boldsymbol{x}_B \\ \boldsymbol{x}_N \end{pmatrix} = \begin{pmatrix} \boldsymbol{B}^{-1} \boldsymbol{b} \\ \boldsymbol{0} \end{pmatrix}$ 为原规划的最优解。由推论 1 可知，$\hat{\boldsymbol{y}}$ 为对偶规划 (D) 的最优解。

类似地可以证明，若对偶规划 (D) 有最优解，则原规划 (P) 也有最优解。

从定理 3-2 的证明可以看到，对偶规划 (D) 的最优解 $\hat{\boldsymbol{y}}^{\mathrm{T}} = \boldsymbol{c}_B^{\mathrm{T}} \boldsymbol{B}^{-1}$ 可以从原规划 (P) 的最优解的检验数 $\boldsymbol{\sigma}^{\mathrm{T}} = \hat{\boldsymbol{c}}^{\mathrm{T}} - \boldsymbol{c}_B^{\mathrm{T}} \boldsymbol{B}^{-1} \hat{\boldsymbol{A}}$ 中得到。由于 $\hat{\boldsymbol{A}}$ 的后 m 列为单位矩阵，$\hat{\boldsymbol{c}}$ 的后 m 个分量皆为 0，所以 $\boldsymbol{\sigma}$ 的展开式为

$$\boldsymbol{\sigma}^{\mathrm{T}} = (\sigma_1, \cdots, \sigma_n, \cdots, \sigma_{m+n})$$

$$= (c_1, \cdots, c_n, 0, \cdots, 0) - (\hat{y}_1, \cdots, \hat{y}_m) \begin{pmatrix} * & * & \cdots & * & 1 & 0 & \cdots & 0 \\ * & * & \cdots & * & 0 & 1 & \cdots & 0 \\ \vdots & \vdots & & \vdots & \vdots & \vdots & & \vdots \\ * & * & \cdots & * & 0 & 0 & \cdots & 1 \end{pmatrix}$$

$$= (*, \cdots, *, -\hat{y}_1, -\hat{y}_2, \cdots, -\hat{y}_m)$$

即 $\boldsymbol{\sigma}$ 的后 m 个分量(松弛变量对应的检验数)的负值，为对偶规划的最优解。

例 3-6　求解下面线性规划问题，并根据最优单纯形表中的检验数，给出其对偶规划问题的最优解。

$$\max\ z = 4x_1 + 3x_2 + 7x_3$$

$$\text{s. t.}\begin{cases} x_1 + 2x_2 + 2x_3 \leqslant 100 \\ 3x_1 + x_2 + 3x_3 \leqslant 100 \\ x_1,\quad x_2,\quad x_3 \geqslant 0 \end{cases}$$

解　引入松弛变量 x_4、x_5 将模型化为标准形式，经求解后得到其最优单纯形表，如表 3-5 所示。

表 3-5　最优单纯形表

基 变 量		x_1	x_2	x_3	x_4	x_5
x_2	25	$-3/4$	1	0	$3/4$	$-1/2$
x_3	25	$5/4$	0	1	$-1/4$	$1/2$
σ_j	-250	$-10/4$	0	0	$-1/2$	-2

由表 3-5 可知，原规划的最优解 $\boldsymbol{x}^* = (0, 25, 25)^{\mathrm{T}}$，最优值为 250。表中两个松弛变量的检验数分别为 $-1/2$ 和 -2，由上面的分析可知，对偶规划的最优解为 $(1/2, 2)^{\mathrm{T}}$。

可以用下面的方法验证 $(1/2, 2)^{\mathrm{T}}$ 为对偶规划的最优解。原规划的对偶规划为

$$\min\ f = 100y_1 + 100y_2$$

$$\text{s. t.}\begin{cases} y_1 + 3y_2 \geqslant 4 \\ 2y_1 + y_2 \geqslant 3 \\ 2y_1 + 3y_2 \geqslant 7 \\ y_1,\quad y_2 \geqslant 0 \end{cases}$$

$(1/2, 2)^{\mathrm{T}}$ 为对偶规划的可行解，并且目标值 $f = 100 \times (1/2) + 100 \times 2 = 250$，由定理 3-1 的推论 1 可以判断 $(1/2, 2)^{\mathrm{T}}$ 为对偶规划的最优解。

四、影子价格

1. 影子价格的概念

考虑下面互为对偶的线性规划：

$$\max\ z = c_1 x_1 + \cdots + c_n x_n$$

$$(P)\,\text{s. t.}\begin{cases} a_{11}x_1 + a_{12}x_2 + \cdots + a_{1n}x_n \leqslant b_1 \\ \qquad\qquad\vdots \\ a_{m1}x_1 + a_{m2}x_2 + \cdots + a_{mn}x_n \leqslant b_m \\ x_j \geqslant 0 \quad (j = 1, 2, \cdots, n) \end{cases}$$

$$\min\ f = b_1 y_1 + \cdots + b_m y_m$$

$$(D)\,\text{s. t.}\begin{cases} a_{11}y_1 + a_{21}y_2 + \cdots + a_{m1}y_m \geqslant c_1 \\ \qquad\qquad\vdots \\ a_{1n}y_1 + a_{2n}y_2 + \cdots + a_{mn}y_m \geqslant c_n \\ y_i \geqslant 0 \quad (i = 1, 2, \cdots, m) \end{cases}$$

设 $\hat{\boldsymbol{y}}^* = (y_1^*, y_2^*, \cdots, y_m^*)^{\mathrm{T}}$ 为对偶规划（D）的最优解，则称 y_i^* 为规划（P）第 i 个约束对应的影子价格（Shadow Price）。

从本节开始讨论的例 3-1 可知，y_i^* 是对第 i 种资源（设备台时）的一种估价，这个价格不是市场价格，而是针对具体企业在一定时期内存在的一种特殊价格，它蕴含在求最大利润的生产计划模型之中。

下面讨论影子价格的几种经济含义，这些经济含义对于企业的经营活动分析具有重要作用。

2. 影子价格的经济含义

（1）影子价格是对现有资源实现最大效益时的一种估价。前面在对例 3-1 的分析中已经对此含义做过专门讨论。根据这种讨论，企业可以根据现有资源的影子价格，对资源的使用有两种考虑：第一，是否将设备用于外加工或出租。若租费高于某设备的影子价格，可考虑出租该设备，否则不宜出租。第二，是否将投资用于购买设备，以扩大生产能力。若市场价格低于某设备的影子价格，可考虑买进该设备，否则不宜买进。

（2）影子价格表明资源增加对总效益产生的影响。根据定理 3-1 的推论 1 可知，在最优解的情况下，有关系：

$$z^* = f^* = b_1 y_1^* + b_2 y_2^* + \cdots + b_m y_m^*$$

因此，可以将 z^* 看作 $b_i (i=1,2,\cdots,m)$ 的函数，对 b_i 求偏导数可得到

$$\frac{\partial z^*}{\partial b_i} = y_i^* \quad (i=1,2,\cdots,m)$$

这说明，如果右端常数 b_i 增加一个单位，则目标函数值的增量将是 $y_i^* (i=1,2,\cdots,m)$。

根据这一含义，由影子价格的大小可以知道哪种资源的增加可以给企业带来较大的效益。例如，例 3-1 的 4 种设备的影子价格分别为：$y_1^* = 2/3$，$y_2^* = y_3^* = 0$，$y_4^* = 14/3$，表明设备甲增加 1 台时，可使总利润提高 2/3 千元，设备丁增加 1 台时，可使总利润提高 14/3 千元，而设备乙和丙的台时增加，不会使总利润进一步增加。因此，在同样的条件下，增加设备丁是最有利的，不应增加设备乙和设备丙。

影子价格反映了不同的局部或个体的增量可以获得不同的整体经济效益。如果为了扩大生产能力，考虑增加设备，就应该从影子价格高的设备入手。这样可以通过较少的局部努力，获得较大的整体效益。

需要指出，影子价格不是固定不变的，当约束条件、产品利润等发生变化时，有可能使影子价格发生变化。另外，影子价格的经济含义（2）是指资源在一定范围内增加时的情况，当某种资源的增加超过了这个"一定的范围"时，总利润的增加量则不随影子价格给出的数值线性地增加。这个问题还将在灵敏度分析一节中讨论。

3. 影子价格的应用

例 3-7　某外贸公司准备购进两种产品 A_1、A_2。购进产品 A_1 每件需要 10 元，占用 5m³ 的空间，待每件 A_1 卖出后，可获纯利润 3 元；购进产品 A_2 每件需要 15 元，占用 3m³ 的空间，待每件 A_2 卖出后，可获纯利润 4 元。公司现有资金 1400 元，有 430m³ 的仓库空间存放产品。根据这些条件，可以建立求最大的线性规划模型：

$$\max \ z = 3x_1 + 4x_2$$
$$\text{s. t.} \begin{cases} 10x_1 + 15x_2 \leqslant 1400 \\ 5x_1 + 3x_2 \leqslant 430 \\ x_1, \quad x_2 \geqslant 0 \end{cases}$$

求解后得到最优单纯形表, 如表 3-6 所示。

表 3-6　最优单纯形表

基 变 量		x_1	x_2	x_3	x_4
x_2	60	0	1	1/9	-2/9
x_1	50	1	0	-1/15	1/3
σ_j	-390	0	0	-11/45	-1/9

由表 3-6 可知, 最优方案是购进两种产品分别为 50 件和 60 件, 公司的最大利润是 390 元。

现在公司有另外一笔资金 585 元, 准备用于投资。这笔资金如果用来购买产品 A_1、A_2, 当然可以使公司获得更多的利润; 如果用来增加仓库的容量, 也可以使公司获得更多的利润。这是因为, 产品 A_1、A_2 的单位利润不同, 占据的空间也不同, 由于仓库容量增加了, 可以使购买产品 A_1、A_2 的数量比例发生变化, 仍有可能使公司的利润增加。

下面利用影子价格来分析, 应如何进行投资使公司获得更多的利润。

由表 3-6 可知, 仓库的影子价格 $y_2 = 1/9$, 即增加 1m^3 的仓库空间, 公司可多获利 1/9 元。现已知, 增加 1m^3 的仓库空间需要 0.8 元, 也就是说, 如果将投资用于增加仓库空间, 则每投资 0.8 元, 可多获利 1/9 元。或者说, 每 1 元投资可多获利润 10/72 元, 近似为 0.14 元。

再来看用于购买产品的资金的影子价格 y_1, 由表 3-6 可知, $y_1 = 11/45$, 即每增加 1 元购买产品, 可多获利润 11/45 元, 近似为 0.24 元。

经过分析比较, 应将投资用于购买产品 A_1、A_2, 而不是用于增加仓库容量, 这样可获得更多的利润。

将 585 元进行投资之后, 最大利润为

$$585y_1 = 585 \ \text{元} \times \frac{11}{45} = 143 \ \text{元}$$

这一增量值, 可通过对改变条件的新模型的求解结果得到验证。新模型为

$$\max \ z = 3x_1 + 4x_2$$
$$\text{s. t.} \begin{cases} 10x_1 + 15x_2 \leqslant 1985 \\ 5x_1 + 3x_2 \leqslant 430 \\ x_1, \quad x_2 \geqslant 0 \end{cases}$$

最优解 $x_1 = 11$, $x_2 = 125$, 即购买两种产品分别为 11 件和 125 件, 总利润为 533 元。利润增量为 533 元 - 390 元 = 143 元。两者结果相同。

如果不按此决策进行比较, 而采用其他方案, 其利润增加量只能比 143 元少。例如, 考

虑在 585 元资金中，将 510 元用于购买产品 A_1、A_2，将 75 元用于增加空间 $93.75\mathrm{m}^3$，得到的模型为

$$\max \ z = 3x_1 + 4x_2$$

$$\text{s. t.} \begin{cases} 10x_1 + 15x_2 \leqslant 1910 \\ 5x_1 + 3x_2 \leqslant 523.75 \\ x_1, \quad x_2 \geqslant 0 \end{cases}$$

经求解可知，此模型的最优解 $x_1 = 47.25$，$x_2 = 95.83$，最大利润为 525.08 元，增量为 525.08 元 $-$ 390 元 $=$ 135.08 元。显然，小于 143 元。

第二节　对偶单纯形法

对偶单纯形法（Dual Simplex Method）是求解线性规划的另一种方法，它是把单纯形法思想和对偶思想相结合的方法。

一、对偶单纯形法的基本思想

对偶单纯形法的基本思想是：从原规划的一个基本解出发，此基本解不一定可行，但它对应着一个对偶可行解(检验数非正)，所以也可以说是从一个对偶可行解出发，然后检验原规划的基本解是否可行，即是否有负的分量，如果有小于零的分量，则进行迭代，求另一个基本解，此基本解对应着另一个对偶可行解(检验数非正)；如果得到的基本解的分量皆非负，则该基本解为最优解。也就是说，对偶单纯形法在迭代过程中始终保持对偶解的可行性(即检验数非正)，使原规划的基本解由不可行逐步变为可行，当同时得到对偶规划与原规划的可行解时，便得到原规划的最优解。

二、对偶单纯形法求解原规划的主要步骤

（1）根据线性规划典式形式，建立初始对偶单纯形表。此表对应原规划的一个基本解。此表要求：检验数行各元素一定非正，原规划的基本解可以有小于零的分量。

（2）若基本解的所有分量皆非负，则得到原规划的最优解，停止计算；若基本解中有小于零的分量，如 $b_i < 0$，并且 b_i 所在行各系数 $a_{ij} \geqslant 0$，则原规划没有可行解，停止计算；若 $b_l < 0$，并且存在 $a_{lj} < 0$，则确定 x_l 为出基变量，并计算

$$\theta = \min\left\{ \frac{\sigma_j}{a_{lj}} \,\Big|\, a_{lj} < 0 \right\} = \frac{\sigma_k}{\sigma_{lk}}$$

确定 x_k 为进基变量。若有多个 $b_i < 0$，则选择最小的进行分析计算。

上面求最小值的式子称为对偶 θ 规则，它保证在经迭代后得到的新表中，检验数行各元素非正。

（3）以 a_{lk} 为中心元素，按照与单纯形法类似的方法，在表中进行迭代计算，返回第（2）步。

为了便于对照，现将单纯形法和对偶单纯形法的求解步骤框图一并画在图 3-1 中。

例 3-8　用对偶单纯形法求解下面线性规划：

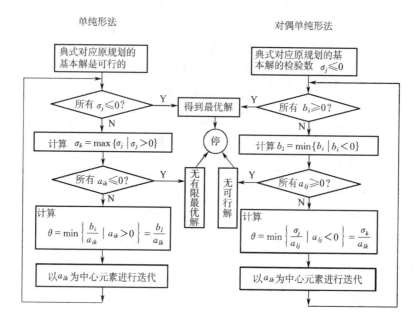

图 3-1　单纯形法和对偶单纯形法的求解步骤

$$\min \ f = 3x_1 + 2x_2$$

$$\text{s. t.} \begin{cases} 3x_1 + x_2 \geqslant 3 \\ 4x_1 + 3x_2 \geqslant 6 \\ x_1 + 3x_2 \geqslant 2 \\ x_1, \quad x_2 \geqslant 0 \end{cases}$$

解　（1）引入松弛变量 x_3、x_4、x_5 化为标准形式，并在约束等式两侧同乘 -1，得到

$$\max \ z = -3x_1 - 2x_2$$

$$\text{s. t.} \begin{cases} -3x_1 - x_2 + x_3 \qquad\qquad = -3 \\ -4x_1 - 3x_2 \qquad + x_4 \qquad = -6 \\ -x_1 - 3x_2 \qquad\qquad + x_5 = -2 \\ x_j \geqslant 0 \quad (j = 1, 2, \cdots, 5) \end{cases}$$

x_3、x_4、x_5 为基变量，此式即为典式形式，并且检验数皆非正，因此可构造初始对偶单纯形表，如表 3-7 所示。

表 3-7　初始对偶单纯形表

基 变 量		x_1	x_2	x_3	x_4	x_5
x_3	-3	-3	-1	1	0	0
x_4	-6	-4	-3	0	1	0
x_5	-2	-1	-3	0	0	1
σ_j		-3	-2	0	0	0

初始表中基本解的三个分量小于零，不是可行解，需进行迭代求解新的基本解。

（2）在表 3-7 左侧第二列元素中，取最小元素 -6，其所在的第二行对应的基变量为 x_4，所以 x_4 为出基变量。按"对偶 θ 规则"计算：

$$\theta = \min\left\{\frac{-3}{-4}, \ \frac{-2}{-3}\right\} = \frac{-2}{-3} = \frac{2}{3}$$

最小值 θ 在第二列达到，故对应的变量 x_2 为进基变量。

（3）以 $a_{22} = -3$ 为中心元素，在表中进行迭代计算，得到表 3-8，迭代后的检验数仍保持非正。

表 3-8　第二个对偶单纯形表

基 变 量		x_1	x_2	x_3	x_4	x_5
x_3	-1	$-5/3$	0	1	$-1/3$	0
x_2	2	$4/3$	1	0	$-1/3$	0
x_5	4	3	0	0	-1	1
σ_j		$-1/3$	0	0	$-2/3$	0

（4）经检验，表 3-8 的最左侧列仍有负数 -1，说明仍没得到原规划的最优解，还要继续迭代。取 -1 对应的 x_3 为出基变量。由于

$$\theta = \min\left\{\frac{-1/3}{-5/3}, \ \frac{-2/3}{-1/3}\right\} = \min\left\{\frac{1}{5}, \ 2\right\} = \frac{1}{5}$$

在第一列取到，所以 x_1 为进基变量，以 $a_{11} = -5/3$ 为中心元素进行迭代，得到表 3-9。此时表中左侧第二列各元素皆非负，所以已得到原规划的最优解 $(3/5, 6/5, 0, 0, 11/5)^{\mathrm{T}}$。

表 3-9　第三个对偶单纯形表

基 变 量		x_1	x_2	x_3	x_4	x_5
x_1	$3/5$	1	0	$-3/5$	$1/5$	0
x_2	$6/5$	0	1	$4/5$	$-3/5$	0
x_5	$11/5$	0	0	$9/5$	$-8/5$	1
σ_j		0	0	$-1/5$	$-3/5$	0

用对偶单纯形法求解此问题，只经过两次迭代便得到了最优解。如果仍采用单纯形法求解，在化成标准形式后，为得到初始基本可行解，需要加入三个人工变量。这样，为了得到问题的最优解，至少要迭代三次，让人工变量出基。显然，计算量将大大增加。

例 3-9　用对偶单纯形法求解下面线性规划：

$$\max \ z = -x_1 \qquad -x_2$$

$$\text{s. t. } \begin{cases} -2x_1 & +x_2 +x_3 & = -2 \\ x_1 & -\dfrac{1}{2}x_2 & +x_4 = -1 \\ x_j \geqslant 0 \quad (j = 1, 2, 3, 4) \end{cases}$$

解　构造对偶单纯形表进行迭代，如表 3-10 所示。从表中可以看到，左侧第二列元素中有 $-2 < 0$，并且 -2 所在行各元素皆非负，因此原规划没有可行解。

表 3-10　对偶单纯形表

基 变 量		x_1	x_2	x_3	x_4
x_3	-2	⟨-2⟩	1	1	0
x_4	-1	1	$-1/2$	0	1
σ_j		-1	-1	0	0
x_1	1	1	$-1/2$	$-1/2$	0
x_4	-2	0	0	$1/2$	1
σ_j		0	$-3/2$	$-1/2$	0

三、对偶单纯形法的适用范围

对偶单纯形法适合于解如下形式的线性规划问题：

$$\min f = \sum_{j=1}^{n} c_j x_j \quad (c_j \geq 0)$$

$$\text{s. t.} \begin{cases} \sum_{j=1}^{n} a_{ij} x_j \geq b_i & (i = 1,2,\cdots,m) \\ x_j \geq 0 & (j = 1,2,\cdots,n) \end{cases}$$

在引入松弛变量化为标准形式之后，约束等式两侧同乘 -1，能够立即得到检验数全部非正的原规划基本解，可以直接建立初始对偶单纯形表进行求解，非常方便。

对于有些线性规划模型，如果在开始求解时不能很快使所有检验数非正，最好还是采用单纯形法求解。因为这样可以免去为使检验数全部非正而做的许多工作。从这个意义上看，可以说对偶单纯形法只是单纯形法的一个补充。除此之外，在对线性规划进行灵敏度分析中有时也要用到对偶单纯形法，可以简化计算。

第三节　灵敏度分析

在前面的讨论中，都认为线性规划模型中的各个系数 a_{ij}、b_i、c_j 是确定的常数。但在实践中，由于种种原因，这些系数有时很难确定，一般都是估计量，所以在对问题求解之后，需要对这些估计量进行一些分析，以决定是否需要调整。

另外，周围环境的变化也会使系数发生变化。这些系数的变化很可能会影响已求得的最优值。因此在解决实际问题时，只求出最优解是不够的，一般还需要研究最优解对数据变化的反应程度，以使决策者全面地考虑问题，以适应各种偶然的变化。这就是灵敏度分析（Sensitivity Analysis）所要研究内容的一部分。灵敏度分析的另一类问题是研究在原规划中增加一个变量或者一个约束条件对最优解的影响。

对于上述两类变化，如果将问题从头计算求解，当然是一种办法，但是这样做不仅麻烦和没有必要，而且也得不到更多有用的信息。灵敏度分析采用的办法，是从已得到的最优解出发，通过对变化数据进行一些简单的计算，便可迅速得到所需要的结果以及变化后的最优解。因此，灵敏度分析也称优化后分析。

考虑下面的线性规划模型：

$$\max \ z = c^{\mathrm{T}}x$$

$$\text{s. t.} \begin{cases} Ax = b \\ x \geqslant 0 \end{cases}$$

其向量形式为

$$\max \ z = \sum_{j=1}^{n} c_j x_j$$

$$\text{s. t.} \begin{cases} \sum_{j=1}^{n} p_j x_j = b \\ x_j \geqslant 0 \quad (j = 1, 2, \cdots, n) \end{cases}$$

在进行灵敏度分析之前，先给出将要用到的一些矩阵表达式。

1. 检验数的向量表示

在讨论线性规划的对偶性质时，已经给出了以矩阵形式表示的检验数：

$$\boldsymbol{\sigma}_N^{\mathrm{T}} = c_N^{\mathrm{T}} - c_B^{\mathrm{T}}B^{-1}N$$

其中，B 为可行基，不失一般性，设 $B = (p_1, p_2, \cdots, p_m)$，$N = (p_{m+1}, \cdots, p_n)$，$p_j$ 为系数矩阵 A 的第 j 列向量。c_B、c_N 分别为基变量和非基变量的目标函数系数向量，c_B 是 m 维，c_N 是 $n - m$ 维。

$\boldsymbol{\sigma}_N$ 的展开形式为

$$\begin{aligned} \boldsymbol{\sigma}_N^{\mathrm{T}} &= (c_{m+1}, \cdots, c_n) - c_B^{\mathrm{T}}B^{-1}(p_{m+1}, \cdots, p_n) \\ &= (c_{m+1}, \cdots, c_n) - (c_B^{\mathrm{T}}B^{-1}p_{m+1}, \cdots, c_B^{\mathrm{T}}B^{-1}p_n) \\ &= c_{m+1} - c_B^{\mathrm{T}}B^{-1}p_{m+1}, \cdots, c_n - c_B^{\mathrm{T}}B^{-1}p_n \end{aligned}$$

因此，得到检验数的向量表示为

$$\sigma_j = c_j - c_B^{\mathrm{T}}B^{-1}p_j \quad (j = m+1, \cdots, n)$$

若令 $y^{\mathrm{T}} = c_B^{\mathrm{T}}B^{-1}$，则得到检验数的另一向量表示形式：

$$\sigma_j = c_j - y^{\mathrm{T}}p_j \quad (j = m+1, \cdots, n)$$

2. 基本解的矩阵表示

在前面的讨论中，已给出了基 B 对应的典式：

$$\max \ z = c_B^{\mathrm{T}}B^{-1}b + c_N^{\mathrm{T}}x_N$$

$$\text{s. t.} \begin{cases} x_B + B^{-1}Nx_N = B^{-1}b \\ x_B, x_N \geqslant 0 \end{cases}$$

由此可得到基本解的矩阵表示：

$$x = \begin{pmatrix} x_B \\ x_N \end{pmatrix} = \begin{pmatrix} B^{-1}b \\ 0 \end{pmatrix}$$

其对应的目标函数值为

$$z = c_B^{\mathrm{T}}B^{-1}b$$

研究最优解受数据变化的影响情况主要考虑两个方面：一是解的最优性，即检验数是否仍然非正；二是解的可行性，即基本解的各个分量是否非负。下面的讨论将围绕这两个方面展开。

一、目标函数系数的变化

假设只有一个系数 c_j 变化，其他系数均保持不变。c_j 的变化只影响检验数，而不影响解的非负性。下面分别就 c_j 是非基变量的系数和基变量的系数两种情况进行讨论。

1. c_k 是非基变量的系数

根据检验数的向量表示：

$$\sigma_j = c_j - \boldsymbol{c}_B^{\mathrm{T}} \boldsymbol{B}^{-1} \boldsymbol{p}_j \quad (j = 1, 2, \cdots, n)$$

非基变量的系数 c_k 的变化只影响与 c_k 有关的一个检验数 σ_k 的变化，对其他 σ_j 没有影响，故只需考虑 σ_k。

设 c_k 变为 $\overline{c}_k$，即 $c_k \rightarrow \overline{c}_k = c_k + \Delta c_k$，$\Delta c_k$ 为改变量。此时 σ_k 的变化为

$$\sigma_k \rightarrow \overline{\sigma}_k = (c_k + \Delta c_k) - \boldsymbol{c}_B^{\mathrm{T}} \boldsymbol{B}^{-1} \boldsymbol{p}_k = c_k - \boldsymbol{c}_B^{\mathrm{T}} \boldsymbol{B}^{-1} \boldsymbol{p}_k + \Delta c_k = \sigma_k + \Delta c_k$$

为了保持最优解不变，$\overline{\sigma}_k$ 必须满足：

$$\overline{\sigma}_k = \sigma_k + \Delta c_k \leqslant 0$$

即

$$\Delta c_k \leqslant -\sigma_k, \quad \overline{c}_k = c_k + \Delta c_k \leqslant c_k - \sigma_k$$

$c_k - \sigma_k$ 为 c_k 变化的上限。

当 c_k 变化超过此上限时，最优解将发生变化，应求出新检验数 $\overline{\sigma}_k$ 的值。取 x_k 为进基变量，继续迭代求新的最优解。

2. c_l 是基变量的系数

根据检验数的构成形式，当 c_l 为基变量的系数时，它的变化将使 $n-m$ 个非基变量的检验数都发生变化（可以证明：仍保持基变量的检验数为零）。

设 $c_l \rightarrow c_l + \Delta c_l$，$\Delta c_l$ 为改变量，引入 m 维向量 $\Delta \boldsymbol{c} = (0, \cdots, 0, \Delta c_l, 0, \cdots, 0)^{\mathrm{T}}$。此时有

$$
\begin{aligned}
\sigma_j \rightarrow \overline{\sigma}_j &= c_j - (\boldsymbol{c}_B^{\mathrm{T}} + (\Delta \boldsymbol{c})^{\mathrm{T}}) \boldsymbol{B}^{-1} \boldsymbol{p}_j \quad (j \neq l)\\
&= c_j - \boldsymbol{c}_B^{\mathrm{T}} \boldsymbol{B}^{-1} \boldsymbol{p}_j - (\Delta \boldsymbol{c})^{\mathrm{T}} \boldsymbol{B}^{-1} \boldsymbol{p}_j\\
&= \sigma_j - (0, \cdots, 0, \Delta c_l, 0, \cdots, 0)
\begin{pmatrix} a'_{1j} \\ \vdots \\ a'_{mj} \end{pmatrix}\\
&= \sigma_j - \Delta c_l a'_{lj}
\end{aligned}
$$

其中，a'_{lj} 为构成 $\boldsymbol{B}^{-1} \boldsymbol{p}_j$ 的第 l 个分量。

为使最优解保持不变，要保证 $n-m$ 个 $\overline{\sigma}_j \leqslant 0$，即要使下面不等式同时成立：

$$\Delta c_l \leqslant \frac{\sigma_j}{a'_{lj}} \quad (a'_{lj} < 0)$$

$$\Delta c_l \geqslant \frac{\sigma_j}{a'_{lj}} \quad (a'_{lj} > 0)$$

即

$$\max\left\{ \frac{\sigma_j}{a'_{lj}} \mid a'_{lj} > 0 \right\} \leqslant \Delta c_l \leqslant \min\left\{ \frac{\sigma_j}{a'_{lj}} \mid a'_{lj} < 0 \right\}$$

此为保持最优解不变的 Δc_l 的变化范围。当 Δc_l 超过此范围时，应求出 $n-m$ 个新检验数 $\overline{\sigma}_j$，选择其中大于零的检验数对应的变量为进基变量，继续迭代求新的最优解。

例 3-10 下面线性规划模型的实际背景为：某工厂用两种设备生产三种产品，目标函数为求最大利润：

$$\max \ z = 20x_1 + 12x_2 + 10x_3$$

$$\text{s. t.} \begin{cases} 8x_1 + 4x_2 + 7x_3 \leqslant 600 \\ x_1 + 3x_2 + 3x_3 \leqslant 400 \\ x_1, \quad x_2, \quad x_3 \geqslant 0 \end{cases}$$

此规划的最优单纯形表为表 3-11，其中 x_4、x_5 为引入的松弛变量。

表 3-11 最优单纯形表

基 变 量		20	12	10	0	0
		x_1	x_2	x_3	x_4	x_5
x_1	10	1	0	9/20	3/20	-1/5
x_2	130	0	1	17/20	-1/20	2/5
σ_j	-1760	0	0	-9.2	-2.4	-0.8

由表 3-11 可知，最优解为生产第一种产品 10 件，第二种产品 130 件，不生产第三种产品，最大利润为 1760 元。

现对目标函数系数 $c_3 = 10$ 和 $c_1 = 20$ 进行灵敏度分析。

解 (1) c_3 是非基变量的目标系数。设 $c_3 \to \bar{c}_3 = c_3 + \Delta c_3$，根据上面的分析(参照表 3-11)，当 $\bar{c}_3 \leqslant c_3 - \sigma_3 = 10 - (-9.2) = 19.2$ 时，最优解保持不变，x_3 仍为非基变量。这就是说，当第三种产品的单位利润小于等于 19.2 元时，不宜安排生产它，只有在利润大于 19.2 元时，生产第三种产品才变得有利可图。

下面进一步讨论当 c_3 超过 19.2 时，如何在最优表上求出新的最优解。

设 $c_3 = 10 \to 20$，$\Delta c_3 = 10$，此时有

$$\sigma_3 \to \bar{\sigma}_3 = \sigma_3 + \Delta c_3 = -9.2 + 10 = 0.8 > 0$$

现在要用 0.8 替换表 3-11 中的 $\sigma_3 = -9.2$，并以 x_3 为进基变量进行迭代，求解最优解，如表 3-12 所示。

表 3-12 进一步求解线性规划问题

基 变 量		20	12	20	0	0
		x_1	x_2	x_3	x_4	x_5
x_1	10	1	0	(9/20)	3/20	-1/5
x_2	130	0	1	17/20	-1/20	2/5
σ_j	-1760	0	0	0.8	-2.4	-0.8
x_3	200/9	20/9	0	1	1/3	-4/9
x_2	1000/9	-17/9	1	0	-1/3	7/9
σ_j	-1777.78	-16/9	0	0	-8/3	-4/9

新最优解为 $(0, 1000/9, 200/9)^{\mathrm{T}}$，最优值为 1777.78 元。这说明，当 c_3 变为 20 后，应调整产品结构，不再生产第一种产品而生产第二、第三种产品，并且最大利润比原最优值增加了 17.78 元。

(2) c_1 是基变量系数。设 $c_1 \to \bar{c}_1 = c_1 + \Delta c_1$，$\sigma_j \to \bar{\sigma}_j$，根据上面的分析，为保持最优解不

变，应使下列不等式成立(参照表3-11)：

$$\overline{\sigma}_3 = -9.2 - \Delta c_1 \frac{9}{20} \leqslant 0$$

$$\overline{\sigma}_4 = -2.4 - \Delta c_1 \frac{3}{20} \leqslant 0$$

$$\overline{\sigma}_5 = -0.8 + \Delta c_1 \frac{1}{5} \leqslant 0$$

解得

$$-16 \leqslant \Delta c_1 \leqslant 4$$

由于 $c_1 = 20$，所以为保持最优解不变，应该有

$$4 \leqslant \overline{c}_1 = c_1 + \Delta c_1 \leqslant 24$$

当 $\overline{c}$ 超过此范围时，就会使检验数 σ_3、σ_4、σ_5 中的某一个大于零，此时要取相应的变量为进基变量进行迭代，求新的最优解。例如，当 $c_1 \rightarrow 25$ 时，$\Delta c_1 = 5$，此时

$$\overline{\sigma}_3 = -9.2 - 5 \times \frac{9}{20} = -11.45$$

$$\overline{\sigma}_4 = -2.4 - 5 \times \frac{3}{20} = -3.15$$

$$\overline{\sigma}_5 = -0.8 + 5 \times \frac{1}{5} = 0.2$$

$\overline{\sigma}_5 > 0$，不满足最优性准则，应将求出的 $\overline{\sigma}_3$、$\overline{\sigma}_4$、$\overline{\sigma}_5$ 去替换表3-11中的相应检验数，并以 x_5 为进基变量迭代，求新的最优解，如表3-13所示。

表3-13　进一步求解线性规划问题

基 变 量		25	12	10	0	0
		x_1	x_2	x_3	x_4	x_5
x_1	10	1	0	9/20	3/20	-1/5
x_2	130	0	1	17/20	-1/20	2/5
σ_j		0	0	-11.45	-3.15	0.2
x_1	75	1	1/2	7/8	1/8	0
x_5	325	0	5/2	17/8	-1/8	1
σ_j		0	-0.5	-11.875	-3.125	0

新的最优解为 $(75,0,0)^{\mathrm{T}}$，最优值为 (25×75) 元 $= 1875$ 元。这说明，当 c_1 变为25以后，不再生产第二、第三种产品，只生产第一种产品，最大利润为1875元，比原方案利润增加115元。

二、右端常数的变化

假设线性规划只有一个常数 b_r 变化，其他数据不变。

b_r 的变化将会影响解的可行性，但不会引起检验数的符号变化。根据基本可行解的矩阵表示可知，$\boldsymbol{x}_B = \boldsymbol{B}^{-1}\boldsymbol{b}$，所以只要 b_r 变化必定会引起最优解的数值发生变化。但是最优解的变化分为两类：一类是保持 $\boldsymbol{B}^{-1}\boldsymbol{b} \geqslant \boldsymbol{0}$，最优基 $\boldsymbol{B}$ 不变；一类是 $\boldsymbol{B}^{-1}\boldsymbol{b}$ 中出现负分量，这将使

最优基 $\boldsymbol{B}$ 变化。若最优基不变，则只需将变化后的 b_r 代入 $\boldsymbol{x}_B$ 的表达式重新计算即可；若 $\boldsymbol{B}^{-1}\boldsymbol{b}$ 中出现负分量，则要通过迭代求解新的最优基和最优解。

设 $b_r \rightarrow \bar{b}_r = b_r + \Delta b_r$，$\Delta b_r$ 为改变量，此时有

$$\boldsymbol{x}_B \rightarrow \bar{\boldsymbol{x}}_B = \boldsymbol{B}^{-1}\begin{pmatrix} b_1 \\ \vdots \\ b_r + \Delta b_r \\ \vdots \\ b_m \end{pmatrix} = \boldsymbol{B}^{-1}\boldsymbol{b} + \boldsymbol{B}^{-1}\begin{pmatrix} 0 \\ \vdots \\ \Delta b_r \\ \vdots \\ 0 \end{pmatrix}$$

$$= \boldsymbol{x}_B + \Delta b_r \begin{pmatrix} \beta_{1r} \\ \vdots \\ \beta_{mr} \end{pmatrix} = \begin{pmatrix} b_1' \\ \vdots \\ b_m' \end{pmatrix} + \Delta b_r \begin{pmatrix} \beta_{1r} \\ \vdots \\ \beta_{mr} \end{pmatrix}$$

其中，$\boldsymbol{x}_B$ 为原最优解，b_i' 为 $\boldsymbol{x}_B$ 的第 i 个分量，β_{ir} 为 $\boldsymbol{B}^{-1}$ 的第 i 行第 r 列元素。

为了保持最优基不变，应使 $\bar{\boldsymbol{x}}_B \geq \boldsymbol{0}$，即

$$\begin{pmatrix} b_1' \\ \vdots \\ b_m' \end{pmatrix} + \Delta b_r \begin{pmatrix} \beta_{1r} \\ \vdots \\ \beta_{mr} \end{pmatrix} \geq \begin{pmatrix} 0 \\ \vdots \\ 0 \end{pmatrix}$$

据此可导出 m 个不等式：

$$b_i' + \Delta b_r \beta_{ir} \geq 0 \quad (i = 1, 2, \cdots, m)$$

因此，Δb_r 应满足：

$$\max\left\{ \frac{-b_i'}{\beta_{ir}} \mid \beta_{ir} > 0 \right\} \leq \Delta b_r \leq \min\left\{ \frac{-b_i'}{\beta_{ir}} \mid \beta_{ir} < 0 \right\}$$

当 Δb_r 超过此范围时，将使最优解中某个分量小于零，使最优基发生变化。此时，可用对偶单纯形法继续迭代求新的最优解。

例 3-11 对例 3-10 中的 b_1 进行灵敏度分析。

解 由表 3-11 可知，最优解 $\boldsymbol{x}_B$ 和 $\boldsymbol{B}^{-1}$ 的值为

$$\boldsymbol{x}_B = \begin{pmatrix} 10 \\ 130 \end{pmatrix}, \quad \boldsymbol{B}^{-1} = \begin{pmatrix} \dfrac{3}{20} & -\dfrac{1}{5} \\ -\dfrac{1}{20} & \dfrac{2}{5} \end{pmatrix}$$

设 $b_1 \rightarrow b_1 + \Delta b_1$，为保持最优基不变，应使下式成立：

$$\boldsymbol{x}_B + \boldsymbol{B}^{-1}\begin{pmatrix} \Delta b_1 \\ 0 \end{pmatrix} = \begin{pmatrix} 10 \\ 130 \end{pmatrix} + \begin{pmatrix} \dfrac{3}{20} & -\dfrac{1}{5} \\ -\dfrac{1}{20} & \dfrac{2}{5} \end{pmatrix}\begin{pmatrix} \Delta b_1 \\ 0 \end{pmatrix} \geq \begin{pmatrix} 0 \\ 0 \end{pmatrix}$$

整理后解得

$$-\frac{200}{3} \leq \Delta b_1 \leq 2600$$

Δb_1 在此范围内，最优基保持不变。

设 $b_1 = 600 \rightarrow 540$，求新的最优解。此时 $\Delta b_1 = -60$，未超出上面的变化范围，最优基不

变，所以不用迭代，可直接计算：

$$\bar{\boldsymbol{x}}_B = \boldsymbol{x}_B + \boldsymbol{B}^{-1}\begin{pmatrix}\Delta b_1\\0\end{pmatrix} = \begin{pmatrix}10\\130\end{pmatrix} + \begin{pmatrix}\dfrac{3}{20} & -\dfrac{1}{5}\\[2mm] -\dfrac{1}{20} & \dfrac{2}{5}\end{pmatrix}\begin{pmatrix}-60\\0\end{pmatrix} = \begin{pmatrix}1\\133\end{pmatrix}$$

新的最优解为 $(1,133,0)^T$。此时最优值为 $(20 \times 1 + 12 \times 133)$ 元 $= 1616$ 元，比原最优值 1760 元减少了 144 元。利用影子价格的概念，也可以直接用 $\Delta b_1 y_1^* = -60 \times 2.4 = -144$ 得出总利润的减少量。

设 $b_1 = 600 \rightarrow 3220$，求新的最优解。此时 $\Delta b_1 = 2620$，超过了上面解出的 Δb_1 的范围，最优基将发生变化，所以要迭代求新的最优解。基变量的值变为

$$\boldsymbol{x}_B = \begin{pmatrix}10\\130\end{pmatrix} + 2620\begin{pmatrix}\dfrac{3}{20}\\[2mm] -\dfrac{1}{20}\end{pmatrix} = \begin{pmatrix}403\\-1\end{pmatrix}$$

其中出现了负分量，破坏了解的可行性。现在用 $\begin{pmatrix}403\\-1\end{pmatrix}$ 替换表 3-11 中的左侧第二列元素，用对偶单纯形法继续迭代，如表 3-14 所示。

表 3-14　用对偶单纯形法的继续迭代

基 变 量		x_1	x_2	x_3	x_4	x_5
x_1	403	1	0	9/20	3/20	-1/5
x_2	-1	0	1	17/20	(-1/20)	2/5
σ_j		0	0	-9.2	-2.4	-0.8
x_1	400	1	3	3	0	1
x_4	20	0	-20	-17	1	-8
σ_j		0	-48	-50	0	-20

得到的新最优解为 $(400,0,0)^T$，最优值为 (20×400) 元 $= 8000$ 元，比原目标值 1760 元增加了 6240 元。注意，此时这个总利润增量不能用影子价格 y_1^* 与 Δb_1 直接相乘得到，因为 Δb_1 已超过了规定的变化范围，影子价格可能已发生了变化。

三、约束条件中的系数变化

假设只有一个 a_{ij} 变化，其他数据不变，并且只讨论 a_{ij} 为非基变量 x_j 系数的情况，因此，a_{ij} 的变化只影响一个检验数 σ_j。

设 $a_{ij} \rightarrow a_{ij} + \Delta a_{ij}$，$\Delta a_{ij}$ 为改变量，则检验数的另一种表示形式为

$$\sigma_j \rightarrow \bar{\sigma}_j = c_j - \boldsymbol{y}^T\begin{pmatrix}a_{1j}\\\vdots\\a_{ij}+\Delta a_{ij}\\\vdots\\a_{mj}\end{pmatrix} = c_j - \boldsymbol{y}^T\boldsymbol{p}_j - \boldsymbol{y}^T\begin{pmatrix}0\\\vdots\\\Delta a_{ij}\\\vdots\\0\end{pmatrix} = \sigma_j - y_i^*\Delta a_{ij}$$

其中，y 为对偶最优解，y_i^* 为 y 的第 i 个分量。

为使最优解不变，要使 $\sigma_j \leq 0$，即

$$\sigma_j \leq y_i^* \Delta a_{ij}$$

$$\Delta a_{ij} \geq \frac{\sigma_j}{y_i^*} \quad (y_i^* > 0)$$

$$\Delta a_{ij} \leq \frac{\sigma_j}{y_i^*} \quad (y_i^* < 0)$$

例 3-12 对例 3-10 中的 a_{23} 进行灵敏度分析。

解 由表 3-11 可知，$y_2^* = 0.8$，$\sigma_3 = -9.2$，所以

$$\Delta a_{23} \geq \frac{\sigma_3}{y_2^*} = \frac{-9.2}{0.8} = -11.5$$

由于 $a_{23} = 3$，所以当 a_{23} 的变化范围 $\bar{a}_{23} \geq 3 - 11.5 = -8.5$ 时，不影响最优解。

四、增加新变量的分析

例 3-13 在例 3-10 中，企业考虑将一种新产品投入生产，这种新产品每件分别需要在第一、第二种设备上加工的时间分别为 10h 和 2.5h，试分析新产品的利润为多少时，生产该产品对企业有利。

解 按下面的步骤分析这个问题：

（1）设新产品的产量为 x_4'，单位利润为 c_4'，取新产品的加工时间作为列向量，则

$$p_4' = \begin{pmatrix} 10 \\ 2.5 \end{pmatrix}$$

（2）计算检验数 σ_4'：

$$\sigma_4' = c_4' - y^{\mathrm{T}} p_4' = c_4' - (2.4, 0.8)\begin{pmatrix} 10 \\ 2.5 \end{pmatrix} = c_4' - 26$$

当 $\sigma_4' \leq 0$，即 $c_4' \leq 26$ 时，不影响原最优解，不宜生产 x_4'。当 $c_4' > 26$ 时，$\sigma_4' > 0$，可以考虑把 x_4' 作为进基变量，迭代求新解，即有可能使得生产该产品有利。

（3）设 $c_4' = 27$，此时 $\sigma_4' = c_4' - 26 = 1 > 0$，考虑迭代。计算 $B^{-1} p_4'$：

$$B^{-1} p_4' = \begin{pmatrix} \dfrac{3}{20} & -\dfrac{1}{5} \\ -\dfrac{1}{20} & \dfrac{2}{5} \end{pmatrix} \begin{pmatrix} 10 \\ 2.5 \end{pmatrix} = \begin{pmatrix} 1 \\ 0.5 \end{pmatrix}$$

将这个结果及检验数 $\sigma_4' = 1$ 作为新的一列填在表 3-11 中，继续迭代，如表 3-15 所示。

表 3-15 单纯形法的进一步迭代

基 变 量		20	12	10	27	0	0
		x_1	x_2	x_3	x_4'	x_4	x_5
x_1	10	1	0	9/20	①	3/20	-1/5
x_2	130	0	1	17/20	1/2	-1/20	2/5
σ_j		0	0	-9.2	1	-2.4	-0.8

（续）

基 变 量		20	12	10	27	0	0
		x_1	x_2	x_3	x_4'	x_4	x_5
x_4'	10	1	0	9/20	1	3/20	−1/5
x_2	125	−1/2	1	5/8	0	−1/8	1/2
σ_j		−1	0	−9.65	0	−2.55	−0.6

新的最优解为生产新产品 10 件及第二种产品 125 件，可获得的总利润为 $(12 \times 125 + 10 \times 27)$ 元 =1770 元，比原最大利润增加 （1770 − 1760） 元 = 10 元。即当新产品的单位利润大于 26 元时，生产该产品对企业有利。

五、增加一个约束条件

例 3-14　在例 3-10 中，企业关心当电力供应限制为多少时，不会影响已得到的最优解。已知生产 3 种产品每件需要耗费电力分别为 20kW、10kW、19kW，试对此问题进行分析。

解　设电力限制为 b_3，可得到新的约束条件为

$$20x_1 + 10x_2 + 19x_3 \leqslant b_3$$

增加松弛变量 x_6 化为等式约束：

$$20x_1 + 10x_2 + 19x_3 + x_6 = b_3$$

在最优单纯形表 3-11 的基础上进行分析。

在表 3-11 中，将新约束条件考虑进去，增加一个新行和一个新列，并指定 x_6 为新增加的基变量，如表 3-16 所示。由于 x_1、x_2 为基变量，所以应将表 3-16 中的 a_{31}、a_{32} 位置的元素利用初等行变换化为 0，如表 3-17 所示。从此表可以看到，影响最优解变化的因素只有常数列中的第三个元素：

$$b_3' = b_3 - 1500$$

令 $b_3' \geqslant 0$，可得到保持原最优解不变的电力限制：

$$b_3 \geqslant 1500$$

也就是说，当电力供应大于等于 1500kW 时，企业不用改变原有最优生产方案，一旦电力供应小于 1500kW，则要考虑新的生产方案。

假设现在最大的电力供应 $b_3 = 1450$kW，这将使 $b_3' = (1450 - 1500)\text{kW} = -50\text{kW} < 0$，即出现不可行解。将 $b_3' = -50$kW 填在表 3-17 中的常数列的第三个位置上，使用对偶单纯形法进行迭代求新的最优解，如表 3-18 所示。最优解为生产第一、第二种产品分别为 7 件和 131 件，最优值为 $(20 \times 7 + 131 \times 12)$ 元 =1712 元。

表 3-16　在单纯形表新增基变量

基 变 量		x_1	x_2	x_3	x_4	x_5	x_6
x_1	10	1	0	9/20	3/20	−1/5	0
x_2	130	0	1	17/20	−1/20	2/5	0
x_6	b_3	20	10	19	0	0	1
σ_j		0	0	−9.2	−2.4	−0.8	0

表 3-17 新增基变量后的单纯形表

基 变 量		x_1	x_2	x_3	x_4	x_5	x_6
x_1	10	1	0	9/20	3/20	-1/5	0
x_2	130	0	1	17/20	-1/20	2/5	0
x_6	$b_3 - 1500$	0	0	3/2	(-5/2)	0	1
σ_j		0	0	-9.2	-2.4	-0.8	0

表 3-18 最优单纯形表

基 变 量		x_1	x_2	x_3	x_4	x_5	x_6
x_1	7	1	0	27/50	0	-1/5	3/50
x_2	131	0	1	41/50	0	2/5	-1/50
x_4	20	0	0	-3/5	1	0	-2/5
σ_j	-1712	0	0	-10.64	0	-0.8	-0.96

第四节　线性规划应用

一、线性规划在实践中应用时面对的问题

在实践中遇到的可建立线性规划模型并求解的问题，常常存在下列问题：

（1）线性规划模型中的数据如何得到？——许多时候是用统计方法估计或经验估计出来的。那么，这些数据准确吗？——实践运作时的数据情况与建模计算的数据存在一定的误差，而这些误差无法预先估计出来。

（2）面对理论上的线性规划模型计算结果，可以用于实践吗？如何判断？如果可以用，如何用？

（3）一方面，当得到了线性规划最优解与最优值，考虑能否通过创造条件放宽约束，而得到更好的结果；另一方面，若由于某种原因，约束条件严格了，最优解与最优值会发生怎样的变化？

（4）当外界环境变化了，能否通过对可控因素的调整，达到较为满意的效果。

……

以上一系列问题，绝大部分可以通过对偶与灵敏度分析的方法来解决。请思考如何解决？

在线性规划的应用中，十分重要的一步工作是建立数学模型，然后分析、求解。通过本章的讨论，线性规划建模求解应有下列四个主要步骤：

第一步，实际问题内涵的定性分析，认识目标、约束的结构。

第二步，数据的获取。常使用的数据处理方法有多种，不是唯一的。这不是本课程的内容，需要其他领域的知识和能力。

第三步，求解线性规划模型，得到相应的最优解与最优值。

第四步，用灵敏度分析的思想，进一步分析、解决实际问题，得到有实践价值的结论。

二、线性规划的计算机求解

线性规划的求解过程非常规范，容易在计算机上实现。目前有许多成熟的计算机软件可以实现线性规划的求解，同时还可以得到对偶价格以及灵敏度分析的信息。

当遇到的问题规模比较大时，可以利用计算机直接求解。这时，人们解决实际问题的主要精力集中在计算机软件的入口和出口上："入口"是指线性规划建模；"出口"是指对计算机求解的结果进行分析和解释。

例 3-15 某工厂在计划期内要安排甲、乙两种产品的生产，已知生产甲、乙单位产品所需成本分别为 2 千元和 3 千元；根据产品特性，产品总数不得少于 350 件，产品甲不得少于 125 件；又知生产这两种产品需要某种钢材，产品甲、乙每件分别需钢材 2t、1t，钢材的供应量限制在 600t。问：工厂应分别生产多少单位甲、乙产品才能使总成本最低？

解 设 x_1、x_2 分别为产品甲、乙的产量，则很容易建立如下线性规划模型：

$$\min f = 2x_1 + 3x_2$$
$$\text{s. t.} \begin{cases} x_1 + x_2 \geq 350 \\ x_1 \geq 125 \\ 2x_1 + x_2 \leq 600 \\ x_1, \ x_2 \geq 0 \end{cases}$$

用 Excel 求解可得到 Excel 文档中产生的两个新表：运算结果报告（图 3-2）和"敏感性报告"（图 3-3）。

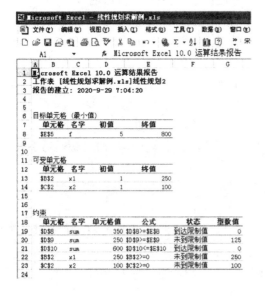

图 3-2 运算结果报告　　　　　图 3-3 敏感性报告

运算结果报告中，列出了线性规划的最优值（800）、最优解（$x_1 = 250, x_2 = 100$），以及约束松弛变量的值（$s_1 = 0, s_2 = 125, s_3 = 0$）。

敏感性报告中，列出了线性规划的对偶价格（影子价格 4，0，−1）；关于目标函数的单因素灵敏性信息：c_1 当前值为 2，当其他参数均不变时，它最多增加 1，减少时可趋于负无穷，最优解不会变；c_2 当前值为 3，当其他参数均不变时，它最多增加可趋于正无穷，最多减少 1 时，最优解不会变。

关于约束右端项：b_1 当前值为 350，当其他参数均不变时，它最多增加 125，最多减少 50 时，对偶价格（影子价格）不会变；b_2 当前值为 125，当其他参数均不变时，它最多增加 125，减少时可趋于负无穷，对偶价格（影子价格）不会变；b_3 当前值为 600，当其他参数均不变时，它最多增加 100，最多减少 125 时，对偶价格（影子价格）不会变。

在前文，不论是通过单纯形法表格计算结果分析还是计算机求解得到的灵敏度分析信息，均限制在单个参数变化的情况对计算结果的影响。但是在实践中，常常是多个参数的变化同时发生。这时计算出来的灵敏度分析信息还可以用吗？怎样去用呢？下面介绍一个充分条件的定理。

定理 3-3 （百分之一百法则）对于所有变化的目标函数中的决策变量系数，当其所有允许增加的百分比与允许减少的百分比之和不超过 100% 时，最优解不变；对于所有约束条件右边常数值，当其所有允许增加的百分比与允许减少的百分比之和不超过 100% 时，对偶价格不变。

在这个定理中，

$$允许增加的百分比 = \frac{增加量}{允许增加量}$$

$$允许减少的百分比 = \frac{减少量}{允许减少量}$$

其中，允许增加量是允许变化的上限与当前值的差的绝对值，在 Excel 敏感性报告表中即"允许的增量"。增加量即实际量值(大于当前值)与当前值的差的绝对值。允许减少量是允许变化的下限与当前值的差的绝对值，在 Excel 敏感性报告表中即"允许的减量"。减少量即实际量值(小于当前值)与当前值的差的绝对值。

例 3-16 在例 3-15 中讨论：

（1）产品甲的成本由 2 千元增为 2.4 千元，产品乙的成本由 3 千元减少到 2.7 千元，最优解是否变化？

（2）如果产品总数限制由不得少于 350 件变为不得少于 450 件；钢材的供应量限制由 600t 放宽到 650t。产品甲的数量限制不变，对偶价格是否变化？

解 （1）产品甲成本的允许增加量为 1 千元，增加量为 $(2.4 - 2)$ 千元 $= 0.4$ 千元；产品乙成本的允许减少量为 1 千元，减少量为 $(3 - 2.7)$ 千元 $= 0.3$ 千元。于是

$$\frac{0.4}{1} + \frac{0.3}{1} = 0.7 < 100\%$$

根据定理 3-3 知，最优解不发生变化。

（2）产品总数限制的允许增加量为 125 件，增加量为 $(450 - 350)$ 件 $= 100$ 件；钢材供应量限制的允许增加量为 100t，增加量为 $(650 - 600)$ t $= 50$t。于是

$$\frac{100}{125} + \frac{50}{100} = 1.3 > 100\%$$

定理 3-3 无法判断对偶价格是否变化。

在使用百分之一百法则进行灵敏度分析时，要注意以下问题：

（1）当允许增加量(允许减少量)为无穷大时，则对任意增加量(减少量)，其允许增加(减少)百分比均看作 0。

（2）百分之一百法则是充分条件，但非必要条件。

（3）百分之一百法则不能用于目标函数决策变量系数和约束条件右边常数值同时变化的情况。在这种情况下，只能重新求解。

三、线性规划应用举例

例 3-17 （考虑本章开始时案例导引中的线性规划模型）某企业生产甲、乙、丙三类特种钢材，每吨甲、乙、丙钢材需要加入材料 A、B、C、D 的数量，材料限制及每吨甲、乙、丙钢材的利润如表 3-1 所示。

寻求使得总利润最大的生产方案。进一步考虑下列问题：

（1）如果材料 A、B、C、D 可以用相同的价格购买补充，你将优先考虑哪一种？为什么？购买价格在什么范围内，企业可以接受？

（2）当钢材甲的利润由 12 千元/t 变为 10 千元/t 的同时，钢材乙的利润由 9 千元/t 变为 9.5 千元/t，这时原来的最优方案变不变？为什么？

（3）当其他材料的供应量不变时，材料 A 的供应量在什么范围内可以直接估计总利润的变化？为什么？

（4）材料 C 的对偶价格是什么？解释它的含义。

（5）材料 A、D 分别购进 30kg、5kg 后，总利润是否可以利用求解结果直接计算出来？如果可以，总利润是多少？

解 建立数学模型。设生产甲、乙、丙三类特种钢材分别为 x_1、x_2、x_3，得到下列线性规划模型：

$$\max z = 12x_1 + 9x_2 + 10x_3$$
$$\text{s. t.} \begin{cases} 7x_1 + x_2 + 8x_3 \leqslant 630 \\ 5x_1 + 8x_2 + x_3 \leqslant 600 \\ x_1 + 6x_2 + 2x_3 \leqslant 708 \\ 2x_1 + 5x_2 + 5x_3 \leqslant 270 \\ x_1, \quad x_2, \quad x_3 \geqslant 0 \end{cases}$$

利用计算机软件求解得到：

最优解 $x_1 = 87.273$t，$x_2 = 19.091$t，$x_3 = 0$t；最优值 $z^* = 1219.091$ 千元。

材料 A、B、C、D 的对偶价格分别为 1.273 千元/kg、0 千元/kg、0 千元/kg、1.545 千元/kg。

目标函数决策变量系数的灵敏度信息为：

决策变量	当前值	允许的增量	允许的减量
x_1	12.000	51.000	7.457
x_2	9.000	21.000	7.286
x_3	10.000	7.909	∞

约束右端项的灵敏度信息为：

约束	当前值	允许的增量	允许的减量
1	630.000	40.000	576.000
2	600.000	∞	10.909
3	708.000	∞	506.182
4	270.000	7.059	90.000

根据这些结果，得到题中需要考虑问题的解释：

在材料 A、B、C、D 的数量限制范围内，甲、乙、丙类钢材各生产 87.273t、19.091t 和 0t(不生产)，可获得的总利润为 1219.091 千元。

（1）如果材料 A、B、C、D 可以用相同的价格购买补充，将优先考虑材料 D，因为材料 D 的对偶价格最高，即同样购买 1kg，可增加的利润最多。依据对偶价格，购买价格不超过 1.545 千元/kg，企业可以接受。

（2）当钢材甲的利润由 12 千元/t 变为 10 千元/t 的同时，钢材乙的利润由 9 千元/t 变为 9.5 千元/t，根据百分之一百法则：

$$\frac{12-10}{51} + \frac{9.5-9}{7.286} = 0.108 < 100\%$$

这时原来的最优方案不变。

（3）当其他材料的供应量不变时，材料 A 的供应量在保持对偶价格不变的范围内可以直接估计总利润的变化，"总利润的变化量"等于"相应对偶价格"乘以"资源变化量"。因此，当材料 A 的变化量增加时不超过允许的增量 40kg，并且减少时不超过允许的减量 576kg 时，总利润可直接计算。材料 A 的数量大于 $54(630-576)$ kg 且小于 $670(630+40)$ kg 时，总利润可直接估计出来。

（4）材料 C 的对偶价格是 0，表明材料 C 在一定范围内增加或减少，对总利润没有影响。原因是材料 C 对于这个系统而言，不是限制生产的决定性因素。

（5）材料 A、D 分别购进 30kg、5kg 后，总利润是否可以利用求解结果直接计算出来，关键是考察对偶价格是否发生变化。依据百分之一百法则：

$$\frac{30}{40} + \frac{5}{7.059} = 1.458 > 100\%$$

由于百分之一百法则是充分条件，因此答案应是无法判断是否可以。在这里，无法估计总利润是多少。

本 章 小 结

线性规划有一个有趣的特性，就是对于任何一个线性规划问题都存在与其匹配的另一个线性规划问题，并且这一对线性规划问题的解之间还存在着密切的关系。线性规划的这个特性称为对偶性。这不仅仅是数学上具有的理论问题，也是实际问题内在的经济联系在线性规划中的必然反映。

本章首先引入了线性规划的对偶问题，分析了线性规划问题与对偶问题的对比特征，以及在形式上对偶相互转换的规则。线性规划与其对偶问题有深刻的内在联系，对偶性定理说明了它们的关系。影子价格是对偶问题中引入的重要概念，影子价格有两种经济含义，并在现实经济生活中得到应用。对偶单纯形法是把单纯形法思想和对偶思想结合的方法，其求解步骤与单纯形法有一定的对应关系，对偶单纯形法有明确的适用范围，是单纯形法的重要补充。线性规划模型中的各个系数在现实生活中可能发生变化，因此需要分析当这些系数发生变化时对原问题解的最优性和可行性的影响。灵敏度分析主要包括五个类别，每个类别都有明确的现实经济意义。

本章知识导图如下：

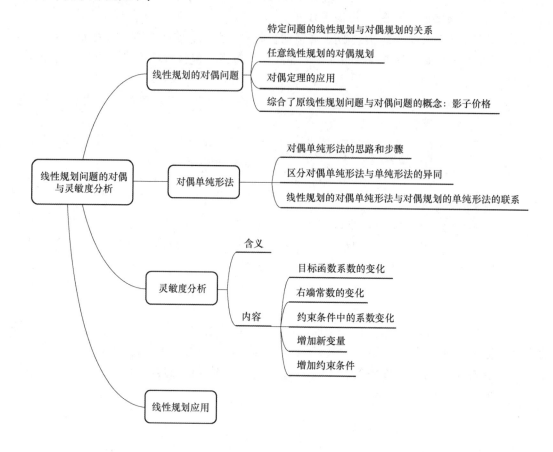

本章学习与教学思路建议

本章中，对偶问题的重点在于引导理解对偶在理论与实践中的意义和作用，对一个系统从不同的角度去认识，能够对系统有更全面、更深入的了解。此外，通过对偶问题的引入，可以进一步完善线性规划问题的求解。

对对偶单纯形法的认识，必须站在最优性的本质特征上。线性规划的最优单纯形表具有三个条件：①表格约束部分存在各个单位向量（意味着表格对应一个基本解）；②表格第3列（基变量取值）非负（意味着基本解可行）；③检验数行所有取值非正（意味着基本解对偶可行）。面对这三个条件有两种实现方法：

单纯形法是在保持①②的条件下，寻求满足条件③的解，即为最优解；

对偶单纯形法是在保持①③的条件下，寻求满足条件②的解，即为最优解。

这样，便于认识两种方法的特点和区别。

在灵敏度分析中，注重最优单纯形表中各个量的意义，以及它们之间的联系，从代数运算的过程和意义去理解，就比较容易学好这一部分内容。

线性规划应用一节的目的是希望帮助读者在实际应用中开拓思路，深入体会运筹学在实践中的重要意义。

习　　题

1. 写出下列问题的对偶规划：

(1) $\max z = -3x_1 + 5x_2$

s. t. $\begin{cases} -x_1 + 2x_2 \leqslant 5 \\ x_1 + 3x_2 \leqslant 2 \\ x_1, \quad x_2 \geqslant 0 \end{cases}$

(2) $\max z = x_1 + 2x_2 + x_3$

s. t. $\begin{cases} 2x_1 + x_2 \qquad = 8 \\ -x_1 + 2x_2 + 3x_3 = 6 \\ x_1, \ x_2, \ x_3 \ 均无符号限制 \end{cases}$

(3) $\max z = x_1 + 2x_2 - 3x_3 + 4x_4$

s. t. $\begin{cases} -x_1 + x_2 - x_3 - 3x_4 = 5 \\ 6x_1 + 7x_2 - x_3 + 5x_4 \geqslant 8 \\ 12x_1 - 9x_2 + 7x_3 + 6x_4 \leqslant 10 \\ x_1, \ x_3 \geqslant 0, \ x_2, \ x_4 \ 无符号限制 \end{cases}$

(4) $\min f = -3x_1 + 2x_2 + 5x_3 - 7x_4 - 8x_5$

s. t. $\begin{cases} \qquad x_2 - x_3 + 3x_4 - 4x_5 = -6 \\ 2x_1 + 3x_2 - 3x_3 - x_4 \qquad \geqslant 2 \\ -x_1 \qquad + 2x_3 - 2x_4 \qquad \leqslant -5 \\ -2 \leqslant x_1 \leqslant 10 \\ \qquad 5 \leqslant x_2 \leqslant 25 \end{cases}$

(5) $\min f = \sum\limits_{i=1}^{5} \sum\limits_{j=1}^{6} c_{ij} x_{ij}$

s. t. $\begin{cases} \sum\limits_{j=1}^{6} x_{ij} = a_i \quad (i = 1,2,\cdots,5) \\ \sum\limits_{i=1}^{5} x_{ij} = b_j \quad (j = 1,2,\cdots,6) \\ x_{ij} \geqslant 0 \quad \begin{pmatrix} i = 1,2,\cdots,5 \\ j = 1,2,\cdots,6 \end{pmatrix} \end{cases}$

(6) $\max z = \sum\limits_{j=1}^{6} c_j x_j$

s. t. $\begin{cases} \sum\limits_{j=1}^{6} a_{ij} x_j \leqslant b_i \quad (i = 1,2,\cdots,5) \\ \sum\limits_{j=1}^{6} a_{ij} x_j = b_i \quad (i = 6,7,\cdots,10) \\ x_j \geqslant 0 \quad (j = 1,2,\cdots,6) \end{cases}$

2. 试用对偶理论讨论下列原问题与它们的对偶问题是否有最优解：

(1) $\max z = 2x_1 + 2x_2$

s. t. $\begin{cases} -x_1 + x_2 + x_3 \leqslant 2 \\ -2x_1 + x_2 - x_3 \leqslant 1 \\ x_1, \quad x_2, \ x_3 \geqslant 0 \end{cases}$

(2) $\min f = -x_1 + 2x_2 + x_3$

s. t. $\begin{cases} 2x_1 - x_2 + x_3 \geqslant -4 \\ x_1 + 2x_2 \qquad = 6 \\ x_1, \quad x_2, \ x_3 \geqslant 0 \end{cases}$

3. 考虑如下线性规划：

$$\min f = x_1 + x_2 + x_3 + x_4$$

s. t. $\begin{cases} x_1 \qquad\qquad + x_4 \geqslant 5 \\ x_1 + x_2 \qquad\qquad \geqslant 6 \\ \qquad x_2 + x_3 \qquad \geqslant 8 \\ \qquad\qquad x_3 + x_4 \geqslant 7 \\ x_1, \ x_2, \ x_3, \ x_4 \geqslant 0 \end{cases}$

(1) 写出对偶规划。

(2) 用单纯形法解对偶规划，并在最优单纯形表中给出原规划的最优解。

(3) 说明这样做比直接求解原规划的好处。

4. 通过求解对偶问题，求下面不等式组的一个解：

$$\begin{cases} 2x_1 + 3x_2 \leqslant 12 \\ -3x_1 + 2x_2 \leqslant -4 \\ 3x_1 - 5x_2 \leqslant 2 \\ x_1, \quad x_2 \geqslant 0 \end{cases}$$

5. 应用对偶性质，直接给出下面问题的最优目标值：

$$\min f = 10x_1 + 4x_2 + 5x_3$$
$$\text{s. t.} \begin{cases} 5x_1 - 7x_2 + 3x_3 \geq 50 \\ x_1, \quad x_2, \quad x_3 \geq 0 \end{cases}$$

6. 有两个线性规划:

(1) $\max z = \boldsymbol{c}^{\mathrm{T}}\boldsymbol{x}$ 　　　　　　(2) $\max z = \boldsymbol{c}^{\mathrm{T}}\boldsymbol{x}$
$$\text{s. t.} \begin{cases} \boldsymbol{Ax} = \boldsymbol{b} \\ \boldsymbol{x} \geq \boldsymbol{0} \end{cases} \qquad\qquad \text{s. t.} \begin{cases} \boldsymbol{Ax} = \boldsymbol{b}^* \\ \boldsymbol{x} \geq \boldsymbol{0} \end{cases}$$

已知线性规划(1)有最优解,求证:如果规划(2)有可行解,则必有最优解。

7. 用对偶单纯形法求解下列问题:

(1) $\min f = 5x_1 + 2x_2 + 4x_3$ 　　(2) $\max z = -x_1 - 2x_2 - 3x_3$
$$\text{s. t.} \begin{cases} 3x_1 + x_2 + 2x_3 \geq 4 \\ 6x_1 + 3x_2 + 5x_3 \geq 10 \\ x_1, \quad x_2, \quad x_3 \geq 0 \end{cases} \qquad \text{s. t.} \begin{cases} 2x_1 - x_2 + x_3 \geq 4 \\ x_1 + x_2 + 2x_3 \leq 8 \\ x_2 - x_3 \leq 2 \\ x_1, \quad x_2, \quad x_3 \geq 0 \end{cases}$$

8. 考虑下列线性规划:

$$\max z = 2x_1 + 3x_2$$
$$\text{s. t.} \begin{cases} 2x_1 + 2x_2 + x_3 & = 12 \\ x_1 + 2x_2 & + x_4 & = 8 \\ 4x_1 & + x_5 & = 16 \\ 4x_2 & + x_6 = 12 \\ x_j \geq 0 \quad (j = 1, 2, \cdots, 6) \end{cases}$$

其最优单纯形表示于表 3-19 中。

表 3-19　最优单纯形表

基 变 量		x_1	x_2	x_3	x_4	x_5	x_6
x_3	0	0	0	1	-1	-1/4	0
x_1	4	1	0	0	0	1/4	0
x_6	4	0	0	0	-2	1/2	1
x_2	2	0	1	0	1/2	-1/8	0
σ_j	-14	0	0	0	-3/2	-1/8	0

试分析如下问题:

(1) 分别对 c_1、c_2 进行灵敏度分析。

(2) 对 b_3 进行灵敏度分析。

(3) 当 $c_2 = 5$ 时,求新的最优解。

(4) 当 $b_3 = 4$ 时,求新的最优解。

(5) 增加一个约束 $2x_1 + 2.4x_2 \leq 12$,问对最优解有何影响?

9. 已知某工厂计划生产 A_1、A_2、A_3 三种产品,各产品需要在甲、乙、丙设备上加工。有关数据如表 3-20所示。

表 3-20　生产 A_1、A_2、A_3 三种产品的有关数据

设　　备	产　品			工时限制/月
	A_1	A_2	A_3	
甲	8	16	10	304
乙	10	5	8	400
丙	2	13	10	420
单位产品利润/千元	3	2	2.9	

试问：

（1）如何充分发挥设备能力，使工厂获利最大？

（2）若为了增加产量，可借用别的工厂的设备甲，每月可借用 60 台时，租金 1.8 万元，问是否合算？

（3）若另有两种新产品 A_4、A_5，其中，每件 A_4 需用设备甲 12 台时、设备乙 5 台时、设备丙 10 台时，每件获利 2.1 千元；每件 A_5 需用设备甲 4 台时、设备乙 4 台时、设备丙 12 台时，每件获利 1.87 千元。如果 A_1、A_2、A_3 设备台时不增加，分别回答这两种新产品投产是否合算？

（4）增加设备乙的台时是否可使企业总利润进一步增加？

10. 考虑如下线性规划：

$$\max z = -5x_1 + 5x_2 + 13x_3$$

$$\text{s. t.} \begin{cases} -x_1 + x_2 + 3x_3 \leqslant 20 \\ 12x_1 + 4x_2 + 10x_3 \leqslant 90 \\ x_1, \quad x_2, \quad x_3 \geqslant 0 \end{cases}$$

其最优单纯形表示于表 3-21 中。

表 3-21　最优单纯形表

基 变 量		x_1	x_2	x_3	x_4	x_5
x_2	20	-1	1	3	1	0
x_5	10	16	0	-2	-4	1
σ_j	-100	0	0	-2	-5	0

回答如下问题：

（1）当 b_1 由 20 增加到 45 时，求新的最优解。

（2）当 b_2 由 90 增加到 95 时，求新的最优解。

（3）当 c_3 由 13 增加到 8 时，是否影响最优解？若影响，将新的最优解求出来。

（4）当 c_2 由 5 增加到 6 时，回答与(3)相同的问题。

（5）增加变量 x_6，$c_6 = 10$，$a_{16} = 3$，$a_{26} = 5$，对最优解是否有影响？

（6）增加一个约束条件 $2x_1 + 3x_2 + 5x_3 \leqslant 50$，求新的最优解。

11. 某企业生产甲、乙、丙三种产品，各产品需要原料 A、B、C、D 的数量，以及甲、乙、丙产品的利润如表 3-22 所示。

表 3-22　相关资料

产　品	原　料				利润/（万元/件）
	A/（kg/件）	B/（kg/件）	C/（kg/件）	D/（kg/件）	
甲	15	14	9	10	1.5
乙	12	16	13	7	2.0
丙	18	6	8	11	1.8
设备限制/h	6600	5800	5400	6000	

寻求使得总利润最大的生产方案，并考虑以下问题：

（1）写出此问题的线性规划模型，并根据表3-22写出最优解和最优值。

（2）如果在限额外购买原料 A、B、C、D 每千克所需的费用相同，你将优先考虑购买哪一种原料？为什么？在其他条件不变的情况下，此原料最多购买多少千克，可用表3-22计算，这时总利润为多少？

（3）当产品甲的利润由1.5万元/件变为1.8万元/件的同时，产品乙的利润由2.0万元/件变为1.7万元/件，这时原来的最优方案变不变？为什么？

（4）解释原料 C 的影子价格（对偶价格）为零的含义及其原因。

（5）当其他原料限制不变时，原料 D 最多可出让多少千克，不会影响本企业的利润？

（6）原料 A、B 分别购进300kg、100kg后，总利润是否可以利用表3-22直接计算出来？如果可以，总利润是多少？

第四章

运 输 问 题

本章内容要点

- 运输问题模型与有关概念;
- 运输问题的求解——表上作业法;
- 运输问题应用——建模。

核心概念

- 运输问题 Transportation Problem
- 产销平衡 Balance Between the Total Amount Available at the Sources and the Total Demanded by the Destinations
- 运输表 Transportation Tableau
- 闭回路 Closed Circuit
- 位势 Potential
- 西北角法 Northwest Corner Method
- 最小元素法 Minimum Cell Cost Method

【案例导引】

某公司从三个产地 A_1、A_2、A_3 将物品运往四个销地 B_1、B_2、B_3、B_4,各产地的产量、各销地的销量和各产地运往各销地每件物品的运费如表 4-1 所示。

表 4-1 运输费用表

产　　地	销　　地				产量
	B_1	B_2	B_3	B_4	
A_1	3	11	3	10	7
A_2	1	9	2	8	4
A_3	7	4	10	5	9
销量	3	6	5	6	20（产销平衡）

问应如何调运,可使得总运输费最小?

案例思考题：

上面案例可建立线性规划模型，有什么特点？从这里体会线性规划单纯形法解此类模型的缺陷，引出表上作业法的求解思路和过程。

本章将主要讨论的运输问题（Transportation Problem）是一类重要而特殊的线性规划问题。由于这类线性规划问题在结构上有其特殊性，可以用比单纯形法更有针对性，也更为简便的解法——表上作业法来求解。运输问题在实践中，特别是在管理领域中有着广泛的应用，这也是本书把运输问题单列一章进行介绍的原因。

第一节 运输问题模型及有关概念

一、问题的提出

一般的运输问题就是要解决把某种产品从若干个产地调运到若干个销地，在每个产地的供应量与每个销地的需求量已知，并知道各地之间的运输单价的前提下，如何确定一个使得总的运输费用最小的方案。

例4-1 某公司从三个产地 A_1、A_2、A_3 将物品运往四个销地 B_1、B_2、B_3、B_4，各产地的产量、各销地的销量和各产地运往各销地每件物品的运费如表4-2所示。

问应如何调运，可使得总运输费最小？

表4-2 运输费用表

产　地	销　地				产　量
	B_1	B_2	B_3	B_4	
A_1	3	11	3	10	7
A_2	1	9	2	8	4
A_3	7	4	10	5	9
销量	3	6	5	6	20（产销平衡）

解 首先，三个产地 A_1、A_2、A_3 的总产量为：$7+4+9=20$；四个销地 B_1、B_2、B_3、B_4 的总销量为：$3+6+5+6=20$，总产量等于总销量。称这类问题是一个产销平衡的运输问题，把三个产地 A_1、A_2、A_3 的物品全部分配给四个销地 B_1、B_2、B_3、B_4，正好满足这四个销地的需要。

设 x_{ij} 为从产地 A_i 运往销地 B_j 的运输量（$i=1,2,3$；$j=1,2,3,4$），得到如表4-3所示的运输变量表。

表4-3 运输变量表

产　地	销　地				产　量
	B_1	B_2	B_3	B_4	
A_1	x_{11}	x_{12}	x_{13}	x_{14}	7
A_2	x_{21}	x_{22}	x_{23}	x_{24}	4
A_3	x_{31}	x_{32}	x_{33}	x_{34}	9
销量	3	6	5	6	20（产销平衡）

从这张表可写出此问题的数学模型。先讨论约束及目标函数:

(1) 满足产地产量的约束条件为

产地 A_1 $x_{11} + x_{12} + x_{13} + x_{14} = 7$

产地 A_2 $x_{21} + x_{22} + x_{23} + x_{24} = 4$

产地 A_3 $x_{31} + x_{32} + x_{33} + x_{34} = 9$

(2) 满足销地销量的约束条件为

销地 B_1 $x_{11} + x_{21} + x_{31} = 3$

销地 B_2 $x_{12} + x_{22} + x_{32} = 6$

销地 B_3 $x_{13} + x_{23} + x_{33} = 5$

销地 B_4 $x_{14} + x_{24} + x_{34} = 6$

(3) 使总运输费最小的目标函数为

$$f = 3x_{11} + 11x_{12} + 3x_{13} + 10x_{14} + x_{21} + 9x_{22} + 2x_{23} +$$
$$8x_{24} + 7x_{31} + 4x_{32} + 10x_{33} + 5x_{34}$$

所以此运输问题的线性规划模型如下:

$$\min f = 3x_{11} + 11x_{12} + 3x_{13} + 10x_{14} + x_{21} + 9x_{22} +$$
$$2x_{23} + 8x_{24} + 7x_{31} + 4x_{32} + 10x_{33} + 5x_{34}$$

$$\text{s. t.} \begin{cases} x_{11} + x_{12} + x_{13} + x_{14} = 7 \\ x_{21} + x_{22} + x_{23} + x_{24} = 4 \\ x_{31} + x_{32} + x_{33} + x_{34} = 9 \\ x_{11} + x_{21} + x_{31} = 3 \\ x_{12} + x_{22} + x_{32} = 6 \\ x_{13} + x_{23} + x_{33} = 5 \\ x_{14} + x_{24} + x_{34} = 6 \\ x_{ij} \geq 0 \quad (i=1,2,3; \ j=1,2,3,4) \end{cases}$$

其系数矩阵为

$$\begin{pmatrix} 1 & 1 & 1 & 1 & 0 & 0 & 0 & 0 & 0 & 0 & 0 & 0 \\ 0 & 0 & 0 & 0 & 1 & 1 & 1 & 1 & 0 & 0 & 0 & 0 \\ 0 & 0 & 0 & 0 & 0 & 0 & 0 & 0 & 1 & 1 & 1 & 1 \\ 1 & 0 & 0 & 0 & 1 & 0 & 0 & 0 & 1 & 0 & 0 & 0 \\ 0 & 1 & 0 & 0 & 0 & 1 & 0 & 0 & 0 & 1 & 0 & 0 \\ 0 & 0 & 1 & 0 & 0 & 0 & 1 & 0 & 0 & 0 & 1 & 0 \\ 0 & 0 & 0 & 1 & 0 & 0 & 0 & 1 & 0 & 0 & 0 & 1 \end{pmatrix}$$

可以看到这个矩阵有如下特点:

(1) 共有 $7(m+n)$ 行,分别表示产地和销地;有 $12(mn)$ 列分别表示各变量。

(2) 每列只有两个 1,其余为 0,分别表示一个决策变量只可能在一个产地约束和一个销地约束中出现。

二、一般运输问题的线性规划模型及求解思路

一般运输问题的提法:

假设 $A_1, A_2, \cdots, A_m$ 表示某物资的 m 个产地;$B_1, B_2, \cdots, B_n$ 表示某物资的 n 个销

地；s_i 表示产地 A_i 的产量；d_j 表示销地 B_j 的销量；c_{ij} 表示把物资从产地 A_i 运往销地 B_j 的单位运价（表4-4）。如果

$$s_1 + s_2 + \cdots + s_m = d_1 + d_2 + \cdots + d_n$$

则称这类运输问题为产销平衡问题；否则，称产销不平衡问题。下面首先讨论产销平衡问题。

表4-4　运输问题数据表

产　　地	销　　地				产　　量
	B_1	B_2	$\cdots$	B_n	
A_1	c_{11}	c_{12}	$\cdots$	c_{1n}	s_1
A_2	c_{21}	c_{22}	$\cdots$	c_{2n}	s_2
$\vdots$	$\vdots$	$\vdots$		$\vdots$	$\vdots$
A_m	c_{m1}	c_{m2}	$\cdots$	c_{mn}	s_m
销量	d_1	d_2	$\cdots$	d_n	

设 x_{ij} 为从产地 A_i 运往销地 B_j 的运输量，根据这个运输问题的要求，可以建立运输问题变量表（表4-5）。

表4-5　运输问题变量表

产　　地	销　　地				产　　量
	B_1	B_2	$\cdots$	B_n	
A_1	x_{11}	x_{12}	$\cdots$	x_{1n}	s_1
A_2	x_{21}	x_{22}	$\cdots$	x_{2n}	s_2
$\vdots$	$\vdots$	$\vdots$		$\vdots$	$\vdots$
A_m	x_{m1}	x_{m2}	$\cdots$	x_{mn}	s_m
销量	d_1	d_2	$\cdots$	d_n	

于是得到下列一般运输问题的模型：

$$\min f = \sum_{i=1}^{m} \sum_{j=1}^{n} c_{ij} x_{ij} \tag{4-1}$$

$$\text{s. t.} \quad \begin{cases} \displaystyle\sum_{j=1}^{n} x_{ij} \leqslant s_i & (i = 1, 2, \cdots, m) \tag{4-2} \\[3mm] \displaystyle\sum_{i=1}^{m} x_{ij} \leqslant d_j & (j = 1, 2, \cdots, n) \tag{4-3} \\[3mm] x_{ij} \geqslant 0 & (i = 1, 2, \cdots, m; \ j = 1, 2, \cdots, n) \tag{4-4} \end{cases}$$

在模型式（4-1）~式（4-4）中，式（4-2）为 m 个产地的产量约束；式（4-3）为 n 个销地的销量约束。

对于产销平衡问题，可得到下列运输问题的模型：

$$\min f = \sum_{i=1}^{m} \sum_{j=1}^{n} c_{ij}x_{ij} \tag{4-5}$$

$$\text{s. t.} \begin{cases} \sum_{j=1}^{n} x_{ij} = s_i & (i = 1,2,\cdots,m) \\ \sum_{i=1}^{m} x_{ij} = d_j & (j = 1,2,\cdots,n) \\ x_{ij} \geqslant 0 & (i = 1,2,\cdots,m;\ j = 1,2,\cdots,n) \end{cases} \tag{4-6}$$

在产销平衡问题中，仔细观察式(4-2)、式(4-3)，分别变为式(4-5)、式(4-6)，约束条件成为等式。

在实际问题建模时，还会出现如下一些变化：

（1）有时目标函数求最大，如求利润最大或营业额最大等。

（2）当某些运输线路上的能力有限制时，模型中可直接加入(等式或不等式)约束。

（3）产销不平衡的情况。当销量大于产量时可加入一个虚设的产地去生产不足的物资，这相当于在式(4-3)的每一式中加上 1 个松弛变量，共 n 个；当产量大于销量时可加入一个虚设的销地去消化多余的物资，这相当于在式(4-2)的每一式中加上 1 个松弛变量，共 m 个。

运输问题是一种特殊的线性规划问题，在求解时依然可以采用单纯形法的思路，如图4-1所示。由于系数矩阵的特殊性，直接用线性规划单纯形法求解无法利用这些有利条件。人们在分析特征的基础上建立了针对运输问题的表上作业法。在这里需要讨论基本可行解、检验数以及基的转换等问题。

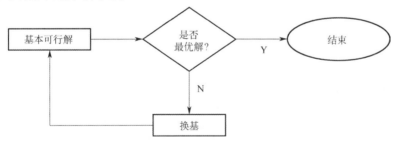

图 4-1　运输问题的求解思路

三、运输问题求解的有关概念

考虑产销平衡问题，由于关心的量均在表 4-4 与表 4-5 中，因此考虑把表 4-4 与表 4-5 合成一个表，如表 4-6 所示。

表 4-6　运输问题求解作业数据表

产　地	销　地				产　量
	B_1	B_2	$\cdots$	B_n	
A_1	c_{11} $\quad x_{11}$	c_{12} $\quad x_{12}$	$\cdots$	c_{1n} $\quad x_{1n}$	a_1
A_2	c_{21} $\quad x_{21}$	c_{22} $\quad x_{22}$	$\cdots$	c_{2n} $\quad x_{2n}$	a_2

（续）

产　地	销　地				产　量
	B_1	B_2	…	B_n	
⋮	⋮	⋮	⋮	⋮	⋮
A_m	c_{m1}　　　x_{m1}	c_{m2}　　　x_{m2}	…	c_{mn}　　　x_{mn}	a_m
销　量	b_1	b_2	…	b_n	

基变量的特点为：

（1）基变量共有 $m+n-1$ 个。产销平衡运输问题的约束式(4-5)、式(4-6)共有 $m+n$ 个方程，由于产销平衡的条件，这些方程是线性相关的，也就是它们的系数矩阵 A 是奇异的。可以证明，在 $m+n$ 个方程中，任意 $m+n-1$ 个方程都是线性无关的，即矩阵 A 的秩为 $m+n-1$。因此产销平衡运输问题的基变量共有 $m+n-1$ 个。

（2）产销平衡运输问题的 $m+n-1$ 个变量构成基变量的充分必要条件是不含闭回路。为了说明这个特征，这里不加证明地给出一些概念和结论。下面的讨论建立在表 4-6 中决策变量格的基础上。

定义 4-1　在表 4-6 中，决策变量格凡是能够排列成下列形式

$$x_{ab}, \ x_{ac}, \ x_{dc}, \ x_{de}, \ \cdots, \ x_{st}, \ x_{sb} \tag{4-7}$$

或

$$x_{ab}, \ x_{cb}, \ x_{cd}, \ x_{ed}, \ \cdots, \ x_{st}, \ x_{at} \tag{4-8}$$

其中，a, d, …, s 各不相同；b, c, …, t 各不相同，称之为变量集合的一个闭回路（Closed Circuit），并将式(4-7)、式(4-8)中的变量称为这个闭回路的顶点。

例如，x_{13}、x_{16}、x_{36}、x_{34}、x_{24}、x_{23}，x_{23}、x_{53}、x_{55}、x_{45}、x_{41}、x_{21}，x_{11}、x_{14}、x_{34}、x_{31} 等都是闭回路。

若把闭回路的各变量格看作节点在运输表（Transportation Tableau）中画出，有如图 4-2 所示的形式。

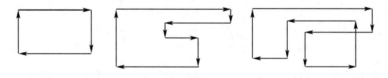

图 4-2　闭回路示意图

根据定义可以看出闭回路有如下一些明显特点：

（1）闭回路均为一封闭折线，它的每一条边，或为水平的，或为铅垂的。

（2）闭回路的每一条边（水平的或铅垂的）均有且仅有两个闭回路的顶点（变量格）。

关于闭回路有如下一些重要结论：

（1）设 $x_{ab}, \ x_{ac}, \ x_{dc}, \ x_{de}, \ \cdots, \ x_{st}, \ x_{sb}$ 是一个闭回路，那么该闭回路中变量所对应的系数列向量 $\boldsymbol{p}_{ab}, \ \boldsymbol{p}_{ac}, \ \boldsymbol{p}_{dc}, \ \boldsymbol{p}_{de}, \ \cdots, \ \boldsymbol{p}_{st}, \ \boldsymbol{p}_{sb}$ 线性相关。

（2）若变量组 x_{ab}，x_{cd}，x_{ef}，$\cdots$，x_{st} 中包含一个部分组构成闭回路，那么该变量组所对应的系数列向量 $\boldsymbol{p}_{ab}$，$\boldsymbol{p}_{cd}$，$\boldsymbol{p}_{ef}$，$\cdots$，$\boldsymbol{p}_{st}$ 线性相关。

根据上述结论以及线性规划基变量的特点，可以得到下面的重要定理及其推论。

定理 4-1　变量组 x_{ab}，x_{cd}，x_{ef}，$\cdots$，x_{st} 所对应的系数列向量 $\boldsymbol{p}_{ab}$，$\boldsymbol{p}_{cd}$，$\boldsymbol{p}_{ef}$，$\cdots$，$\boldsymbol{p}_{st}$ 线性无关的充分必要条件是这个变量组中不包含闭回路。

推论　产销平衡运输问题的 $m+n-1$ 个变量构成基变量的充分必要条件是它不含闭回路。

这个推论给出了运输问题基本解的重要性质，也为寻求基本可行解提供了依据。

第二节　运输问题求解——表上作业法

上一节已经分析了对于产销平衡问题关心的量均可以表示在表 4-6 中。因此可以建立基于表 4-6 的求解运输问题的方法——表上作业法。这里求解运输问题的思想和单纯形法完全类似，即首先确定一个初始基本可行解，然后根据最优性判别准则来检查这个基本可行解是不是最优的。如果是，则计算结束；如果不是，则进行换基，直至求出最优解为止。

一、初始基本可行解的确定

根据上面的讨论，要求得运输问题的初始基本可行解，必须保证找到 $m+n-1$ 个不构成闭回路的基变量。一般的方法步骤如下：

（1）在运输问题求解作业数据表中任选一个单元格 x_{ij}（A_i 行 B_j 列交叉位置上的格），令

$$x_{ij} = \min\{a_i, b_j\}$$

即从 A_i 向 B_j 运最大量（使行或列在允许的范围内尽量饱和，即使一个约束方程得以满足），填入 x_{ij} 的相应位置。

（2）从 a_i 和 b_j 中分别减去 x_{ij} 的值，即调整 A_i 的拥有量及 B_j 的需求量。

（3）若 $a_i=0$，则划去对应的行（把拥有的量全部运走）；若 $b_j=0$，则划去对应的列（把需要的量全部运来），且每次只划去一行或一列（即每次要去掉且只去掉一个约束）。

（4）若运输平衡表中所有的行与列均被划去，则得到一个初始基本可行解；否则，在剩下的运输平衡表中选下一个变量，转（2）。

上述计算过程可用图 4-3 所示流程图描述。

按照上述方法所产生的一组变量的取值将满足下列条件：

（1）所得的变量均为非负，且变量总数恰好为 $m+n-1$ 个。

（2）所有的约束条件均得到满足。

（3）所得的变量不构成闭回路。

因此，根据定理 4-1 及其推论，所得的解一定是运输问题的基本可行解。

在上面的方法中，x_{ij} 的选取方法并没有给予限制，若采取不同的规则来选取 x_{ij}，则得到不同的方法。较常用的方法有西北角法和最小元素法。下面分别举例予以说明。

1. 西北角法（左上角方法）

西北角法（Northwest Corner Method）又称左上角方法。遵循的规则是：从西北角（左上角）格开始，在格内的右下角标上允许取得的最大数。然后按行（列）标下一格的数。若某行

（列）的产量（销量）已满足，则把该行（列）的其他格划去。如此进行下去，直至得到一个基本可行解。

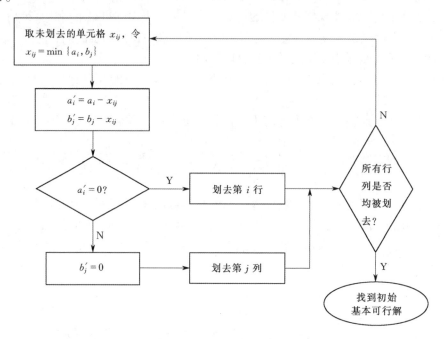

图 4-3 求运输问题的初始基本可行解过程

例 4-2 用西北角法求例 4-1 问题的初始基本可行解。

解 用表 4-6 的形式，把变量格的左上角填入运费，右下角准备填写基变量的值，划去的格用中括号"[ ]"来标注（准备将来填写检验数）。西北角法求初始基本可行解的过程如表 4-7 所示。

表 4-7 西北角法求初始基本可行解的过程

产　地	销　　地				产　　量
	B_1	B_2	B_3	B_4	
A_1	3 3	11 4	3 [ ]	10 [ ]	7
A_2	1 [ ]	9 2	2 2	8 [ ]	4
A_3	7 [ ]	4 [ ]	10 3	5 6	9
销　量	3	6	5	6	20（产销平衡）

用西北角法找出初始方案，具体过程如下：

第一步，从表中西北角（左上角）的变量开始，给 x_{11} 以尽可能大的数值，因为 x_{11} 表示从 A_1 往 B_1 运送物品的数量，已知 B_1 的需求量为 3，而 A_1 的产量为 7，可以满足 B_1 的全部需要，所以令 $x_{11} = \min\{7,3\} = 3$。

第二步，修改第一行的"产量"和第一列的"销量"两栏数据：因为产地 A_1 运往销地

B_1 3 个单位，因此应从当前的产量中减去 3，于是 $a_1' = a_1 - x_{11} = 7 - 3 = 4$；又因为销地 B_1 已经从产地 A_1 运来了 3 个单位，因此应从当前的需求量中减去 3，于是 $b_1' = b_1 - x_{11} = 3 - 3 = 0$。

第三步，由于销地 B_1 的销量修正值 $b_1' = 0$，因此应在运量表中划去第一列。

第四步，由于平衡表中还有剩余元素（未被划掉的元素），因此继续第一步。

以下的过程简述为：

（1）取下一左上角元素 x_{12}，当 $x_{12} = 4$ 时，第一行饱和，于是把 4 填入第一行第二列；修正第一行的产量为 0，第二列的销量修正为 $6 - 4 = 2$，划去第一行。

（2）取下一左上角元素 x_{22}，当 $x_{22} = 2$ 时，第二列饱和，于是把 2 填入第二行第二列；修正第二列的销量为 0，第二行的产量修正为 $4 - 2 = 2$，划去第二列。

（3）取下一左上角元素 x_{23}，当 $x_{23} = 2$ 时，第二行饱和，于是把 2 填入第二行第三列；修正第二行的产量为 0，第三列的销量修正为 $5 - 2 = 3$，划去第二行。

（4）取下一左上角元素 x_{33}，当 $x_{33} = 3$ 时，第三列饱和，于是把 3 填入第三行第三列；修正第三列的销量为 0，第三行的产量修正为 $9 - 3 = 6$，划去第三列。

（5）取下一左上角元素 x_{34}，当 $x_{34} = 6$ 时，第三行、第四列均饱和，于是把 6 填入第三行第四列；修正第三行的产量为 0，第四列的销量也修正为 0。

由于这时表中已没有未被划掉的元素了，因此已经完成。此时，填入的数据是 6 个，恰好为 $m + n - 1$ 个，在求解过程中每一步都保证了 $x_{ij} \geq 0$，约束条件得到满足，且不构成闭回路。因此，所得到的是该运输问题的一个基本可行解。表中已填的数字是对应的基变量的取值，而未填数的栏对应的是非基变量，即

$x_{11} = 3$，$x_{12} = 4$，$x_{22} = 2$，$x_{23} = 2$，$x_{33} = 3$，$x_{34} = 6$，其余的 $x_{ij} = 0$，为一个基本可行解。

2. 最小元素法

最小元素法（Minimum Cell Cost Method）的基本思想是"就近供应"，即从运输问题数据表（或单位运价表）中寻找最小数值，并以这个数值所对应的变量 x_{ij} 作为第一个基变量，在格内的右下角标上允许取得的最大数。然后按运价从小到大的顺序填数。若某行（列）的产量（销量）已满足，则把该行（列）的其他格划去。如此进行下去，直至得到一个基本可行解。

例 4-3 用最小元素法求例 4-2 问题的一个初始基本可行解。

解 仍用表 4-6 的形式，把变量格的左上角填入运费，右下角准备填写基变量的值，划去的格用中括号"[ ]"来标注（准备将来填写检验数）。最小元素法求初始基本可行解的过程如表 4-8 所示。

表 4-8 最小元素法求初始基本可行解的过程

产　地	销　地				产　量
	B_1	B_2	B_3	B_4	
A_1	3　[ ]	11　[ ]	3　4	10　3	7
A_2	1　3	9　[ ]	2　1	8　[ ]	4
A_3	7　[ ]	4　6	10　[ ]	7　3	9
销　量	3	6	5	6	20（产销平衡）

用最小元素法找出初始方案，具体过程如下：

第一步，从表中运费最小($c_{21}=1$)的变量开始，给x_{21}以尽可能大的数值。因为x_{21}表示从A_2往B_1运送物品的数量，已知B_1的需求量为3，而A_2的产量为4，可以满足B_1的全部需要，所以令$x_{21}=\min\{4,3\}=3$。

第二步，修改第二行的"产量"和第一列的"销量"两栏数据：因为产地A_2运往销地$B_1$3个单位，因此应从当前的产量中减去3，于是$a_2'=a_2-x_{21}=4-3=1$；又因为销地B_1已经从产地A_2运来了3个单位，因此应从当前的需求量中减去3，于是$b_1'=b_1-x_{21}=3-3=0$。

第三步，由于销地B_1的销量修正值$b_1'=0$，因此应在运量表中划去第一列。

第四步，由于平衡表中还有剩余元素(未被划掉的元素)，因此继续第一步。

以下的过程简述为：

(1) 取下一运费较小的元素x_{23}，当$x_{23}=1$时，第二行饱和，于是把1填入第二行第三列；修正第二行的产量为0，第三列的销量修正为$5-1=4$，划去第二行。

(2) 取下一运费较小的元素x_{13}，当$x_{13}=4$时，第三列饱和，于是把4填入第一行第三列；修正第三列的销量为0，第一行的产量修正为$7-4=3$，划去第三列。

(3) 取下一运费较小的元素x_{32}，当$x_{32}=6$时，第二列饱和，于是把6填入第三行第二列；修正第二列的销量为0，第三行的产量修正为$9-6=3$，划去第二列。

(4) 取下一运费较小的元素x_{34}，当$x_{34}=3$时，第三行饱和，于是把3填入第三行第四列；修正第三行的产量为0，第四列的销量修正为$6-3=3$，划去第三行。

(5) 取下一运费较小的元素x_{14}(只剩下一个元素)，当$x_{14}=3$时，第一行、第四列均饱和，于是把3填入第一行第四列；修正第一行的产量为0，第四列的销量也修正为0。

由于这时表中已没有尚未被划掉的元素了，因此已经完成。此时，填入的数据是6个，恰好为$m+n-1$个，且在求解过程中每一步都保证了$x_{ij}\geqslant0$，约束条件得到满足，且不构成闭回路。因此，所得到的是该运输问题的一个基本可行解。表中已填的数字对应的是基变量的取值，而未填数的栏对应的是非基变量，即$x_{21}=3$，$x_{23}=1$，$x_{13}=4$，$x_{32}=6$，$x_{34}=3$，$x_{14}=3$，其余的$x_{ij}=0$，为一个基本可行解。

注：应用西北角法和最小元素法，每次填完数，都只划去一行或一列，只有最后一个元素例外(同时划去一行和一列)。当填上一个数后，行、列同时饱和时，也应任意划去一行(列)在保留的列(行)任意没被划去的格内标一个0。

例4-4 某公司下属有生产一种化工产品的三个产地A_1、A_2、A_3，有四个销售点B_1、B_2、B_3、B_4销售这种化工产品。各产地的产量、各销地的销量和各产地运往各销地每吨产品的运费(百元)如表4-9所示。

表4-9 某化工产品运输数据表

产　　地	销　　地				产量/t
	B_1	B_2	B_3	B_4	
A_1	3	8	5	9	75
A_2	2	9	4	8	60
A_3	6	3	7	5	60
销量/t	35	40	55	65	195(产销平衡)

问应如何调运，可使得总运输费最小？用西北角法求初始基本可行解。

解 仍用表4-6的形式，本例用西北角法求初始基本可行解的过程如表4-10所示。

表4-10 西北角法求初始基本可行解的过程

产　　地	销　地				产量/t
	B_1	B_2	B_3	B_4	
A_1	3　　35	8　　40	5　　[ ]	9　　[ ]	75
A_2	2　　[ ]	9　　0	4　　55	8　　5	60
A_3	6　　[ ]	3　　[ ]	7　　[ ]	5　　60	60
销量/t	35	40	55	65	195（产销平衡）

用西北角法找出初始方案，具体过程简述如下：

（1）取左上角元素 x_{11}，当 $x_{11}=35$ 时，第一列饱和，于是把35填入第一行第一列；修正第一列的销量为0，第一行的产量修正为 $75t-35t=40t$，划去第一列。

（2）取下一左上角元素 x_{12}，当 $x_{12}=40$ 时，第一行与第二列同时饱和，上面的注已说明：当填上一个数后行、列同时饱和时，也应任意划去一行（列）在保留的列（行）任意没被划去的格内标一个0。在这里划去第一行（也可以划去第二列），于是把40填入第一行第二列；修正第一行的产量为0，第二列的销量修正为 $40t-40t=0$，划去第一行。

（3）取下一左上角元素 x_{22}。这时取 $x_{22}=0$，第二列饱和，于是把0填入第二行第二列；修正第二列的销量为0，第二行的产量修正为 $60t-0=60t$，划去第二列。

（4）取下一左上角元素 x_{23}，当 $x_{23}=55$ 时，第三列饱和，于是把55填入第二行第三列；修正第三列的销量为0，第二行的产量修正为 $60t-55t=5t$，划去第三列。

（5）取下一左上角元素 x_{24}，当 $x_{24}=5$ 时，第二行饱和，于是把5填入第二行第四列；修正第二行的产量为0，第四列的销量修正为 $65t-5t=60t$，划去第二行。

（6）取下一左上角元素 x_{34}，当 $x_{34}=60$ 时，第三行、第四列均饱和，于是把60填入第三行第四列；修正第三行的产量为0，第四列的销量也修正为0。

由于这时表中没有未被划掉的元素了，因此已经完成。此时，填入的数据是6个，恰好为 $m+n-1$ 个，且在求解过程中每一步都保证了 $x_{ij} \geqslant 0$，约束条件得到满足，且不构成闭回路。因此，所得到的是该运输问题的一个基本可行解。表中已填的数字对应的是基变量的取值，而未填数的栏对应的是非基变量，即 $x_{11}=35$，$x_{12}=40$，$x_{22}=0$，$x_{23}=55$，$x_{24}=5$，$x_{34}=60$，其余的 $x_{ij}=0$，为一个基本可行解，这是一个退化的基本可行解。

二、基本可行解的最优性检验

最优性检验就是检查所得到的方案是不是最优方案。检查的方法与单纯形法中的原理相同，即计算检验数。由于目标要求极小，因此，当所有的检验数都大于或等于零时该调运方案就是最优方案；否则就不是最优，需要进行调整。下面介绍两种求检验数的方法。

1. 闭回路法

为了方便，我们以表4-8给出的初始基本可行解方案为例，考察初始方案的任意一个非基变量，如 x_{24}。根据初始方案，产地 A_2 的产品是不运往销地 B_4 的。如果现在改变初始方案，把 A_2 的产品运送 1 个单位给 B_4，那么为了保持产销平衡，就必须使 x_{14} 或 x_{34} 减少 1 个单位；而如果 x_{14} 减少 1 个单位，第一行的运输量就必须增加 1 个单位，例如 x_{13} 增加 1 个单位，那么为了保持产销平衡，就必须使 x_{23} 减少 1 个单位。这个过程就是寻找一个以非基变量 x_{24} 为起始顶点的闭回路——$\{x_{24}, x_{14}, x_{13}, x_{23}\}$，这个闭回路的其他顶点均为基变量（对应着填上数字的格）。容易计算出上述调整使总的运输费用发生的变化为 $8 - 10 + 3 - 2 = -1$，即总的运费减少 1 个单位，这就说明原始方案不是最优方案，可以进行调整以得到更优方案。

可以证明，如果对闭回路的方向不加区别（即只要起点及其他所有顶点完全相同，而不区别行进方向），那么以每一个非基量为起始顶点的闭回路就存在而且唯一。因此，对每一个非基变量可以找到而且只能找到唯一的一个闭回路。

表 4-11 中用虚线画出以非基变量 x_{22} 为起始顶点的闭回路。

表 4-11　以非基变量 x_{22} 为起始顶点的闭回路

产　　地	销　地				产　　量
	B_1	B_2	B_3	B_4	
A_1	3　[]	11　[]	3　4	10　3	7
A_2	1　3	9　[]	2　1	8　[]	4
A_3	7　[]	4　6	10　[]	5　3	9
销量	3	6	5	6	20（产销平衡）

可以计算出以非基变量 x_{22} 为起始顶点的闭回路调整，使总的运输费用发生的变化为 $9 - 2 + 3 - 10 + 5 - 4 = 1$，即总的运费增加 1 个单位，这就说明这个调整不能改善目标值。

从上面的讨论可以看出，当某个非基变量增加 1 个单位时，有若干个基变量的取值受其影响。这样，利用单位产品变化（运输的单位费用）可计算出它们对目标函数的综合影响，其作用与线性规划单纯形法中的检验数完全相同，故也称这个综合影响为该非基变量对应的检验数。上面计算的两个非基变量的检验数 $\sigma_{24} = -1$，$\sigma_{22} = 1$。闭回路法原理就是通过寻找闭回路来找到非基变量的检验数。

如果规定作为起始顶点的非基变量为第一个顶点，闭回路的其他顶点依次为第二个顶点、第三个顶点……那么就有：

$$\sigma_{ij} = (闭回路上的奇数次顶点单位运费之和)$$
$$- (闭回路上的偶数次顶点单位运费之和)$$

其中，ij 为非基变量的下角指标。

按上述做法，可计算出表 4-8 的所有非基变量的检验数，把它们填入相应位置的方括号内，如表 4-12 所示。

显然，当所有非基变量的检验数均大于或等于零时，现行的调运方案就是最优方案，因为此时对现行方案作任何调整都将导致总的运输费用增加。

表 4-12　初始基本可行解及检验数

产　　地	销　　地				产　　量
	B_1	B_2	B_3	B_4	
A_1	3 [1]	11 [2]	3 4	10 3	7
A_2	1 3	9 [1]	2 1	8 [-1]	4
A_3	7 [10]	4 6	10 [12]	5 3	9
销　　量	3	6	5	6	20(产销平衡)

闭回路法的主要缺点是：当变量个数较多时，寻找闭回路以及计算两方面都会产生困难。

2. 位势法

根据单纯形法中检验数的定义，可以从约束条件中解出基变量(用非基变量表示基变量)，然后代入目标函数消去目标中的基变量，得到的非基变量系数就是检验数。这一过程可以用下列位势法等价地加以实现。

首先给出位势(Potential)的概念：

设对应基变量 x_{ij} 的 $m+n-1$ 个 c_{ij}，存在 u_i、v_j 满足：

$$u_i + v_j = c_{ij} \quad (i=1,\cdots,m;\ j=1,\cdots,n) \tag{4-9}$$

称这些 u_i、v_j 为该基本可行解对应的位势。

由于有 $m+n$ 个变量 u_i、v_j，$m+n-1$ 个方程(基变量个数)，故这 $m+n$ 个变量中有一个自由变量，因此位势不唯一。

设 u_i、$v_j(i=1,\cdots,m;\ j=1,\cdots,n)$ 为该基本可行解对应的位势，可以利用下式根据位势求检验数：

$$\sigma_{ij} = c_{ij} - u_i - v_j \quad (i=1,\cdots,m;\ j=1,\cdots,n) \tag{4-10}$$

实际计算中，可以从基本可行解的任一个基变量 x_{ij} 所对应的费用 c_{ij} 开始。由于有一个自由度，可任取 u_i 或 v_j，假设给定 u_i 的值，利用 $u_i + v_j = c_{ij}$ 能够得到 v_j。从这里开始逐步对其他基变量利用式(4-9)得到全部位势 u_i、$v_j(i=1,2,\cdots,m;\ j=1,2,\cdots,n)$，然后利用式(4-10)求出全部检验数 σ_{ij}。

在表上作业法中，可以在表 4-6 的基础上，左端增加一列用来记对应 A_i 的位势 u_i，顶上增加一行用来记对应 B_j 的位势 v_j。同时，把根据式(4-10)计算出的检验数填入相应的位置。

在例 4-3 中已经得到了例 4-1 问题按最小元素法求得的初始基本可行解，下面按上述方法在表 4-8 的基础上计算检验数(表 4-13)。

表 4-13 中，位势及检验数的计算过程如下：

第一步，计算位势。从任选一个基变量对应的费用开始，假设从基变量 x_{14} 所对应的费用 $c_{14}=10$ 开始。由于有一个自由度，可任取 u_1 或 v_4，假设给定 $u_1=5$，利用 $u_1+v_4=c_{14}=10$ 能够得到 $v_4=5$。往下由 $u_1+v_3=c_{13}=3$ 能够得到 $v_3=-2$；由 $u_3+v_4=c_{34}=5$ 能够得到 $u_3=0$；由 $u_2+v_3=c_{23}=2$ 能够得到 $u_2=4$；由 $u_2+v_1=c_{21}=1$ 能够得到 $v_1=-3$；由 $u_3+v_2=$

$c_{32} = 4$ 能够得到 $v_2 = 4$。

表 4-13 基本可行解、位势及检验数

u_i	v_j	-3 B_1	4 B_2	-2 B_3	5 B_4	产量 a_i
5	A_1	3 [1]	11 [2]	3 4	10 3	7
4	A_2	1 3	9 [1]	2 1	8 [-1]	4
0	A_3	7 [10]	4 6	10 [12]	5 3	9
	销量 b_j	3	6	5	6	20

第二步，计算检验数。利用式(4-10)求检验数：

$$\sigma_{11} = c_{11} - u_1 - v_1 = 3 - 5 - (-3) = 1$$
$$\sigma_{12} = c_{12} - u_1 - v_2 = 11 - 5 - 4 = 2$$
$$\sigma_{22} = c_{22} - u_2 - v_2 = 9 - 4 - 4 = 1$$
$$\sigma_{24} = c_{24} - u_2 - v_4 = 8 - 4 - 5 = -1$$
$$\sigma_{31} = c_{31} - u_3 - v_1 = 7 - 0 - (-3) = 10$$
$$\sigma_{33} = c_{33} - u_3 - v_3 = 10 - 0 - (-2) = 12$$

可以看到，表 4-13 的检验数与表 4-12 完全一样。由于检验数不是都非负，故这个基本可行解不是最优解，需要找新的基本可行解，使运费不高于当前的基本可行解。

三、求新的基本可行解

当非基变量的检验数出现负值时，则表明当前的基本可行解不是最优解。在这种情况下，应该对基本可行解进行调整，即找到一个新的基本可行解使目标函数值下降，这一过程通常称为换基(或主元变换)过程。

在运输问题的表上作业法中，换基的过程如下：

若非基变量 x_{ij} 检验数小于零(如上例中的 $\sigma_{24} = -1$)，则应让 x_{24} 进基，以使目标函数下降。然而，当 x_{24} 增大时，约束条件将被破坏(行上的供给平衡和列上的需求平衡均被破坏)。因此同行和同列基变量应该相应减小，从而维持平衡。这一过程可以利用前文介绍的闭回路来解决，就是产生一个以该非基变量 x_{24} 为起点，与其他一些基变量所构成的闭回路。大家知道，这个闭回路在不考虑方向时是唯一的。在这个闭回路上，由于 x_{24} 是奇数点(第一个点)，其数量增加 θ 之后，位于同行和同列的偶数点就应有相同量 θ 的减少；同理，位于与有减少量偶数点同行和同列的奇数点就应有相同量 θ 的增加……因此，这个回路的特点是，在奇数点运量都增加 θ，而偶数点运量均减少相同的量 θ，为了保证得到的新解是一个基本可行解，则应有一个原来的基变量为 0，而其余保持非负。这样，θ 的值就应等于偶数点上各原基变量中取值最小的一个。

上例求新基本可行解的过程如下：

由于 $\sigma_{24} = -1$，寻找一个以非基变量 x_{24} 为起始顶点的闭回路——$\{x_{24},x_{14},x_{13},x_{23}\}$，这个闭回路的其他顶点均为基变量（对应着填上数字的格）。在这个闭回路中，奇数点为 x_{24}、x_{13}；偶数点为 x_{14}、x_{23}（表4-14）。

表4-14 负检验数的非基变量 x_{24} 构成的闭回路

u_i	v_j	-3 B_1	4 B_2	-2 B_3	5 B_4	产量 a_i
5	A_1	3 [1]	11 [2]	3 4	10 3	7
4	A_2	1 3	9 [1]	2 1	8 [−1]	4
0	A_3	7 [10]	4 6	10 [12]	5 3	9
	销量 b_j	3	6	5	6	20

在表4-14的闭回路中，x_{24} 为第一个顶点，无论按什么方向，偶数次顶点为 x_{14} 和 x_{23}，它们对应的调运量分别为 3 和 1，于是取调运量为

$$\theta = \min\{x_{14},x_{23}\} = \min\{3,1\} = 1$$

然后按照下面的步骤进行调运量的调整：

（1）闭回路上的偶数次顶点的调运量减去 θ。

（2）闭回路上的奇数次顶点（包括起始变量）的调运量加上 θ。

（3）非闭回路顶点的其他变量调运量不变。

（4）偶数点上被修改为 0 的变量为出基变量，在新的方案中不再标出其值。但若有两个为零的变量，则只取其一作为出基变量。

这样调整以后，就可以得到一个新的调运方案，进一步用同样的方法计算位势、检验数，如表4-15所示。

表4-15 新的基本可行解、位势、检验数

u_i	v_j	-2 B_1	4 B_2	-2 B_3	5 B_4	产量 a_i
5	A_1	3 [0]	11 [2]	3 (4+1)5	10 (3−1)2	7
3	A_2	1 3	9 [2]	2 (1−1)[1]	8 (0+1)1	4
0	A_3	7 [9]	4 6	10 [12]	5 3	9
	销量 b_j	3	6	5	6	20

表4-15显示，所有的检验数均为非负，因此得到最优解：

$x_{13}=5$，$x_{14}=2$，$x_{21}=3$，$x_{24}=1$，$x_{32}=6$，$x_{34}=3$，其余的 $x_{ij}=0$

最优调运方案的总运费为

$$f = 3\times5 + 10\times2 + 1\times3 + 8\times1 + 4\times6 + 5\times3 = 85$$

注意到表 4-15 中，x_{11} 对应的检验数为 0，可以把它作为主元，再进行换基运算。用同样的方法，可得到另一个基本可行解，如表 4-16 所示。

表 4-16　另一个基本可行解、位势、检验数

u_i	v_j	-2 B_1	4 B_2	-2 B_3	5 B_4	产量 a_i
5	A_1	3 　2	11 　[2]	3 　5	10 　[0]	7
3	A_2	1 　1	9 　[2]	2 　[1]	8 　3	4
0	A_3	7 　[9]	4 　6	10 　[12]	5 　3	9
	销量 b_j	3	6	5	6	20

表 4-16 显示，所有的检验数均非负，因此得到最优解：

$x_{11}=2$，$x_{13}=5$，$x_{21}=1$，$x_{24}=3$，$x_{32}=6$，$x_{34}=3$，其余的 $x_{ij}=0$

最优调运方案的总运费为

$$f=3\times2+3\times5+1\times1+8\times3+4\times6+5\times3=85$$

上面是一种多解的情况，一般在检验数为零的时候出现。

四、产销不平衡问题的处理

在实际中遇到的运输问题常常不是产销平衡的，而是下列的一般运输问题模型：

$$\min f=\sum_{i=1}^{m}\sum_{j=1}^{n}c_{ij}x_{ij}$$

$$\text{s. t.}\begin{cases}\sum_{j=1}^{n}x_{ij}\leqslant s_i & (i=1,2,\cdots,m)\\ \sum_{i=1}^{m}x_{ij}\leqslant d_j & (j=1,2,\cdots,n)\\ x_{ij}\geqslant0 & (i=1,2,\cdots,m;\ j=1,2,\cdots,n)\end{cases}$$

前面已经介绍过，可以通过增加虚设产地或销地（加松弛变量）把问题转换成产销平衡问题。下面分别来讨论。

1. 产量大于销量的情况

考虑 $\sum_{i=1}^{m}s_i>\sum_{j=1}^{n}d_j$ 的运输问题，得到的数学模型为

$$\min f=\sum_{i=1}^{m}\sum_{j=1}^{n}c_{ij}x_{ij}$$

$$\text{s. t.}\begin{cases}\sum_{j=1}^{n}x_{ij}\leqslant s_i & (i=1,2,\cdots,m)\\ \sum_{i=1}^{m}x_{ij}=d_j & (j=1,2,\cdots,n)\\ x_{ij}\geqslant0 & (i=1,2,\cdots,m;\ j=1,2,\cdots,n)\end{cases}$$

只要在模型中的产量限制约束（前 m 个不等式约束）中引入 m 个松弛变量 $x_{i,n+1}(i=1,2,\cdots,m)$ 即可，变为

$$\sum_{j=1}^{n} x_{ij} + x_{i,n+1} = s_i \quad (i=1,2,\cdots,m)$$

然后，需设一个销地 B_{n+1}，它的销量为

$$b_{n+1} = \sum_{i=1}^{m} s_i - \sum_{j=1}^{n} d_j$$

这里，松弛变量 $x_{i,n+1}$ 可以视为从产地 A_i 运往销地 B_{n+1} 的运输量，由于实际并不运送，它们的运费为 $c_{i,n+1}=0(i=1,2,\cdots,m)$，于是，这个运输问题就转化成了一个产销平衡的问题。

例 4-5 某公司从两个产地 A_1、A_2 将物品运往三个销地 B_1、B_2、B_3，各产地的产量、各销地的销量和各产地运往各销地每件物品的运费如表 4-17 所示。

问应如何调运可使总运输费用最小？

表 4-17 运输费用表

产　　地	销　　地			产　　量
	B_1	B_2	B_3	
A_1	13	15	12	78
A_2	11	29	22	45
销　　量	53	36	25	（产销不平衡）

解 这里，总产量为 $78+45=123$，总销量为 $53+36+25=114$，产销不平衡，因此应该增加一个虚设的销地，得到如表 4-18 所示的产销平衡的运输费用表。

表 4-18 虚设销地后的运输费用表

产　　地	销　　地				产　　量
	B_1	B_2	B_3	B_4	
A_1	13	15	12	0	78
A_2	11	29	22	0	45
销　　量	53	36	25	9	123（产销平衡）

计算过程从略。

2. 销量大于产量的情况

考虑 $\sum_{i=1}^{m} s_i < \sum_{j=1}^{n} d_j$ 的运输问题，得到的数学模型为

$$\min f = \sum_{i=1}^{m} \sum_{j=1}^{n} c_{ij} x_{ij}$$

$$\text{s. t.} \begin{cases} \sum_{j=1}^{n} x_{ij} = s_i & (i=1,2,\cdots,m) \\ \sum_{i=1}^{m} x_{ij} \leqslant d_j & (j=1,2,\cdots,n) \\ x_{ij} \geqslant 0 & (i=1,2,\cdots,m; j=1,2,\cdots,n) \end{cases}$$

只要在模型中的销量限制约束（后 n 个不等式约束）中引入 n 个松弛变量 $x_{m+1,j}(j=1,2,\cdots,n)$ 即可，变为

107

$$\sum_{i=1}^{m} x_{ij} + x_{m+1,j} = d_j \quad (j = 1, 2, \cdots, n)$$

然后，需设一个产地 A_{m+1}，它的销量为

$$a_{m+1} = \sum_{j=1}^{n} d_j - \sum_{i=1}^{m} s_i$$

这里，松弛变量 $x_{m+1,j}$ 可以视为从产地 A_{m+1} 运往销地 B_j 的运输量，由于实际并不运送，它们的运费 $c_{m+1,j} = 0 (j = 1, 2, \cdots, n)$。于是，这个运输问题就转化成了一个产销平衡的问题。

例 4-6   某公司从两个产地 A_1、A_2 将物品运往三个销地 B_1、B_2、B_3，各产地的产量、各销地的销量和各产地运往各销地每件物品的运费如表 4-19 所示。

问应如何调运可使总运输费用最小？

表 4-19   运输费用表

产　地	销　地			产　　量
	B_1	B_2	B_3	
A_1	13	15	12	78
A_2	11	29	22	45
销　量	53	36	65	（产销不平衡）

解   这里，总产量为 $78 + 45 = 123$，总销量为 $53 + 36 + 65 = 154$，产销不平衡，因此应该增加一个虚设的产地，得到如表 4-20 所示的产销平衡的运输费用表。

表 4-20   虚设产地后的运输费用表

产　地	销　地			产　　量
	B_1	B_2	B_3	
A_1	13	15	12	78
A_2	11	29	22	45
A_3	0	0	0	31
销　量	53	36	65	154（产销平衡）

计算过程从略。

第三节　运输问题的应用

例 4-7   有 A_1、A_2、A_3 三个生产某种物资的产地，五个地区 B_1、B_2、B_3、B_4、B_5 对这种物资有需求。现要将这种物资从三个产地运往五个需求地区，各产地的产量、各需求地区的需要量和各产地运往各地区每单位物资的运费如表 4-21 所示，其中 B_2 地区的 115 个单位必须满足。

问应如何调运可使总运输费用最小？

解   由于产量小于需求量，因此增加一个虚设的产地 A_4，它的产量为

$$(25 + 115 + 60 + 30 + 70) - (50 + 100 + 130) = 20$$

与这一项有关的运输费用一般为零。

表4-21 运输费用及其他情况表

生 产 地	需求地区					产量 a_i
	B_1	B_2	B_3	B_4	B_5	
A_1	10	15	20	20	40	50
A_2	20	40	15	30	30	100
A_3	30	35	40	55	25	130
需求量 b_j	25	115	60	30	70	（产销不平衡）

又因为其中 B_2 地区的 115 个单位必须满足，即不能有物资从 A_4 运往 B_2 地区，于是取相应的费用为 M（M 是一个充分大的正数），以保证在求最小运输费用的前提下，该变量的值为零。

可以建立如表 4-22 所示的产销平衡的运输费用表。

表4-22 产销平衡的运输费用表

生 产 地	需求地区					产量 a_i
	B_1	B_2	B_3	B_4	B_5	
A_1	10	15	20	20	40	50
A_2	20	40	15	30	30	100
A_3	30	35	40	55	25	130
A_4	0	M	0	0	0	20
需求量 b_j	25	115	60	30	70	300（产销平衡）

计算过程从略。

例4-8 某研究院有 B_1、B_2、B_3 三个区。每年取暖分别需要用煤 3500t、1100t、2400t，这些煤都要由 A_1、A_2 两处煤矿负责供应，价格、质量均相同。A_1、A_2 煤矿的供应能力分别为 1500t、4000t，运价（元/t）如表 4-23 所示。由于需求大于供给，经院研究决定 B_1 区供应量可减少 0～900t，B_2 区必须满足需求量，B_3 区供应量不少于 1600t。试求总费用最低的调运方案。

表4-23 取暖用煤的运输价格表

煤 矿	需求地区			产量 a_i/t
	B_1	B_2	B_3	
A_1	175	195	208	1500
A_2	160	182	215	4000
需求量 b_j/t	3500	1100	2400	（产销不平衡）

解 根据题意以及给定的数据可以看到，这是一个产销不平衡的运输问题，需求量大于生产量。由于 B_1 区供应量可减少 0～900t，B_2 区必须满足需求量，B_3 区供应量不少于 1600t，可以把 B_1 区和 B_3 区分别设为两个区：一个为必须满足需求量的区域，另一个为可以调整供应量的区域。这样，原问题化为五个需求区域 B_1、B_1'、B_2、B_3、B_3' 的问题，同时增加一个虚设的产地 A_3。在运费方面，取 M 代表一个很大的正数，使必须满足需求量区域的相应变量 x_{31}、x_{33}、x_{34} 运费的取值为 M，可调整需求量区域的相应变量 x_{32}、x_{35} 运费的取值

为 0，做出产销平衡的运输价格表（表 4-24）。

表 4-24　取暖用煤的产销平衡运输价格表

煤　矿	需求地区					产量 a_i/t
	B_1	B_1'	B_2	B_3	B_3'	
A_1	175	175	195	208	208	1500
A_2	160	160	182	215	215	4000
A_3	M	0	M	M	0	1500
需求量 b_j/t	2600	900	1100	1600	800	7000（产销平衡）

计算过程从略。

例 4-9　某公司生产一种规格的设备，由于生产与季度有关系，所以各季节的生产能力与成本有差异，如表 4-25 所示。

表 4-25　某种规格设备各季节的生产能力与成本

季　　度	第 1 季度	第 2 季度	第 3 季度	第 4 季度
生产能力/台	500	700	600	200
成本/(万元/台)	9.8	10.5	10.3	10.6

该厂年初签订的合同规定：当年第 1、2、3、4 季度每个季度末分别需要提供 200 台、300 台、500 台、400 台这种规格的设备。如果生产出来的设备当季不交货，每台每积压一个季度需要储存、维护等费用 0.15 万元。试求在完成合同的前提下，使该厂全年生产总费用为最小的决策方案。

解　此问题看起来与运输无关，但可以通过建立和分析运输问题模型来求解。

首先，建立这个问题的线性规划模型：

设 x_{ij} 为第 i 季度生产的第 j 季度交货的设备数目，那么应满足下列约束条件：

交货： x_{11} = 200　　　　　　生产： $x_{11}+x_{12}+x_{13}+x_{14} \leqslant 500$

$\qquad x_{12}+x_{22}$ = 300　　　　　　　　　　$x_{22}+x_{23}+x_{24} \leqslant 700$

$\qquad x_{13}+x_{23}+x_{33}$ = 500　　　　　　　　　　$x_{33}+x_{34} \leqslant 600$

$\qquad x_{14}+x_{24}+x_{34}+x_{44}$ = 400　　　　　　　　　　$x_{44} \leqslant 200$

以及各变量的非负约束条件。

关于目标函数的系数为：

x_{ij} 为第 i 季度生产的第 j 季度交货的设备数目，那么它的系数应是：

$$c_{ij} = 第 i 季度每台的生产成本 + 0.15(j-i)（储存、维护等费用）$$

计算可得

$$c_{11} = 9.8, \quad c_{12} = 9.95, \quad c_{13} = 10.1, \quad c_{14} = 10.25$$

$$c_{22} = 10.5, \quad c_{23} = 10.65, \quad c_{24} = 10.8$$

$$c_{33} = 10.3, \quad c_{34} = 10.45$$

$$c_{44} = 10.6$$

于是得到目标函数：

$$\min \quad f = 9.8x_{11} + 9.95x_{12} + 10.1x_{13} + 10.25x_{14} + 10.5x_{22} + 10.65x_{23} +$$
$$10.8x_{24} + 10.3x_{33} + 10.45x_{34} + 10.6x_{44}$$

把第 i 季度生产的设备数目看作第 i 个生产厂的产量；把第 j 季度交货的设备数目看作第 j 个销售点的销量；把成本加储存、维护等费用看作运费。由于产大于销，虚构一个销地，可构造如表 4-26 所示的产销平衡问题。

表 4-26 某种规格设备各季节的生产、交货费用表

生 产	交 货					生产能力/台
	第 1 季度	第 2 季度	第 3 季度	第 4 季度	虚设交货	
第 1 季度	9.8	9.95	10.1	10.25	0	500
第 2 季度	M	10.5	10.65	10.8	0	700
第 3 季度	M	M	10.3	10.45	0	600
第 4 季度	M	M	M	10.6	0	200
交货量/台	200	300	500	400	600	2000（平衡）

计算过程从略。

例 4-10 某公司有 A_1、A_2 两个分厂生产某种产品，分别供应 B_1、B_2、B_3 三个地区的销售公司。假设两个分厂的产品质量相同，有两个中转站 T_1、T_2，并且物资的运输允许在各产地、各销地及各中转站之间，即可以在 A_1、A_2、B_1、B_2、B_3、T_1、T_2 之间相互转运。有关数据如表 4-27 所示。试求总费用最低的调运方案。

表 4-27 产地、销地及中转站的有关数据、运价（百元/t）

		产 地		中 转 站		销 地			产量/t
		A_1	A_2	T_1	T_2	B_1	B_2	B_3	a_i
产地	A_1		1	2	1	3	11	3	7
	A_2	1		3	5	1	9	2	9
中转站	T_1	2	3		1	2	8	4	
	T_2	1	5	1		4	5	2	
销地	B_1	3	1	2	4		1	4	
	B_2	11	9	8	5	1		2	
	B_3	3	2	4	2	4	2		
销量/t	b_j					4	7	5	

解 从表 4-27 可以看出，从 A_1 到 B_2 直接运价为 11 百元/t；但从 A_1 经 A_2 到 B_2，运价为 $(1+9)$ 百元/t $= 10$ 百元/t；而从 A_1 经 T_2 到 B_2 只需 $(1+5)$ 百元/t $= 6$ 百元/t；若从 A_1 到 A_2 再经 B_1 到 B_2 仅需 $(1+1+1)$ 百元/t $= 3$ 百元/t。可见转运问题比一般运输问题复杂。现在把此转运问题化成一般运输问题，要做如下处理：

（1）由于问题中的所有产地、中转站、销地都可以看成产地，也可以看成销地，因此整个问题可以看成一个有七个产地、七个销地的扩大的运输问题。

（2）对扩大了的运输问题建立运价表，将表中不可能的运输方案用任意大的正数 M 代替。

（3）所有中转站的产量等于销量，即流入量等于流出量。由于运费最低时不可能出现一批物资来回倒运的现象，所以每个中转站的转运量不会超过16t，可以规定 T_1、T_2 的产量和销量均为16t。因此实际的转运量为

$$\sum_{j=1}^{n} x_{ij} \leq s_i \quad (i = 1, 2, \cdots, m)$$

$$\sum_{i=1}^{m} x_{ij} \leq d_j \quad (j = 1, 2, \cdots, n)$$

这里 s_i 表示 i 点的流出量，d_j 表示 j 点的流入量，对中转站来说，按上面的规定 $s_i = d_j = 16t$。

这样可以在每个约束条件中增加一个松弛变量 x_{ii}，x_{ii} 相当于一个虚构的中转站，其意义就是自己运给自己。$16 - x_{ii}$ 就是每个中转站的实际转运量，x_{ii} 的对应运价 $c_{ii} = 0$。

（4）扩大了的运输问题中原来的产地与销地由于也具有转运作用，所以同样在原来的产量与销量的数字上加上16t，即两个分厂的产量改为23t、25t，销量均为16t；三个销地的销量改为20t、23t、21t，产量均为16t，同时引进 x_{ii} 为松弛变量。于是可以得到带有中转站的产销平衡运输表（表4-28）。

表4-28　带有中转站的产销平衡运输表

		产 地		中 转 站		销 地			产 量/t
		A_1	A_2	T_1	T_2	B_1	B_2	B_3	a_i
产地	A_1	0	1	2	1	3	11	3	23
	A_2	1	0	3	5	1	9	2	25
中转站	T_1	2	3	0	1	2	8	4	16
	T_2	1	5	1	0	4	5	2	16
销地	B_1	3	1	2	4	0	1	4	16
	B_2	11	9	8	5	1	0	2	16
	B_3	3	2	4	2	4	2	0	16
销量/t	b_j	16	16	16	16	20	23	21	128（平衡）

计算过程从略。

本 章 小 结

运输问题是一类特殊的线性规划问题，在工商管理领域有着广泛的应用，也是目前企业提升核心竞争力、提高物流配送效率的热点问题。

运输问题的模型在结构上有其自身的特点，可以用比单纯形法更有针对性，也更为简便的解法——表上作业法来求解。初始基本可行解可以用西北角法和最小元素法来确定；基本可行解的最优性检验原理与单纯形法一样，方法有闭回路法和位势法，其中闭回路法思路简单，含义清晰，可以与单纯形法检验数的概念建立直接联系，缺点是变量个数较多时，寻找闭回路和计算都比较麻烦，位势法计算相对简单，但在含义的理解上较抽象。新的基本可行解的求解可以用与非基变量相关的闭回路上运量的调整来实现，其实质与单纯形法是一样的。当所有检验数都大于或等于零时求得运输问题的最优方案。

本章知识导图如下：

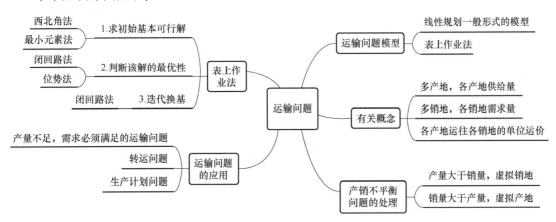

本章学习与教学思路建议

本章的重点在于引导学生在线性规划单纯形法思路的基础上，掌握表上作业法中几个主要概念：

运输费用——变量表为运算的基础；

基本可行解——基变量个数为 $m+n-1$，不构成闭回路；

检验数——闭回路法、位势法（讲解或学习时可考虑重点掌握其中一种）；

换基——以非正检验数格为起点的其他顶点均为基变量格的闭回路，该闭回路偶格顶点中运输量最小者记为 θ，闭回路偶格顶点运输量减去 θ（那个最小运输量格对应的变量成为非基变量），闭回路奇格顶点的运输量加 θ（起点格对应变量是非基变量，它原来的运输量为 0，计算后运输量变为 θ，转换为基变量）。

运输问题建模中应注意：在运筹学里，运输问题已成为一类模型，是一种有效解决这类问题的方法。因此，这里运输问题不等同于实践中的运输问题，实践中的运输问题可能复杂得多，不可能简单地用这个模型求解；而实践中有许多情况，如书中的例题，虽然与运输无关，却可以用求解运输问题的方法求解。

习 题

1. 某公司生产某种产品有三个产地 A_1、A_2、A_3，要把产品运送到四个销售点 B_1、B_2、B_3、B_4 去销售。各产地的产量、各销地的销量和各产地运往各销地的运费（百元/t）如表 4-29 所示。问应如何调运，可使得总运输费最低？

表 4-29 某产品运输数据表

产 地	销 地				产 量/t
	B_1	B_2	B_3	B_4	
A_1	5	11	8	6	750
A_2	10	19	7	10	210
A_3	9	14	13	15	600
销 量/t	350	420	530	260	1560（产销平衡）

（1）分别用西北角法和最小元素法求初始基本可行解。

（2）在上面最小元素法求得的初始基本可行解的基础上，用两种方法求出各非基变量的检验数。

（3）进一步求解这个问题。

2. 用表上作业法求解下列运输问题（表 4-30～表 4-32）：

（1）

表 4-30　运输问题数据表

产　地	销　地				产　量
	B_1	B_2	B_3	B_4	
A_1	8	4	7	2	90
A_2	5	8	3	5	100
A_3	7	7	2	9	120
销　量	70	50	110	80	

（2）

表 4-31　运输问题数据表

产　地	销　地				产　量
	B_1	B_2	B_3	B_4	
A_1	18	14	17	12	100
A_2	5	8	13	15	100
A_3	17	7	12	9	150
销　量	50	70	60	80	

（3）

表 4-32　运输问题数据表

产　地	销　地					产　量
	B_1	B_2	B_3	B_4	B_5	
A_1	8	6	3	7	5	20
A_2	5	—	8	4	7	30
A_3	6	3	9	6	8	30
销　量	25	25	20	10	20	

3. 某公司在三个地方的分厂 A_1、A_2、A_3 生产同一种产品，需要把产品运送到四个销售点 B_1、B_2、B_3、B_4 去销售。各分厂的产量、各销地的销量和各分厂运往各销地每箱产品的运费（百元）如表 4-33 所示。问应如何调运，可使得总运输费最低？

表 4-33　某产品运输数据表

产　地	销　地				产量/t
	B_1	B_2	B_3	B_4	
A_1	21	17	23	25	300
A_2	10	15	30	19	400
A_3	23	21	20	22	500
销量/t	400	250	350	200	

4. 某厂考虑安排某种产品在今后 4 个月的生产计划，已知各月工厂的情况如表 4-34 所示。试建立运输问题模型，求使总成本最少的生产计划。

表 4-34 各月工厂的情况

项 目	计 划 月			
	第 1 月	第 2 月	第 3 月	第 4 月
单件生产成本/元	10	12	14	16
每月需求量/件	400	800	900	600
正常生产能力/件	700	700	700	700
加班能力/件	0	200	200	0
加班单件成本/元	15	17	19	21
单件库存费用/元	3	3	3	3

5. 光明仪器厂生产电脑绣花机是以产定销的。已知 1 ~ 6 月各月的生产能力、合同销量和单台电脑绣花机平均生产费用如表 4-35 所示。

表 4-35 1 ~ 6 月各月的生产能力、合同销量和单台电脑绣花机平均生产费用

月 份	项 目			
	正常生产能力/台	加班生产能力/台	销量/台	单台费用/万元
1 月	60	10	104	15
2 月	50	10	75	14
3 月	90	20	115	13.5
4 月	100	40	160	13
5 月	100	40	103	13
6 月	80	40	70	13.5

已知上一年年末库存 103 台电脑绣花机，如果当月生产出来的绣花机当月不交货，则需要运到分厂库房，每台增加运输成本 0.1 万元，每台绣花机每月的平均仓储费、维护费为 0.2 万元。7 ~ 8 月为销售淡季，全厂停产 1 个月，因此在 6 月完成销售合同后还要留出库存 80 台。加班生产每台增加成本 1 万元。问应如何安排 1 ~ 6 月的生产，可使的总的生产费用(包括运输、仓储、维护)最少？

第五章

动 态 规 划

本章内容要点

- 多阶段决策过程的最优化；
- 动态规划的基本概念和基本原理；
- 动态规划方法的基本步骤；
- 动态规划方法应用举例。

核心概念

- 动态规划　Dynamic Programming
- 多阶段决策过程　Multiple-stage Decision Process
- k 部子过程　k rear of the sub-processes
- 最优化原理　Optimality Principle
- 阶段　Stage
- 状态变量　State Variable
- 可能状态集合　Possible State Set
- 决策变量　Decision Variable
- 允许决策集合　Permissible Decision Set
- 策略　Tactics
- 最优策略　Optimal Strategy
- 状态转移方程　State Transition Equation
- 阶段指标函数　Stage Indicator Function
- 过程指标函数　Process Indicator Function
- 递推公式　Recurrence Equation

【案例导引】

案例 5-1　某运输公司拟将一大型设备从图 5-1 所示交通网络的 A 点运输到 F 点，试求从 A 到 F 的最短路径。

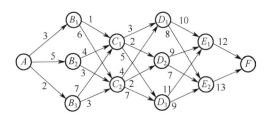

图 5-1　交通网络图示

案例 5-2　某企业生产某种产品，每月月初按订货单发货，生产的产品随时入库，由于空间的限制，仓库最多能够储存产品 90 千件。在上半年(1~6月)其生产成本和产品订单的需求量情况如表 5-1 所示。

表 5-1　某企业上半年(1~6月)生产成本和产品订单的需求量

成本与需求	月份 (k)					
	1 月	2 月	3 月	4 月	5 月	6 月
生产成本(c_k)/(万元/千件)	2.1	2.8	2.3	2.7	2.0	2.5
需求量(r_k)/千件	35	63	50	32	67	44

已知上一年年底库存量为 40 千件，要求 6 月底库存量仍能够保持 40 千件。

问如何安排这 6 个月的生产量，使其既能满足各月的订单需求，同时生产成本最低？

案例思考题：

(1) 分析上面案例的共同特点是什么？提炼问题特征。思考实际中有哪些类似的情况？

(2) 对于这类问题，我们关心哪些事情？难点在哪里？在实践中，我们可以进一步做些什么有益的工作？

动态规划(Dynamic Programming)是运筹学的一个重要分支，是分析解决多阶段决策过程最优化问题的一种方法。这种方法是由美国数学家 R. 贝尔曼(R. Bellman)等人在 20 世纪 50 年代初提出的。他们针对多阶段决策问题的特点，提出了解决这类问题的最优化原理(Optimality Principle)，并成功地解决了生产管理、工程技术等方面的许多实际问题，从而建立了运筹学的一个新分支，即动态规划。1957 年，R. 贝尔曼发表了动态规划方面的第一本专著《动态规划》。

动态规划适用的范围十分广泛，几乎可以涉足运筹学的所有分支。例如，它可用于解决资源分配问题、运输问题、生产计划、投资策略、可靠性理论、设备更新、库存问题、网络问题、经济计划以及生产过程的最优控制问题等。由于它有独特的解题思路，在处理某些优化问题时，比线性规划或非线性规划方法更有效。

动态规划模型的类型根据多阶段决策过程的不同可有很多种，例如，根据决策变量时间上的变化分为连续型与离散型 2 种；根据决策过程性质分为确定型与随机型 2 类；根据决策的相互关系分为时间的(即决策过程具有时间变化的动态型)与空间的(即决策过程没有时间变化的静态型)，此外还有阶段的个数是有限的与无限的，确定的与不确定的等。由于实际问题常常是复合的，因而动态规划模型的类型也会有很多种组合。下面我们主要研究动态与静态确定型的决策过程，不过，由此而建立的概念、理论和方法，也是整个动态规划的基本内容。

第一节　多阶段决策过程的最优化

一、多阶段决策问题

动态规划是把多阶段决策问题作为研究对象。所谓多阶段决策问题，是指这样一类活动过程：根据问题本身的特点，可以将其求解的全过程划分为若干个相互联系的阶段（即将问题划分为许多个相互联系的子问题），在它的每一阶段都需要做出决策，并且在一个阶段的决策确定以后再转移到下一个阶段。往往前一个阶段的决策会影响后一个阶段的决策，从而影响整个过程。人们把这样的决策过程称为多阶段决策过程（Multiple-stage Decision Process）。各个阶段所确定的决策就构成了一个决策序列，称为一个策略（Tactics）。一般来说，由于每一阶段可供选择的决策往往不止一个，因此，对于整个过程就会有许多可供选择的策略。若对应于一个策略，可以由一个量化的指标来确定这个策略所对应的活动过程的效果，那么，不同的策略就有各自的效果。在所有可供选择的策略中，对应效果最好的策略称为最优策略。把一个问题划分成若干个相互联系的阶段选取其最优策略，这类问题就是多阶段决策问题。

多阶段决策过程最优化的目标是要达到整个活动过程的总体效果最优。由于各阶段决策间有机地联系着，本阶段决策的执行将会影响下一阶段的决策，以至于影响总体效果，所以决策者在每阶段决策时不应仅考虑本阶段最优，还应考虑对最终目标的影响，从而做出对全局来说最优的决策。动态规划就是符合这种要求的一种决策方法。

由上述可知，动态规划方法与"时间"关系很密切，随着时间过程的发展而决定各时段的决策，产生一个决策序列，这就是"动态"的意思。然而它也可以处理与时间无关的静态问题，只要在问题中人为地引入"时段"因素，就可以将其转化为一个多阶段决策问题。在本章中将介绍这种处理方法。

二、多阶段决策问题举例

属于多阶段决策类的问题很多，例如：

（1）工厂生产过程。由于市场需求是一个随着时间而变化的因素，因此，为了取得全年最佳经济效益，就要在全年的生产过程中逐月或者逐季度地根据库存和需求情况决定生产计划安排。

（2）设备更新问题。一般企业用于生产活动的设备，刚买来时故障少，经济效益高，即使进行转让，处理价值也高。随着使用年限的增加，就会逐渐变得故障多，维修费用增加，可正常使用的工时减少，加工质量下降，经济效益变差，并且使用的年限越长处理价值也越低，自然，如果卖去旧的买新的，还需要付出更新费。因此就需要综合权衡决定设备的使用年限，使总的经济效益最好。

（3）连续生产过程的控制问题。一般化工生产过程中，常包含一系列完成生产过程的设备，前一工序设备的输出则是后一工序设备的输入，因此，应该根据各工序的运行工况，控制生产过程中各设备的输入和输出，使总产量最大。

以上所举问题的发展过程都与时间因素有关，因此在这类多阶段决策问题中，阶段的划分常取时间区段来表示，并且各个阶段上的决策往往也与时间因素有关，这就使它具有了"动态"的含义，所以把处理这类动态问题的方法称为动态规划方法。不过，实际中尚有许多不包含时间因素的一类"静态"决策问题，就其本质而言是一次决策问题，是非动态决策问题，但是也可以人为地引入阶段的概念，当作多阶段决策问题，应用动态规划方法加以解决。

（4）资源分配问题。这类问题便属于静态问题。如某工业部门或公司，拟对其所属企业进行稀缺资源分配，为此需要制订收益最大的资源分配方案。这种问题原本要求一次确定出对各企业的资源分配量，它与时间因素无关，不属于动态决策。但是，我们可以人为地规定一个资源分配的阶段和顺序，从而使其变成一个多阶段决策问题(后面将详细讨论这个问题)。

（5）运输网络问题。如图 5-2 所示的运输网络，点间连线上的数字表示两地距离(运费、行程、时间等)，要求从 v_1 至 v_{10} 的路线最短(运费最小、时间最短)。

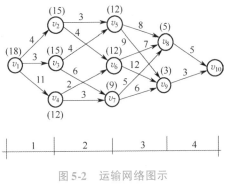

图 5-2 运输网络图示

这种运输网络问题也是静态决策问题。但是，按照网络中点的分布，可以把它分为四个阶段，作为多阶段决策问题来研究。

此外，某些整数规划和非线性规划问题，也可以当作多阶段决策问题，应用动态规划方法求解。

三、动态规划求解的多阶段决策问题的特点

通常，多阶段决策过程的发展是通过状态的一系列变换来实现的。一般情况下，系统在某个阶段的状态转换除与本阶段的状态和决策有关外，还可能与系统过去经历的状态和决策有关。因此，问题的求解就比较困难复杂。而适合用动态规划方法求解的只是一类特殊的多阶段决策问题，即具有"无后效性"的多阶段决策过程。所谓无后效性，又称马尔可夫性，是指系统从某个阶段往后的发展，仅由本阶段所处的状态及其往后的决策所决定，与系统以前经历的状态和决策(历史)无关。

具有无后效性的多阶段决策过程的特点是系统过去的历史，只能通过现阶段的状态去影响系统的未来，当前的状态就是过程往后发展的初始条件。

为了衡量执行了某个决策之后达到目的的程度，通常人们在决策前预先规定各种衡量决策效果的判据指标，称为目标函数或效应函数。多阶段决策过程的目标函数值是由多次决策的效应综合形成的。

四、动态规划方法导引

例 5-1　为了说明动态规划的基本思想方法和特点，下面以图 5-2 所示为例讨论求最短路径问题的方法。

第一种方法称作全枚举法或穷举法。它的基本思想是列举出所有可能发生的方案和结果，再对它们一一进行比较，求出最优方案。这里从 v_1 到 v_{10} 的路程可以分为四个阶段。第

一阶段的走法有三种,第二阶段、第三阶段的走法各有两种,第四阶段的走法仅一种,因此共有 $3 \times 2 \times 2 \times 1 = 12$ 条可能的路线,分别算出各条路线的距离,最后进行比较,可知最优路线是 $v_1 \rightarrow v_3 \rightarrow v_7 \rightarrow v_9 \rightarrow v_{10}$,最短距离是18。

显然,当组成交通网络的节点很多时,用穷举法求最优路线的计算工作量将会十分庞大,而且其中包含着许多重复计算。

第二种方法即所谓"局部最优路径"法,如某人从某点出发,他并不顾及全线是否最短,只是选择当前最短途径,"逢近便走",错误地以为局部最优会导致整体最优。在这种思想指导下,所取决策必是 $v_1 \rightarrow v_3 \rightarrow v_5 \rightarrow v_8 \rightarrow v_{10}$,全程长度是20。显然,这种方法的结果经常是错误的。

第三种方法是动态规划方法。动态规划方法寻求该最短路径问题的基本思想是:首先将问题划分为四个阶段,每次的选择总是综合后继过程的一并最优进行考虑,在各阶段所有可能状态的最优后继过程都已求得的情况下,全程的最优路线便也随之得到。

为了找出所有可能状态的最优后继过程,动态规划方法总是从过程的最后阶段开始考虑,然后逆着实际过程发展的顺序,逐段向前递推计算直至始点 v_1。具体说,此问题先从 v_{10} 开始,因为 v_{10} 是终点。再无后继过程,故可以接着考虑第四阶段上所有的可能状态 v_8、v_9 的最优后续过程。因为从 v_8、v_9 到 v_{10} 的路线是唯一的,所以 v_8、v_9 的最优决策和最优后继过程就是到 v_{10},它们的最短距离分别是5和3。

接着考虑第三阶段上可能的状态 v_5、v_6、v_7 到 v_{10} 的最优决策和最优后继过程。在状态 v_5 上,虽然到 v_8 是8,到 v_9 是9,但是综合考虑后继过程整体最优,取最优决策是到 v_9,最优后继过程是 $v_5 \rightarrow v_9 \rightarrow v_{10}$,最短距离是12。同理,状态 v_6 的最优决策是到 v_8,v_7 的最优决策是到 v_9。

同样,当第三阶段上所有可能状态的最优后继过程都已求得后,便可以开始考虑第二阶段上所有可能状态的最优决策和最优后继过程,如 v_2 的最优决策是到 v_5,最优路线是 $v_2 \rightarrow v_5 \rightarrow v_9 \rightarrow v_{10}$,最短距离是15。以此类推,最后可以得到从初始状态 v_1 的最优决策是到 v_3,最优路线是 $v_1 \rightarrow v_3 \rightarrow v_7 \rightarrow v_9 \rightarrow v_{10}$,全程的最短距离是18。图5-2中带箭头的粗实线表示各点到 v_{10} 的最优路线,每点上圆括号内的数字表示该点到终点的最短距离。

综上所述,全枚举法虽然可以找出最优方案,但不是个好算法,局部最优法则完全是个错误方法,只有动态规划方法属较科学有效的算法。它的基本思想是,把一个比较复杂的问题分解为一系列同类型的更易求解的子问题,便于应用计算机。整个求解过程分为两个阶段,先按整体最优的思想逆序地求出各个子问题中所有可能状态的最优决策与最优路线值,然后再顺序地求出整个问题的最优策略和最优路线。在计算过程中,系统地删去了所有中间非最优的方案组合,从而使计算工作量比穷举法大为减少。

第二节　动态规划的基本概念和基本原理

一、动态规划的基本概念

使用动态规划方法解决多阶段决策问题,首先要将实际问题写成动态规划模型,同时也是为了今后叙述和讨论方便。这里需要对动态规划的一些基本术语进一步加以说明和定义。

1. 阶段和阶段变量

为了便于求解和表示决策及过程的发展顺序，把所给问题恰当地划分为若干个相互联系又有区别的子问题，称之为多阶段决策问题的阶段（Stage）。一个阶段就是需要做出一个决策的子问题。通常，阶段是按决策进行的时间或空间上的先后顺序划分的。用以描述阶段的变量叫作阶段变量，一般以 k 表示。阶段数等于多段决策过程从开始到结束所需做出决策的数目，图 5-2 所示的最短路径问题就是一个四阶段决策过程。

2. 状态、状态变量和可能状态集合

（1）状态与状态变量。用以描述事物（或系统）在某特定的时间与空间域中所处位置及运动特征的量，称为状态。反映状态变化的量叫作状态变量（State Variable）。状态变量必须包含在给定的阶段上确定全部允许决策所需要的信息。按照过程进行的先后，每个阶段的状态可分为初始状态和终止状态，或称输入状态和输出状态，阶段 k 的初始状态记作 s_k，终止状态记作 s_{k+1}。但为了清楚起见，通常定义阶段的状态即指其初始状态。

（2）可能状态集合。一般状态变量的取值有一定的范围或允许集合，称为可能状态集合（Possible State Set），或可达状态集合。可能状态集合实际上是关于状态的约束条件。通常，可能状态集合用相应阶段状态 s_k 的大写字母 S_k 表示，$s_k \in S_k$，可能状态集合可以是一个离散取值的集合，也可以为一个连续的取值区间，视具体问题而定。在图 5-2 所示的最短路问题中，第一阶段状态为 v_1，状态变量 s_1 的可能状态集合 $S_1 = \{v_1\}$；第二阶段则有三个状态：v_2、v_3、v_4，状态变量 s_2 的可能状态集合 $S_2 = \{v_2, v_3, v_4\}$；第三阶段也有三个状态：v_5、v_6、v_7，状态变量 s_3 的可能状态集合 $S_3 = \{v_5, v_6, v_7\}$；第四阶段则有两个状态：v_8、v_9，状态变量 s_4 的可能状态集合 $S_4 = \{v_8, v_9\}$。

3. 决策、决策变量和允许决策集合

所谓决策，就是确定系统过程发展的方案。决策的实质是关于状态的选择，是决策者从给定阶段状态出发对下一阶段状态做出的选择。

用以描述决策变化的量称为决策变量（Decision Variable）。和状态变量一样，决策变量可以用一个数、一组数或一个向量来描述，也可以是状态变量的函数，记作 $u_k = u_k(s_k)$，表示 k 阶段状态 s_k 时的决策变量。

决策变量的取值往往也有一定的容许范围，称为允许决策集合（Permissible Decision Set）。决策变量 $u_k(s_k)$ 的允许决策集合用 $U_k(s_k)$ 表示，$u_k(s_k) \in U_k(s_k)$，允许决策集合实际是决策的约束条件。

4. 策略和允许策略集合

策略（Policy）也叫决策序列，有全过程策略和 k 部子策略之分。全过程策略是指具有 n 个阶段的全部过程，由依次进行的 n 个阶段决策构成的决策序列，简称策略，表示为 $p_1 = \{u_1, u_2, \cdots, u_n\}$。从第 k 阶段到第 n 阶段，依次进行的阶段决策构成的决策序列称为 k 部子策略，表示为 $p_k = \{u_k, u_{k+1}, \cdots, u_n\}$。显然，当 $k = 1$ 时的 k 部子策略就是全过程策略。

在实践中，由于在各个阶段可供选择的决策有许多个，因此，它们的不同组合就构成了许多可供选择的决策序列（策略）。由它们组成的集合称为允许策略集合，记作 P_k。从允许策略集合中，找出具有最优效果的策略称为最优策略（Optimal Strategy）。

5. 状态转移方程

系统在阶段 k 处于状态 s_k，执行决策 $u_k(s_k)$ 的结果是系统状态的转移，即系统由阶段 k

的初始状态 s_k 转移到终止状态 s_{k+1}，或者说，系统由阶段 k 的状态 s_k 转移到了阶段 $k+1$ 的状态 s_{k+1}，多阶段决策过程的发展就是用阶段状态的相继演变来描述的。

对于具有无后效性的多阶段决策过程，系统由阶段 k 到阶段 $k+1$ 的状态转移完全由阶段 k 的状态 s_k 和决策 $u_k(s_k)$ 所确定，与系统过去的状态 s_1，s_2，$\cdots$，s_{k-1} 及其决策 $u_1(s_1)$，$u_2(s_2)$，$\cdots$，$u_{k-1}(s_{k-1})$ 无关。系统状态的这种转移，用数学公式描述即有

$$s_{k+1} = T_k(s_k, u_k(s_k)) \tag{5-1}$$

通常称式（5-1）为多阶段决策过程的状态转移方程（State Transition Equation）。有些问题的状态转移方程不一定存在数学表达式，但是它们的状态转移还是有一定规律可循的。

6. 指标函数

用来衡量策略或子策略或决策的效果的某种数量指标，称为指标函数。它是定义在全过程或各子过程或各阶段上的确定数量函数。对不同的问题，指标函数可以是诸如费用、成本、产值、利润、产量、耗量、距离、时间、效用等。例如，图 5-2 的指标就是运费。

（1）阶段指标函数（Stage Indicator Function）（也称阶段效应）。用 $g_k(s_k, u_k)$ 表示第 k 阶段处于 s_k 状态且所做决策为 $u_k(s_k)$ 时的指标，则它就是第 k 阶段的指标函数，简记为 g_k。图 5-2 的 g_k 值就是从状态 s_k 到状态 s_{k+1} 的距离。如 $g_2(v_2, v_5) = 3$，即 v_2 到 v_5 的距离为 3。

（2）过程指标函数（Process Indicator Function）（也称目标函数）。用 $R_k(s_k, P_k)$ 表示第 k 子过程的指标函数。如图 5-2 中的 $R_k(s_k, P_k)$ 表示处于第 k 阶段 s_k 状态且所做决策为 u_k 时，从 s_k 点到终点 v_{10} 的距离。由此可见，$R_k(s_k, P_k)$ 不仅跟当前状态 s_k 有关，还跟该子过程策略 $p_k(s_k)$ 有关，因此它是 s_k 和 $p_k(s_k)$ 的函数，严格说来，应表示为 $R_k(s_k, p_k(s_k))$。不过实际应用中往往表示为 $R_k(s_k, P_k)$ 或 $R_k(s_k)$，还跟第 k 子过程上各段指标函数有关，过程指标函数 $R_k(s_k)$ 通常是描述所实现的全过程或 k 后部子过程效果优劣的数量指标，是由各阶段的阶段指标函数 $g_k(s_k, u_k)$ 累积形成的，适于用动态规划求解问题的过程指标函数（即目标函数），必须具有关于阶段指标的可分离形式。对于 k 部子过程（k-rear of the sub-process）的指标函数可以表示为

$$\begin{aligned} R_k(s_k) &= R_k(s_k, u_k, s_{k+1}, u_{k+1}, \cdots, s_n, u_n) \\ &= g_k(s_k, u_k) \oplus g_{k+1}(s_{k+1}, u_{k+1}) \oplus \cdots \oplus g_n(s_n, u_n) \end{aligned} \tag{5-2}$$

式中，$\oplus$ 表示某种运算，可以是加、减、乘、除、开方等。

在多阶段决策问题中，常见的目标函数形式之一是取各阶段效应之和的形式。即

$$R_k(s_k) = \sum_{i=k}^{n} g_i(s_i, u_i) \tag{5-3}$$

有些问题，如系统可靠性问题，其目标函数是取各阶段效应的连乘积形式。如：

$$R_k(s_k) = \prod_{i=k}^{n} g_i(s_i, u_i) \tag{5-4}$$

总之，具体问题的目标函数表达形式需要视具体问题而定。

7. 最优解

用 $f_k(s_k)$ 表示第 k 子过程指标函数 $R_k(s_k, p_k(s_k))$ 在 s_k 状态下的最优值。即

$$f_k(s_k) = \operatorname*{opt}_{p_k \in P_k(s_k)} \{R_k(s_k, p_k(s_k))\} \quad (k = 1, 2, \cdots, n)$$

称 $f_k(s_k)$ 为第 k 子过程上的最优指标函数；与它相对应的子策略称为 s_k 状态下的最优子策

略，记为 $p_k^*(s_k)$；而构成该子策略的各段决策称为该过程上的最优决策，记为 $u_k^*(s_k)$，$u_{k+1}^*(s_{k+1})$，$\cdots$，$u_n^*(s_n)$。有

$$p_k^*(s_k) = \{u_k^*(s_k), u_{k+1}^*(s_{k+1}), \cdots, u_n^*(s_n)\} \quad (k=1,2,\cdots,n)$$

简记为

$$p_k^* = \{u_k^*, u_{k+1}^*, \cdots, u_n^*\} \quad (k=1,2,\cdots,n)$$

特别当 $k=1$ 且 s_1 取值唯一时，$f_1(s_1)$ 就是问题的最优值，而 p_1^* 就是最优策略。如例 5-1 只有唯一始点 v_1，即 s_1 取值唯一，故 $f_1(s_1)=18$ 就是例 5-1 的最优值，而

$$p_1^* = \{v_3, v_7, v_9, v_{10}\}$$

就是例 5-1 的最优策略。

但若 s_1 取值不唯一，则问题的最优值记为 f_0^*，有

$$f_0^* = \underset{s_1 \in S_1}{\mathrm{opt}} \{f_1(s_1)\} = f_1(s_1 = s_1^*)$$

最优策略即为 $s_1 = s_1^*$ 状态下的最优策略：

$$p_1^*(s_1 = s_1^*) = \{u_1^*(s_1^*), u_2^*, \cdots, u_n^*\}$$

把最优策略和最优值统称为问题的最优解。

按上述定义，所谓最优决策 $u_k^*(k=1,2,\cdots,n)$，是指它们在全过程上整体最优（即所构成的全过程策略为最优），而不一定在各阶段上单独最优。

8. 多阶段决策问题的数学模型

综上所述，适于应用动态规划方法求解的一类多阶段决策问题，亦即具有无后效性的多阶段决策问题的数学模型呈以下形式：

$$f = \underset{u_1 \sim u_n}{\mathrm{opt}} R = R(s_1, u_1, s_2, u_2, \cdots, s_n, u_n)$$

$$\mathrm{s.\,t.} \begin{cases} s_{k+1} = T_k(s_k, u_k) \\ s_k \in S_k \\ u_k \in U_k \\ k = 1, 2, \cdots, n \end{cases} \tag{5-5}$$

式中，"opt" 表示最优化，视具体问题取 max 或 min。

上述数学模型说明了对于给定的多阶段决策过程，求取一个（或多个）最优策略或最优决策序列 $\{u_1^*, u_2^*, \cdots, u_n^*\}$，使之既满足式(5-5)给出的全部约束条件，又使式(5-5)所示的目标函数取得极值，并且同时指出执行该最优策略时，过程状态演变序列即最优路线 $\{s_1^*, s_2^*, \cdots, s_n^*, s_{n+1}^*\}$。

二、动态规划的最优化原理与基本方程

1. 标号法

为进一步阐明动态规划方法的基本思路，这里介绍一种只适用于例 5-1 这类最优路线问题的特殊解法——标号法。标号法是借助网络图通过分段标号来求出最优路线的一种简便、直观的方法。通常标号法采取"逆序求解"的方法来寻找问题的最优解，即从最后阶段开始，逐次向阶段数小的方向推算，最终求得全局最优解。

下面给出标号法的一般步骤：

（1）从最后一段标起，该阶段各状态（即各始点）到终点的距离用数字分别标在各点上方的圆括号内，并用粗箭线连接各点和终点。

（2）向前递推，给前一阶段的各个状态标号。每个状态上方或下方圆括号内的数字表示该状态到终点的最短距离，即为该状态到该阶段已标号的各终点的段长，再分别加上对应终点上方的数字而取其最小者。将刚标号的点沿着最短距离所对应的已标号的点用粗箭线连接起来，表示各刚标号的点到终点的最短路线。

（3）逐次向前递推，直到将第一阶段的状态（即起点）也标号，起点圆括号内的数字就是起点到终点的最短距离，从起点开始连接终点的粗箭线就是最短路线。

例 5-2　网络图 5-3 表示某城市的局部道路分布图。货运汽车从 S 出发，最终到达目的地 E。其中，$A_i(i=1,2,3)$、$B_j(j=1,2)$ 和 $C_k(k=1,2)$ 是可供汽车选择的途经站点，各点连线上的数字表示两个站点间的距离。问此汽车应走哪条路线，使所经过的路程距离最短？

解　第一步，先考虑第四阶段，即 $k=4$，该阶段共有两个状态：C_1、C_2，设 $f_4(C_1)$ 和 $f_4(C_2)$ 分别表示 C_1、C_2 到 E 的最短距离，显然有 $f_4(C_1)=5$ 和 $f_4(C_2)=8$，边界条件 $f_5(E)=0$。

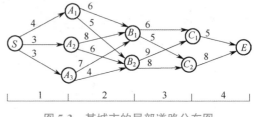

图 5-3　某城市的局部道路分布图

第二步，即 $k=3$，该阶段共有两个状态：B_1、B_2。

（1）从 B_1 出发有两种决策：$B_1 \to C_1$，$B_1 \to C_2$。记 $d_3(B_1,C_1)$ 表示 B_1 到 C_1 的距离，即这里的每一种决策的阶段指标函数就是距离，所以 $B_1 \to C_1$ 的阶段指标函数为 $d_3(B_1,C_1)=6$，$B_1 \to C_2$ 的阶段指标函数为 $d_3(B_1,C_2)=5$。因此，有 $f_3(B_1)=\min\{d_3(B_1,C_1)+f_4(C_1),d_3(B_1,C_2)+f_4(C_2)\}=\min\{6+5,5+8\}=11$。那么，从 B_1 出发到 E 的最短路线是 $B_1 \to C_1 \to E$，对应的决策 $u_3(B_1)=C_1$。

（2）从 B_2 出发也有两种决策：$B_2 \to C_1$，$B_2 \to C_2$。同理，有 $f_3(B_2)=\min\{d_3(B_2,C_1)+f_4(C_1),d_3(B_2,C_2)+f_4(C_2)\}=\min\{9+5,8+8\}=14$，那么，从 B_2 出发到 E 的最短路线是 $B_2 \to C_1 \to E$，且 $u_3(B_2)=C_1$。

第三步，即 $k=2$，该阶段共有三个状态：A_1、A_2、A_3。

（1）从 A_1 出发有两种决策：$A_1 \to B_1$，$A_1 \to B_2$，则 $f_2(A_1)=\min\{d_2(A_1,B_1)+f_3(B_1),d_2(A_1,B_2)+f_3(B_2)\}=\min\{6+11,5+14\}=17$，即 A_1 到 E 的最短路线为 $A_1 \to B_1 \to C_1 \to E$，且 $u_2(A_1)=B_1$。

（2）从 A_2 出发也有两种决策：$A_2 \to B_1$，$A_2 \to B_2$。此时，$f_2(A_2)=\min\{d_2(A_2,B_1)+f_3(B_1),d_2(A_2,B_2)+f_3(B_2)\}=\min\{8+11,6+14\}=19$，即 A_2 到 E 的最短路线为 $A_2 \to B_1 \to C_1 \to E$，且 $u_2(A_2)=B_1$。

（3）从 A_3 出发也有两种决策：$A_3 \to B_1$，$A_3 \to B_2$。此时，$f_2(A_3)=\min\{d_2(A_3,B_1)+f_3(B_1),d_2(A_3,B_2)+f_3(B_2)\}=\min\{7+11,4+14\}=18$，即 A_3 到 E 的最短路线为 $A_3 \to B_1$ 或 $B_2 \to C_1 \to E$，对应的 $u_2(A_3)=B_1$ 或 B_2。

第四步，即 $k=1$，该阶段只有一个状态 S，从 S 出发有三种决策：$S \to A_1$，$S \to A_2$，$S \to A_3$。那么，$f_1(S)=\min\{d_1(S,A_i)+f_2(A_i):i=1,2,3\}=\min\{21,22,21\}=21$，因此从 S 到 E 共有三条最短路线：①$S \to A_1 \to B_1 \to C_1 \to E$，此时，$u_1(S)=A_1$；②$S \to A_3 \to B_1 \to C_1 \to E$；

③$S \rightarrow A_3 \rightarrow B_2 \rightarrow C_1 \rightarrow E$。②、③路线中 $u_1(S) = A_3$，最短距离为 21。结果如图 5-4 所示。

每个状态上方或下方的圆括号内的数字表示该状态到 E 的最短距离，首尾相连的粗箭线构成每一状态到 E 的最短路线。因此，标号法不但给出起点到终点的最短路线和最短距离，同时也给出每一状态到终点的最短路线及其最短距离。如 A_1 到 E 的最短路线是 $A_1 \rightarrow B_1 \rightarrow C_1 \rightarrow E$，最短距离是 17。

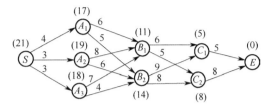

图 5-4　某城市局部道路求最短路径的过程

2. 最优化原理(贝尔曼最优化原理)

作为一个全过程的最优策略具有这样的性质：对于最优策略过程中的任意状态而言，无论其过去的状态和决策如何，余下的诸决策必构成一个最优子策略。

该原理的具体解释是，若某一全过程的最优策略为

$$p_1^*(s_1) = \{ u_1^*(s_1), u_2^*(s_2), \cdots, u_k^*(s_k), \cdots, u_n^*(s_n) \}$$

则对上述策略中所隐含的任一状态 $s_k(k = 1, 2, \cdots, n)$ 而言，第 k 子过程上对应于该 s_k 状态的最优策略必然包含在上述全过程最优策略 p_1^* 中，即为

$$p_k^*(s_k) = \{ u_k^*(s_k), u_{k+1}^*(s_{k+1}), \cdots, u_n^*(s_n) \}$$

如本章第一节所述，基于上述原理，提出了一种逆序递推法。这里可以指出，该法的关键在于给出一种递推关系。一般把这种递推关系称为动态规划的函数基本方程。

3. 函数基本方程

在例 5-2 中，用标号法求解最短路线的计算公式可以概括写成：

$$\begin{cases} f_5(s_5) = 0 \\ f_k(s_k) = \min\limits_{u_k \in U_k(s_k)} \{ g_k(s_k, u_k(s_k)) + f_{k+1}(u_{k+1}(s_{k+1})) \} \quad (k = 4, 3, 2, 1) \end{cases} \tag{5-6}$$

其中，$g_k(s_k, u_k(s_k))$ 在这里表示从状态 s_k 到由决策 $u_k(s_k)$ 所决定的状态 s_{k+1} 之间的距离。$f_5(s_5) = 0$ 是边界条件，表示全过程到第四阶段终点结束。

一般地，对于 n 个阶段的决策过程，假设只考虑指标函数是"和"与"积"的形式，第 k 阶段和第 $k+1$ 阶段间的递推公式(Recurrence Equation)可表示如下：

（1）当过程指标函数为下列"和"的形式时：

$$f_k(s_k) = \mathop{\mathrm{opt}}\limits_{p_k \in P_k(s_k)} \{ R_k(s_k, p_k(s_k)) \} = \sum_{i=k}^{n} g_i(s_i, u_i)$$

相应的函数基本方程为

$$\begin{cases} f_{n+1}(s_{n+1}) = 0 \\ f_k(s_k) = \mathop{\mathrm{opt}}\limits_{u_k \in U_k} \{ g_k(s_k, u_k(s_k)) + f_{k+1}(s_{k+1}) \} \quad (k = n, n-1, \cdots, 2, 1) \end{cases}$$

$$\tag{5-7}$$

（2）当过程指标函数为下列"积"的形式时：

$$f_k(s_k) = \mathop{\mathrm{opt}}\limits_{p_k \in P_k(s_k)} \{ R_k(s_k, p_k(s_k)) \} = \prod_{i=k}^{n} g_i(s_i, u_i)$$

相应的函数基本方程为

$$\begin{cases} f_{n+1}(s_{n+1}) = 1 \\ f_k(s_k) = \underset{u_k \in U_k}{\text{opt}} \{ g_k(s_k, u_k(s_k)) f_{k+1}(s_{k+1}) \} \quad (k = n, n-1, \cdots, 2, 1) \end{cases}$$

(5-8)

可以看出，和、积函数的基本方程中边界条件，即 $f_{n+1}(s_{n+1})$ 的取值是不同的。

第三节 动态规划方法求解过程

一、动态规划的建模

标号法仅适用于求解像最短路线问题那样可以用网络图表示的多阶段决策问题。但不少多阶段决策问题不能用网络图表示。此时，应该用函数基本方程来递推求解。

一般来说，要用函数基本方程逆推求解，首先要有效地建立动态规划模型，然后再递推求解，最后得出结论。

然而，要把一个实际问题用动态规划方法来求解，还必须首先根据问题的要求把它构造成动态规划模型，这是非常重要的一步。正确地建立一个动态规划模型，往往问题也就解决了一大半。一个正确的动态规划模型应该满足下述条件：

（1）应将实际问题恰当地分割成 n 个子问题（n 个阶段）。通常是根据时间或空间而划分的，或者在经由静态的数学规划模型转换为动态规划模型时，常取静态规划中变量的个数 n，即 $k = n$。

（2）正确地定义状态变量 s_k，使它既能正确地描述过程的状态，又能满足无后效性。动态规划中的状态与一般控制系统中和通常所说的状态的概念有所不同，动态规划中的状态变量必须具备以下三个特征：

1）要能够正确地描述受控过程的变化特征。

2）要满足无后效性。即如果在某个阶段状态已经给定，那么在该阶段以后，过程的发展不受前面各阶段状态的影响，如果所选的变量不具备无后效性，就不能作为状态变量来构造动态规划模型。

3）要满足可知性。即所规定的各阶段状态变量的值，可以直接或间接地测算得到。一般在动态规划模型中，状态变量大都选取那种可以进行累计的量。此外，在与静态规划模型的对应关系上，通常根据经验，线性与非线性规划中约束条件的个数，相当于动态规划中状态变量 s_k 的维数，而前者约束条件所表示的内容，通常就是状态变量 s_k 所代表的内容。

（3）正确地定义决策变量 u_k 及各阶段的允许决策集合 $U_k(s_k)$。根据经验，一般将问题中待求的量，选作动态规划模型中的决策变量，或者在把静态规划模型（如线性与非线性规划）转换为动态规划模型时，常取前者的变量 x_j 为后者的决策变量 u_k。

（4）能够正确地写出状态转移方程，至少要能正确反映状态转移规律。如果给定第 k 阶段状态变量 s_k 的值，则该阶段的决策变量 u_k 一经确定，第 $k+1$ 阶段的状态变量 s_{k+1} 的值也就完全确定，即有 $s_{k+1} = T_k(s_k, u_k)$。

（5）根据题意，正确地构造出目标与变量的函数关系——目标函数。目标函数应满足下列性质：

1）可分性，即对于所有 k 后部子过程，其目标函数仅取决于状态 s_k 及其以后的决策 $u_k, u_{k+1}, \cdots, u_n$，也就是说，它是定义在全过程和所有后部子过程上的数量函数。

2）要满足递推关系，即

$$R_k(s_k, u_k, s_{k+1}, u_{k+1}, \cdots, s_{n+1}) = \varphi_k(s_k, u_k, R_{k+1}(s_{k+1}, \cdots, s_{n+1}))$$

3）函数 $\varphi_k(s_k, u_k, R_{k+1}(s_{k+1}, \cdots, s_{n+1}))$ 对其变元 R_{k+1} 来说要严格单调。

（6）写出动态规划函数基本方程。例如常见的指标函数是取各阶段指标和的形式：

$$R_k(s_k) = \sum_{i=k}^{n} g_i(s_i, u_i)$$

其中，$g_i(s_i, u_i)$ 表示第 i 阶段的指标，它显然是满足上述三个性质的，所以上式可以写成：

$$R_k = g_k(s_k, u_k) + R_{k+1}(s_{k+1}, \cdots, s_{n+1})$$

二、动态规划方法的基本步骤

为进一步说明动态规划模型建立的基本方法及其求解过程，下面通过两个实际例子用上述方法具体给出求解动态规划方法的基本步骤。

例 5-3　某集团公司拟将 6 千万元资金用于改造扩建所属的 A、B、C 三个企业，且每个企业都要被投资，各企业的利润增长额与所分配到的投资额有关，各企业在获得不同的投资额时所能增加的利润如表 5-2 所示。

集团公司考虑要给各企业都投资，应如何分配这些资金可使公司总的利润增长额最大？

解　第一步：构造求对三个企业的最优投资分配，使总利润额最大的动态规划模型。

（1）阶段 k：按 A、B、C 的顺序，每投资一个企业作为一个阶段，$k = 1$，2，3。

（2）状态变量 x_k：投资第 k 个企业前的资金数。

（3）决策变量 d_k：对第 k 个企业的投资额。

（4）允许决策集合：$D_k(x_k) = \{d_k \mid 0 \leq d_k \leq x_k\}$。

表 5-2　各企业获得不同投资额时增加的利润　　　　　　（单位：千万元）

投资额	企业		
	A	B	C
1	2	3	4
2	6	5	7
3	11	10	9
4	15	13	14

（5）状态转移方程：$x_{k+1} = x_k - d_k$。

（6）阶段指标：$v_k(x_k, d_k)$ 如表 5-2 所示。

（7）动态规划基本方程：

$$\begin{cases} f_k(x_k) = \max\{v_k(x_k, d_k) + f_{k+1}(x_{k+1})\} & \text{（递推公式）} \\ f_4(x_4) = 0 & \text{（终端条件）} \end{cases}$$

第二步：解动态规划基本方程，求最优值。

（1） $k=4$ ， $f_4(x_4)=0$ 。

（2） $k=3$ ， $0 \leqslant d_3 \leqslant x_3$ ， $x_4 = x_3 - d_3$ 。计算结果如表 5-3 所示。

表 5-3　计算结果（一）

x_3	$D_3(x_3)$	x_4	$v_3(x_3,d_3)$	$v_3(x_3,d_3)+f_4(x_4)$	$f_3(x_3)$	d_3^*
1	1	0	4	$4+0=4$	4	1
2	1	1	4	$4+0=4$	7	2
	2	0	7	$7+0=7^*$		
3	1	2	4	$4+0=4$	9	3
	2	1	7	$7+0=7$		
	3	0	9	$9+0=9^*$		
4	1	3	4	$4+0=4$	14	4
	2	2	7	$7+0=7$		
	3	1	9	$9+0=9$		
	4	0	14	$14+0=14^*$		

（3） $k=2$ ， $0 \leqslant d_2 \leqslant x_2$ ， $x_3 = x_2 - d_2$ 。计算结果如表 5-4 所示。

表 5-4　计算结果（二）

x_2	$D_2(x_2)$	x_3	$v_2(x_2,d_2)$	$v_2(x_2,d_2)+f_3(x_3)$	$f_2(x_2)$	d_2^*
2	1	1	3	$3+4=7$	7	1
3	1	2	3	$3+7=10^*$	10	1
	2	1	5	$5+4=9$		
4	1	3	3	$3+9=12$	14	3
	2	2	5	$5+7=12$		
	3	1	10	$10+4=14^*$		
5	1	4	3	$3+14=17^*$	17	1, 3, 4
	2	3	5	$5+9=14$		
	3	2	10	$10+7=17$		
	4	1	13	$13+4=17$		

（4） $k=1$ ， $0 \leqslant d_1 \leqslant x_1$ ， $x_2 = x_1 - d_1$ 。计算结果如表 5-5 所示。

表 5-5　计算结果（三）

x_1	$D_1(x_1)$	x_2	$v_1(x_1,d_1)$	$v_1(x_1,d_1)+f_2(x_2)$	$f_1(x_1)$	d_1^*
6	1	5	2	$2+17=19$	22	4
	2	4	6	$6+14=20$		
	3	3	11	$11+10=21$		
	4	2	15	$15+7=22^*$		

第三步：回溯求得最优策略。

最优解即最优策略为：$x_1=6$，$d_1^*=4$；$x_2=x_1-d_1=2$，$d_2^*=1$；$x_3=x_2-d_2^*=1$，$d_3^*=1$；$x_4=x_3-d_3^*=0$。

返回原问题的解，即企业 A 投资 4 千万元，企业 B 投资 1 千万元，企业 C 投资 1 千万元，最大效益为 22 千万元。

例 5-4 有某种机床，可以在高低两种不同的负荷下进行生产，在高负荷下生产时，产品的年产量为 g，与年初投入生产的机床数量 u_1 的关系为 $g=g(u_1)=8u_1$，这时，年终机床完好台数将为 au_1（a 为机床完好率，$0<a<1$，设 $a=0.7$）。在低负荷下生产时，产品的年产量为 h，与投入生产的机床数量 u_2 的关系为 $h=h(u_2)=5u_2$，相应的机床完好率为 b（$0<b<1$，设 $b=0.9$），一般情况下 $a<b$。

假设某厂开始有 $s_1=1000$ 台完好的机床，现要制订一个五年生产计划，问每年开始时如何重新分配完好的机床在两种不同的负荷下生产的数量，以使在五年内产品的总产量为最高。

解 首先构造这个问题的动态规划模型。

（1）变量设置

1）设阶段变量 k 表示年度，因此，阶段总数 $n=5$。

2）状态变量 s_k 表示第 k 年度初拥有的完好机床台数，同时也是第 $k-1$ 年度末时的完好机床数量。

3）决策变量 u_k 表示第 k 年度中分配于高负荷下生产的机床台数，于是 s_k-u_k 便为该年度中分配于低负荷下生产的机床台数。

这里 s_k 与 u_k 均取连续变量，当它们有非整数数值时，可以这样理解：如 $s_k=0.6$，就表示一台机器在 k 年度中正常工作时间只占 6/10；$u_k=0.4$ 时，就表示一台机床在 k 年度只有 4/10 的时间于高负荷下工作。

（2）状态转移方程。状态转移方程为

$$s_{k+1}=au_k+b(s_k-u_k)=0.7u_k+0.9(s_k-u_k)\quad(k=1,2,3,4,5)$$

（3）允许决策集合。允许决策集合在第 k 阶段为

$$U_k(s_k)=\{u_k|0\le u_k\le s_k\}$$

（4）目标函数。设 $g_k(s_k,u_k)$ 为第 k 年度的产量，则 $g_k(s_k,u_k)=8u_k+5(s_k-u_k)$，因此，目标函数为

$$R_k=\sum_{i=k}^{5}g_i(s_i,u_i)\quad(k=1,2,3,4,5)$$

（5）条件最优目标函数递推方程。令 $f_k(s_k)$ 表示由第 k 年的状态 s_k 出发，采取最优分配方案到第 5 年度结束这段时间的产品产量，根据最优化原理有以下递推关系：

$$f_k(s_k)=\max_{u_k\in U_k(s_k)}\{[8u_k+5(s_k-u_k)]+f_{k+1}[0.7u_k+0.9(s_k-u_k)]\}\quad(k=1,2,3,4,5)$$

（6）边界条件。边界条件为

$$f_{5+1}(s_{5+1})=0$$

下面采用逆序递推计算法，从第 5 年度开始递推计算。

当 $k=5$ 时，有

$$f_5(s_5) = \max_{0 \le u_k \le s_5} \left\{ \left[8u_5 + 5(s_5 - u_5) \right] + f_6(s_6) \right\}$$
$$= \max_{0 \le u_k \le s_5} \left\{ \left[8u_5 + 5(s_5 - u_5) \right] \right\}$$

显然，当 $u_5^* = s_5$ 时，$f_5(s_5)$ 有最大值，相应地有 $f_5(s_5) = 8s_5$。

当 $k = 4$ 时，有

$$f_4(s_4) = \max_{0 \le u_4 \le s_4} \left\{ \left[8u_4 + 5(s_4 - u_4) \right] + f_5[0.7u_4 + 0.9(s_4 - u_4)] \right\}$$
$$= \max_{0 \le u_4 \le s_4} \left\{ \left[8u_4 + 5(s_4 - u_4) \right] + 8[0.7u_4 + 0.9(s_4 - u_4)] \right\}$$
$$= \max_{0 \le u_4 \le s_4} \left\{ 13.6u_4 + 12.2(s_4 - u_4) \right\}$$

因此，当 $u_4^* = s_4$ 时，有最大值 $f_4(s_4) = 13.6s_4$。

当 $k = 3$ 时，有

$$f_3(s_3) = \max_{0 \le u_3 \le s_3} \left\{ \left[8u_3 + 5(s_3 - u_3) \right] + f_4(s_4) \right\}$$
$$= \max_{0 \le u_3 \le s_3} \left\{ 17.52u_3 + 17.24(s_3 - u_3) \right\}$$

可见，当 $u_3^* = s_3$ 时，$f_3(s_3)$ 有最大值 $f_3(s_3) = 17.52s_3$。

当 $k = 2$ 时，有

$$f_2(s_2) = \max_{0 \le u_2 \le s_2} \left\{ \left[8u_2 + 5(s_2 - u_2) \right] + f_3(s_3) \right\}$$
$$= \max_{0 \le u_2 \le s_2} \left\{ \left[8u_2 + 5(s_2 - u_2) \right] + 17.52[0.7u_2 + 0.9(s_2 - u_2)] \right\}$$
$$= \max_{0 \le u_2 \le s_2} \left\{ \left[20.26u_2 + 20.77(s_2 - u_2) \right] \right\}$$

此时，当取 $u_2^* = 0$ 时有最大值，即 $f_2(s_2) = 20.77s_2$，其中，$s_2 = 0.7u_1 + 0.9(s_1 - u_1)$。

当 $k = 1$ 时，有

$$f_1(s_1) = \max_{0 \le u_1 \le s_1} \left\{ 8u_1 + 5(s_1 - u_1) + 20.77[0.7u_1 + 0.9(s_1 - u_1)] \right\}$$
$$= \max_{0 \le u_1 \le s_1} \left\{ 22.54u_1 + 23.69(s_1 - u_1) \right\}$$

当取 $u_1^* = 0$ 时，$f_1(s_1)$ 有最大值，即 $f_1(s_1) = 23.69s_1$，因为 $s_1 = 1000$，故 $f_1(s_1) = 23690$ 个产品。

按照上述计算顺序寻踪得到下述计算结果：

$u_1^* = 0$，$s_1 = 1000$ 台，$g_1(s_1, u_1) = 5000$，$f_1(s_1) = 23690$ 个

$u_2^* = 0$，$s_2 = 900$ 台，$g_2(s_2, u_2) = 4500$，$f_2(s_2) = 20.77s_2 = 18693$ 个

$u_3^* = s_3$，$s_3 = 810$ 台，$g_3(s_3, u_3) = 6480$，$f_3(s_3) = 17.52s_3 = 14191$ 个

$u_4^* = s_4$，$s_4 = 567$ 台，$g_4(s_4, u_4) = 4536$，$f_4(s_4) = 13.6s_4 = 7711$ 个

$u_5^* = s_5$，$s_5 = 397$ 台，$g_5(s_5, u_5) = 3176$，$f_5(s_5) = 8s_5 = 3176$ 个

$s_6 = 0.7u_5 + 0.9(s_5 - u_5) = 0.7x_5 = 278$ 台

上面所讨论的最优决策过程是所谓始端状态 s_1 固定，终端状态 s_6 自由。如果终端也附加上一定的约束条件，那么计算结果将会与之有所差别。例如，若规定在第 5 个年度结束时，完好的机床数量为 500 台（上面只有 278 台），问应该如何安排五年的生产，使之在满足这一终端要求的情况下产量最高？

解　由状态转移方程 $s_{k+1} = au_k + b(s_k - u_k) = 0.7u_k + 0.9(s_k - u_k)$，有
$$s_6 = 0.7u_5 + 0.9(s_5 - u_5) = 500$$

得

$$u_5 = 4.5s_5 - 2500$$

显而易见，由于固定了终端的状态 s_6，第 5 年的决策变量 u_5 的允许决策集合 $U_5(s_5)$ 也有了约束，上式说明 $U_5(s_5)$ 已退化为一个点，即第 5 年投入高负荷下生产的机床数只能由式 $u_5 = 4.5s_5 - 2500$ 做出一种决策。

当 $k = 5$ 时，有

$$f_5(s_5) = \max_{0 \leq u_k \leq s_5} \{8u_5 + 5(s_5 - u_5)\} = 8(4.5s_5 - 2500) + 5(s_5 - 4.5s_5 + 2500)$$
$$= 18.5s_5 - 7500$$

当 $k = 4$ 时，有

$$f_4(s_4) = \max_{0 \leq u_4 \leq s_4} \{[8u_4 + 5(s_4 - u_4)] + f_5(s_5)\}$$
$$= \max_{0 \leq u_4 \leq s_4} \{8u_4 + 5(s_4 - u_4) + 18.5s_5 - 7500\}$$
$$= \max_{0 \leq u_4 \leq s_4} \{8u_4 + 5(s_4 - u_4) + 18.5[0.7u_4 + 0.9(s_4 - u_4)] - 7500\}$$
$$= \max_{0 \leq u_4 \leq s_4} \{21.65s_4 - 0.7u_4 - 7500\}$$

显然，只有取 $u_4^* = 0$，$f_4(s_4)$ 有最大值，即 $f_4(s_4) = 21.65s_4 - 7500$。同理类推：

当 $k = 3$ 时，有

$$f_3(s_3) = \max_{0 \leq u_3 \leq s_3} \{[8u_3 + 5(s_3 - u_3)] + f_4(s_4)\}$$
$$= \max_{0 \leq u_3 \leq s_3} \{[8u_3 + 5(s_3 - u_3)] + 21.65[0.7u_3 + 0.9(s_3 - u_3)] - 7500\}$$
$$= \max_{0 \leq u_3 \leq s_3} \{-1.3u_3 + 24.5s_3 - 7500\}$$

可知，当 $u_3^* = 0$ 时，$f_3(s_3)$ 有最大值，即 $f_3(s_3) = 24.5s_3 - 7500$。

当 $k = 2$ 时，有

$$f_2(s_2) = \max_{0 \leq u_2 \leq s_2} \{[8u_2 + 5(s_2 - u_2)] + f_3(s_3)\}$$
$$= \max_{0 \leq u_2 \leq s_2} \{[8u_2 + 5(s_2 - u_2)] + 24.5[0.7u_2 + 0.9(s_2 - u_2)] - 7500\}$$
$$= \max_{0 \leq u_2 \leq s_2} \{-1.9u_2 + 27.1s_2 - 7500\}$$

此时，当取 $u_2^* = 0$ 时有最大值，即 $f_2(s_2) = 27.1s_2 - 7500$。

当 $k = 1$ 时，有

$$f_1(s_1) = \max_{0 \leq u_1 \leq s_1} \{8u_1 + 5(s_1 - u_1) + f_2(s_2)\}$$
$$= \max_{0 \leq u_1 \leq s_1} \{8u_1 + 5(s_1 - u_1) + 27.1[0.7u_1 + 0.9(s_1 - u_1)] - 7500\}$$
$$= \max_{0 \leq u_1 \leq s_1} \{-2.4u_1 + 29.4s_1 - 7500\}$$

只有取 $u_1^* = 0$ 时，$f_1(s_1)$ 有最大值，即 $f_1(s_1) = 29.4s_1 - 7500$。

由此可见，为了使下一个五年计划开始的一年有完好的机床 500 台，其最优策略应该为：在前四年中，应该把全部机床投入低负荷下生产，在第 5 年，只能把部分完好机床投入高负荷下生产。根据最优策略，从始端向终端递推计算出各年的状态，即算出每年年初的完好机床台数，因为 $s_1 = 1000$ 台，于是有

$$u_1^* = 0, \ s_1 = 1000 \ 台$$
$$u_2^* = 0, \ s_2 = 0.7u_1^* + 0.9(s_1 - u_1^*) = 0.9s_1 = 900 \ 台$$

$$u_3^* = 0, \quad s_3 = 0.7u_2^* + 0.9(s_2 - u_2^*) = 0.9s_2 = 810 \text{ 台}$$
$$u_4^* = 0, \quad s_4 = 0.7u_3^* + 0.9(s_3 - u_3^*) = 0.9s_3 = 729 \text{ 台}$$
$$s_5 = 0.7u_4^* + 0.9(s_4 - u_4^*) = 0.9s_4 = 656 \text{ 台}$$

因此，$u_5^* = 4.5s_5 - 2500 = 452$ 台，这就是说第 5 年里还有 204 台投入低负荷下生产，否则不能保证 $s_6 = 0.7u_5 + 0.9(s_5 - u_5) = 500$ 台。

在上述最优决策下，五年里所得最高产量为
$$f_1(s_1) = 29.4s_1 - 7500 = (29400 - 7500) \text{ 个} = 21900 \text{ 个}$$

可见，附加了终端约束条件以后，其最高产量 $f_1(s_1)$ 比终端自由时要低一些。

例 5-5　某公司有资金 10 万元，若投资于项目 $i(i=1,2,3)$ 的投资额为 x_i 时，其收益分别为 $g_1(x_1) = 4x_1$，$g_2(x_2) = 9x_2$，$g_3(x_3) = 2x_3^2$，问应如何分配投资数额才能使总收益最大？

这是一个与时间无明显关系的静态最优化问题，可列出其静态模型，求 x_1、x_2、x_3，使
$$\max z = 4x_1 + 9x_2 + 2x_3^2$$
$$\text{s.t.} \begin{cases} x_1 + x_2 + x_3 = 10 \\ x_i \geq 0 \quad (i=1,2,3) \end{cases}$$

为了应用动态规划方法求解，可以人为地赋予它"时段"的概念，将投资项目排序，首先考虑对项目 1 投资，然后考虑对项目 2 投资……即把问题划分为三个阶段，每个阶段只决定对一个项目应投资的金额。这样把问题转化为一个三阶段决策过程。下面的关键问题是如何正确选择状态变量，使各后部子过程之间具有递推关系。

通常可以把决策变量 u_k 定为原静态问题中的变量 x_k，即设
$$u_k = x_k \quad (k=1,2,3)$$
状态变量和决策变量有密切关系，状态变量一般为累计量或随递推过程变化的量。这里可以把每阶段可供使用的资金定为状态变量 s_k，初始状态 $s_1 = 10$。u_1 为分配于项目 1 的资金数，则当第一阶段 $(k=1)$ 时，有
$$\begin{cases} s_1 = 10 \\ u_1 = x_1 \end{cases}$$
第二阶段 $(k=2)$ 时，状态变量 s_2 为余下可投资于其余两个项目的资金数，即
$$\begin{cases} s_2 = s_1 - u_1 \\ u_2 = x_2 \end{cases}$$
一般地，第 k 阶段时：
$$\begin{cases} s_k = s_{k-1} - u_{k-1} \\ u_k = x_k \end{cases}$$
于是有：

阶段 k：本例中取 1，2，3。

状态变量 s_k：第 k 阶段可以投资于第 k 到第 3 个项目的资金数。

决策变量 x_k：决定给第 k 个项目投资的资金数。

状态转移方程：
$$s_{k+1} = s_k - x_k$$
指标函数：

$$R_k = \sum_{i=k}^{3} g_i(x_i)$$

最优指标函数 $f_k(s_k)$：当可投资金额数为 s_k 时，投资第 k 到第 3 个项目所得的最大收益数。

基本方程为

$$\begin{cases} f_k(s_k) = \max_{0 \leq x_k \leq s_k} \{ g_k(x_k) + f_{k+1}(s_{k+1}) \} & (k = 3, 2, 1) \\ f_4(s_4) = 0 \end{cases}$$

在本例中，状态变量与决策变量均可取连续值而不是离散值，下面分别用逆序解法和顺序解法来求解例 5-5，通过例 5-5 来介绍这两种方法都可得到各项目最佳投资金额，$f_1(10)$ 就是所求的最大收益。

（1）用逆序解法。由前面分析得知，例 5-5 为三阶段决策问题，状态变量 s_k 为第 k 阶段初拥有的可以分配给第 k 个项目到第 3 个项目的资金额；决策变量 x_k 为决定投给第 k 个项目的资金额；状态转移方程为 $s_{k+1} = s_k - x_k$；最优指标函数 $f_k(s_k)$ 表示第 k 阶段初始状态为 s_k 时，从第 k 个项目到第 3 个项目所获得的最大收益，$f_1(s_1)$ 即为所求的总收益。递推方程为

$$\begin{cases} f_k(s_k) = \max_{0 \leq x_k \leq s_k} \{ g_k(x_k) + f_{k+1}(s_{k+1}) \} & (k = 3, 2, 1) \\ f_4(s_4) = 0 \end{cases}$$

当 $k = 3$ 时，有

$$f_3(s_3) = \max_{0 \leq x_3 \leq s_3} \{ 2x_3^2 \}$$

这是一个简单的函数求极值问题，易知当 $x_3^* = s_3$ 时，取得极大值 $2s_3^2$，即

$$f_3(s_3) = \max_{0 \leq x_3 \leq s_3} \{ 2x_3^2 \} = 2s_3^2$$

当 $k = 2$ 时，有

$$\begin{aligned} f_2(s_2) &= \max_{0 \leq x_2 \leq s_2} \{ 9x_2 + f_3(s_3) \} \\ &= \max_{0 \leq x_2 \leq s_2} \{ 9x_2 + 2s_3^2 \} \\ &= \max_{0 \leq x_2 \leq s_2} \{ 9x_2 + 2(s_2 - x_2)^2 \} \end{aligned}$$

这是一个非线性规划问题。

令

$$h_2(s_2, x_2) = 9x_2 + 2(s_2 - x_2)^2$$

用经典解析方法求其极值点。

由

$$\frac{\mathrm{d}h_2}{\mathrm{d}x_2} = 9 + 4(s_2 - x_2)(-1) = 0$$

解得

$$x_2 = s_2 - \frac{9}{4}$$

而

$$\frac{\mathrm{d}^2 h_2}{\mathrm{d}x_2^2} = 4 > 0$$

所以，$x_2 = s_2 - \dfrac{9}{4}$ 是极小值点。

极大值只可能在 $[0, s_2]$ 端点取得，有

$$f_2(0) = 2s_2^2, \quad f_2(s_2) = 9s_2$$

当 $f_2(0) = f_2(s_2)$ 时，解得 $s_2 = 9/2$。

当 $s_2 > 9/2$ 时，$f_2(0) > f_2(s_2)$，此时，$x_2^* = 0$。

当 $s_2 < 9/2$ 时，$f_2(0) < f_2(s_2)$，此时 $x_2^* = s_2$。

当 $k = 1$ 时，有

$$f_1(s_1) = \max_{0 \leqslant x_1 \leqslant s_1} \{4x_1 + f_2(s_2)\}$$

当 $f_2(s_2) = 9s_2$ 时，$f_1(10) = \max\limits_{0 \leqslant x_1 \leqslant 10} \{4x_1 + 9s_1 - 9x_1\}$

$$= \max_{0 \leqslant x_1 \leqslant 10} \{9s_1 - 5x_1\} = 9s_1$$

但此时 $s_2 = s_1 - x_1 = 10 - 0 = 10 > 9/2$，与 $s_2 < 9/2$ 矛盾，所以舍去。

当 $f_2(s_2) = 2s_2^2$ 时，$f_1(10) = \max\limits_{0 \leqslant x_1 \leqslant 10} \{4x_1 + 2(s_1 - x_1)^2\}$

令

$$h_1(s_1, x_1) = 4x_1 + 2(s_1 - x_1)^2$$

由

$$\frac{\mathrm{d}h_1}{\mathrm{d}x_1} = 4 + 4(s_1 - x_1)(-1) = 0$$

解得

$$x_1 = s_1 - 1$$

而 $\dfrac{\mathrm{d}^2 h_1}{\mathrm{d}x_1^2} = 4 > 0$，所以 $x_1 = s_1 - 1$ 是极小值点。

比较 $[0, 10]$ 两个端点，$x_1 = 0$ 时，$f_1(10) = 200$

$$x_1 = 10 \text{ 时}, \quad f_1(10) = 40$$

所以

$$x_1^* = 0$$

再由状态转移方程顺推：

$$s_2 = s_1 - x_1^* = 10 - 0 = 10$$

因为

$$s_2 > \frac{9}{2}$$

所以

$$x_2^* = 0, \quad s_3 = s_2 - x_2^* = 10 - 0 = 10$$

因此

$$x_3^* = s_3 = 10$$

最优投资方案为全部资金投于第 3 个项目，可得最大收益 200 万元。

(2) 用顺序解法(有些动态规划问题可以按阶段的顺序方向求解,称顺序解法)。阶段划分和决策变量的设置同逆序解法，令状态变量 s_{k+1} 表示可用于第 1 到第 k 个项目投资的金额，则有

$$s_4 = 10, \quad s_3 = s_4 - x_3, \quad s_2 = s_3 - x_2, \quad s_1 = s_2 - x_1$$

即状态转移方程为

$$s_k = s_{k+1} - x_k$$

令最优指标函数 $f_k(s_{k+1})$ 表示第 k 阶段投资额为 s_{k+1} 时第 1 到第 k 个项目所获得的最大收益,此时顺序解法的基本方程为

$$\begin{cases} f_k(s_{k+1}) = \max\limits_{0 \leqslant x_k \leqslant s_{k+1}} \{g_k(x_k) + f_{k-1}(s_k)\} & (k = 1, 2, 3) \\ f_0(s_1) = 0 \end{cases}$$

当 $k = 1$ 时，有

$$f_1(s_2) = \max_{0 \le x_1 \le s_2} \{g_1(x_1) + f_0(s_1)\}$$

$$= \max_{0 \le x_1 \le s_2} \{4x_1\} = 4s_2$$

$$x_1^* = s_2$$

当 $k=2$ 时，有

$$f_2(s_3) = \max_{0 \le x_2 \le s_3} \{9x_2 + f_1(s_2)\}$$

$$= \max_{0 \le x_2 \le s_3} \{9x_2 + 4s_2\}$$

$$= \max_{0 \le x_2 \le s_3} \{9x_2 + 4(s_3 - x_2)\}$$

$$= \max_{0 \le x_2 \le s_3} \{5x_2 + 4s_3\}$$

$$= 9s_3$$

$$x_2^* = s_3$$

当 $k=3$ 时，有

$$f_3(s_4) = \max_{0 \le x_3 \le s_4} \{2x_3^2 + f_2(s_3)\}$$

$$= \max_{0 \le x_3 \le s_4} \{2x_3^2 + 9(s_4 - x_3)\}$$

令

$$h(s_4, x_3) = 2x_3^2 + 9(s_4 - x_3)$$

由

$$\frac{\mathrm{d}h}{\mathrm{d}x_3} = 4x_3 - 9 = 0$$

解得

$$x_3 = \frac{9}{4}$$

因为

$$\frac{\mathrm{d}^2 h}{\mathrm{d}x_3^2} = 4$$

所以此点为极小值点。

极大值应在 $[0, s_4] = [0, 10]$ 端点取得：

当 $x_3 = 0$ 时，$f_3(10) = 90$

当 $x_3 = 10$ 时，$f_3(10) = 200$

所以

$$x_3^* = 10$$

再由状态转移方程逆推：

$$s_3 = s_4 - x_3 = 10 - x_3^* = 0, \quad x_2^* = 0$$

$$s_2 = s_3 - x_2^*$$

即

$$x_1^* = 0$$

所以最优投资方案与逆序解法结果相同，只投资于项目 3，最大收益为 200 万元。

比较两种解法的过程可以发现，对本题而言，顺序解法比逆序解法简单。

通过前面的几个例子我们可以看出，动态规划模型建立后，对基本方程分段求解，不像线性规划或非线性规划那样有固定的解法，必须根据具体问题的特点，结合数学技巧灵活求解。如动态规划模型中的状态变量与决策变量若被限定只能取离散值，则可采用离散变量的分段穷举法。当动态规划模型中状态变量与决策变量为连续变量时，就要根据方程的具体情况灵活选取连续变量的方法求解，如经典解析方法、线性规划方法、非线性规划法或其他数值计算方法等，还有连续变量的离散化解法和高维问题的降维法及疏密格子点法等。

第四节 动态规划方法应用举例

动态规划方法对于求解多阶段决策过程最优化问题是比较有效的，它提供了一种系统的计算过程，借以确定怎样组合这些决策才能使总效益达到最大。但是动态规划与其说是一门十分有用的理论，不如说是一种作为求解问题的十分有用的推算方法和手段。其所使用的特定模型必须根据不同的实际问题分别导出，以适应每个独特场合。正确建立解决各个实际问题的动态规划模型往往要比计算来得困难。因为根据实际问题构成动态规划模型本身，就是一项具有高度技术性的工作，它取决于个人的实际经验、灵活性与独创性，所以对于初学者来说，要自如地应用动态规划方法求解实际问题，最好的办法莫过于多接触各种各样的动态规划的应用，并研究其共同特征。因此，下面再介绍若干动态规划方法的应用实例，以期加深对它的理解与掌握。

一、背包问题

背包问题的一般提法是：一位旅行者携带背包去登山，已知他所能承受的背包重量限度为 a，现有 n 种物品可供他选择装入背包，第 i 种物品的单件重量为 a_i，其价值(可以是表明本物品对登山的重要性的数量指标)是携带数量 x_i 的函数 $c_i(x_i)(i=1,2,\cdots,n)$，问旅行者应如何选择携带各种物品的件数，以使总价值最大？

背包问题等同于车、船、飞机、潜艇、人造卫星等工具的最优装载问题，还可以用于解决机床加工中零件最优加工、下料问题、投资决策等，有广泛的实用意义。

设 x_i 为第 i 种物品装入的件数，则背包问题可归结为如下形式的整数规划模型：

$$\max \ z = \sum_{i=1}^{n} c_i(x_i)$$

$$\text{s. t.} \begin{cases} \sum_{i=1}^{n} a_i x_i \leq a \\ x_i \geq 0, \text{ 且为整数} \quad (i=1,2,\cdots,n) \end{cases}$$

下面用动态规划顺序解法建模求解。

阶段 k：将可装入物品按 $1,2,\cdots,n$ 排序，每阶段装一种物品，共划分为 n 个阶段，即 $k=1,2,\cdots,n$。

状态变量 s_{k+1}：在第 $k+1$ 阶段开始时，背包中允许装入前 k 种物品的总重量。

决策变量 x_k：装入第 k 种物品的件数。

状态转移方程为

$$s_k = s_{k+1} - a_k x_k$$

允许决策集合为

$$D_k(s_{k+1}) = \left\{ x_k \mid 0 \leq x_k \leq \left[\frac{s_{k+1}}{a_k}\right], x_k \text{ 为整数} \right\}$$

其中，$[s_{k+1}/a_k]$ 表示不超过 s_{k+1}/a_k 的最大整数。

最优指标函数 $f_k(s_{k+1})$ 表示在背包中允许装入物品的总重量不超过 s_{k+1}，采用最优策略只装前 k 种物品时的最大使用价值，则可得到动态规划的顺序递推方程为

$$\begin{cases} f_k(s_{k+1}) = \max\limits_{x_k=0,1,\cdots,[s_{k+1}/a_k]} \{c_k(x_k) + f_{k-1}(s_{k+1} - a_k x_k)\} & (k=1,2,\cdots,n) \\ f_0(s_1) = 0 \end{cases}$$

用动态规划方法逐步计算出 $f_1(s_2)$，$f_2(s_3)$，$\cdots$，$f_n(s_{n+1})$ 及相应的决策函数 $x_1(s_2)$，$x_2(s_3)$，$\cdots$，$x_n(s_{n+1})$，最后得到的 $f_n(a)$ 即为所求的最大价值，相应的最优策略则由逆推计算得出。

当 $x_i = \begin{cases} 1 & \text{表示装入第 } i \text{ 种物品} \\ 0 & \text{表示不装第 } i \text{ 种物品} \end{cases}$ 时，则本模型就是 0-1 背包问题。

例 5-6 有一辆最大货运量为 10t 的载货汽车，用以装载 3 种货物，每种货物的单位质量及相应单位价值如表 5-6 所示。应如何装载可使总价值最大？

表 5-6 每种货物的单位质量及相应单位价值

货物编号 i	1	2	3
单位质量 t	3	4	5
单位价值 c_i	4	5	6

解法一 设第 i 种货物装载的件数为 $x_i(i=1,2,3)$，则问题可表示为

$$\max \ z = 4x_1 + 5x_2 + 6x_3$$

$$\text{s.t.} \begin{cases} 3x_1 + 4x_2 + 5x_3 \leq 10 \\ x_i \geq 0, \ \text{且为整数} \quad (i=1,2,3) \end{cases}$$

可按前述方式建立动态规划模型，由于决策变量取离散值，所以可以用列表法求解。

当 $k=1$ 时，有

$$f_1(s_2) = \max\limits_{\substack{0 \leq 3x_1 \leq s_2 \\ x_1 \text{ 为整数}}} \{4x_1\} \ \text{或} \ f_1(s_2) = \max\limits_{\substack{0 \leq x_1 \leq s_2/3 \\ x_1 \text{ 为整数}}} \{4x_1\} = 4\left[\frac{s_2}{3}\right]$$

计算结果如表 5-7 所示。

表 5-7 计算结果（一）

s_2	0	1	2	3	4	5	6	7	8	9	10
$f_1(s_2)$	0	0	0	4	4	4	8	8	8	12	12
x_1^*	0	0	0	1	1	1	2	2	2	3	3

当 $k=2$ 时，有

$$f_2(s_3) = \max\limits_{\substack{0 \leq x_2 \leq s_3/4 \\ x_2 \text{ 为整数}}} \{5x_2 + f_1(s_3 - 4x_2)\}$$

计算结果如表 5-8 所示。

表 5-8 计算结果（二）

s_3	0	1	2	3	4		5		6		7		8		9			10		
x_2	0	0	0	0	0	1	0	1	0	1	0	1	0	1	0	1	2	0	1	2
$c_2 + f_2$	0	0	0	4	4	5	4	5	8	5	8	9	8	9	10	12	9	10	12	13	10
$f_3(s_3)$	0	0	0	4		5		5		8		9			10	12				13
x_2^*	0	0	0	0		1		1		0		1			2	0				1

当 $k=3$ 时，有

$$f_3(10) = \max_{\substack{0 \le x_3 \le 2 \\ x_3 \text{为整数}}} \{6x_3 + f_2(10 - 5x_3)\}$$

$$= \max_{x_3 = 0,1,2} \{6x_3 + f_2(10 - 5x_3)\}$$

$$= \max \{f_2(10), 6 + f_2(5), 12 + f_2(0)\}$$

$$= \max \{13, 6 + 5, 12 + 0\}$$

$$= 13$$

此时 $x_3^* = 0$ 逆推可得全部策略为：$x_1^* = 2$，$x_2^* = 1$，$x_3^* = 0$，最大价值为 13。

由上面计算可以看到每一阶段在表格中多计算了（实际上并不需要）某些 f_i 值，因此可以用以下方式求解来减少 f_i 的计算个数。但如果使用计算机计算，仍应采用前者，因为完全是相同的重复计算，就整体看还是方便的。

解法二　问题最终要求 $f_3(10)$。而

$$f_3(10) = \max_{\substack{3x_1 + 4x_2 + 5x_3 \le 10 \\ x_i \ge 0, \text{整数}, i=1,2,3}} \{4x_1 + 5x_2 + 6x_3\}$$

$$= \max_{\substack{3x_1 + 4x_2 \le 10 - 5x_3 \\ x_i \ge 0, \text{整数}, i=1,2}} \{4x_1 + 5x_2 + 6x_3\}$$

$$= \max_{\substack{10 - 5x_3 \ge 0 \\ x_3 \ge 0, \text{整数}}} \left\{6x_3 + \max_{\substack{3x_1 + 4x_2 \le 10 - 5x_3 \\ x_i \ge 0, \text{整数}, i=1,2}} \{4x_1 + 5x_2\}\right\}$$

$$= \max_{i=0,1,2} \{6x_3 + f_2(10 - 5x_3)\}$$

$$= \max \{0 + f_2(10), 6 + f_2(5), 12 + f_2(0)\}$$

由此看到要计算 $f_3(10)$，必须先算出 $f_2(10)$、$f_2(5)$、$f_2(0)$，而

$$f_2(10) = \max_{\substack{3x_1 + 4x_2 \le 10 \\ x_i \ge 0, \text{整数}, i=1,2}} \{4x_1 + 5x_2\}$$

$$= \max_{\substack{3x_1 \le 10 - 4x_2 \\ x_i \ge 0, \text{整数}, i=1,2}} \{4x_1 + 5x_2\}$$

$$= \max_{\substack{10 - 4x_2 \ge 0 \\ x_2 \ge 0, \text{整数}}} \left\{5x_2 + \max_{\substack{3x_1 \le 10 - 4x_2 \\ x_1 \ge 0, \text{整数}}} \{4x_1\}\right\}$$

$$= \max_{x_2 = 0,1,2} \{5x_2 + f_1(10 - 4x_2)\}$$

$$= \max \{f_1(10), 5 + f_1(6), 10 + f_1(2)\}$$

同理

$$f_2(5) = \max_{\substack{3x_1 + 4x_2 \le 5 \\ x_i \ge 0, \text{整数}, i=1,2}} \{4x_1 + 5x_2\}$$

$$= \max_{x_2 = 0,1} \{5x_2 + f_1(5 - 4x_2)\}$$

$$= \max \{f_1(5), 5 + f_1(1)\}$$

$$f_2(0) = \max_{\substack{3x_1 + 4x_2 \le 0 \\ x_i \ge 0, \text{整数}, i=1,2}} \{4x_1 + 5x_2\}$$

$$= \max_{x_2 = 0} \{5x_2 + f_1(0 - 4x_2)\}$$

$$= f_1(0)$$

为了计算 $f_2(10)$、$f_2(5)$、$f_2(0)$，必须先计算 $f_1(10)$、$f_1(6)$、$f_1(5)$、$f_1(2)$、$f_1(1)$、$f_1(0)$。

由于
$$f_1(s_2) = \max_{\substack{0 \leq 3x_1 \leq s_2 \\ x_1 \text{ 为整数}}} \{4x_1\} = 4\left[\frac{s_2}{3}\right]$$

$$f_1(10) = 12 \quad (x_1 = 3), \qquad f_1(6) = 8 \quad (x_1 = 2)$$
$$f_1(5) = 4 \quad (x_1 = 1), \qquad f_1(2) = 0 \quad (x_1 = 0)$$
$$f_1(1) = 0 \quad (x_1 = 0), \qquad f_1(0) = 0 \quad (x_1 = 0)$$

从而
$$f_2(10) = \max\{f_1(10), \ 5 + f_1(6), \ 10 + f_1(2)\}$$
$$= \max\{12, 5 + 8, 10 + 0\} = 13 \quad (x_1 = 2, x_2 = 1)$$
$$f_2(5) = \max\{f_1(5), \ 5 + f_1(1)\}$$
$$= \max\{4, 5 + 0\} = 5 \quad (x_1 = 0, x_2 = 1)$$
$$f_2(0) = f_1(0) = 0 \quad (x_1 = 0, x_2 = 0)$$

最后有
$$f_3(10) = \max\{f_2(10), \ 6 + f_2(5), \ 12 + f_2(0)\}$$
$$= \max\{13, 6 + 5, 12 + 0\} = 13 \quad (x_1 = 2, x_2 = 1, x_3 = 0)$$

最优方案与解法一完全相同。

当约束条件不止一个时，就是多维背包问题，其解法与一维背包问题类似，只是状态变量是多维的。

二、生产与存储问题

一个工厂生产某种产品，在已知市场需求情况、本身生产能力、生产成本费用、仓库存储容量以及存储费等情况下，为了根据实际需要制订生产计划，必须确定不同时期的生产量和库存量。这样的问题也是一个多阶段决策问题。

可以把计划分为几个时期，把不同的时期看作不同的阶段。由常识可知，如果在某一个阶段上增大生产批量，则可以降低成本费用，但是因为超过了该时期的市场需求量，就需要存储一部分产品，因而会增加库存费用。如果按市场不同时期的需求来确定不同时期的产量，虽然可以免去存储产品的库存费用，但是会增加每件产品的生产成本费用，所以不同时期的生产批量，不仅影响着该时期的生产成本和库存费用，同时还影响着后面几个时期的产量和费用。因此，正确制订生产计划，确定各个时期的生产批量，使在几个时期内的生产成本和库存费用之和为最小。这就是生产与存储问题的最优化目标，其约束条件是在满足市场对该产品的需求量的同时，使库存在整个计划期末为零。

例 5-7 某厂根据订货合同在今后四个季度对某产品的需求量如表 5-9 所示。设每组织一次生产的生产准备费为 3 千元，每件产品的生产成本费为 1 千元，每次生产由于生产能力的限制最多不超过 6 件，因此生产 u 件产品的成本费用便为

$$\text{一批产品成本费} = \begin{cases} 3 + 1u, & 0 < u \leq 6 \\ 0, & u = 0 \end{cases}$$

又设每 1 件产品存储 1 个季度的费用为 $h = 0.5$ 千元，并且第 1 季度开始与第 4 季度末均没有产品库存。

要求在上述条件下该厂应该如何安排各季度的生产与库存，以使总成本费用为最低？

表 5-9　某厂在今后四个季度对某产品的需求量

季度 k	1	2	3	4
需求量 D_k	2	3	2	4

解　应用动态规划方法求解。首先建立动态规划模型：

（1）定义变量。

1）阶段总数：将四个季度分为四个阶段，即阶段总数为 4，设 k 为阶段变量，$k = 4$，3，2，1。

2）状态变量 s_k：表示第 k 季度初的库存量。

3）决策变量 u_k：表示第 k 季度的生产量。

（2）状态转移方程为

$$s_{k+1} = s_k + u_k - D_k$$

式中，D_k 为第 k 季度的需求量。

（3）阶段效应函数。阶段效应函数 $g_k(s_k, u_k)$ 表示第 k 季度的总费用（包括生产与库存两部分）。

$$g_k(s_k, u_k) = \begin{cases} 3 + 1u_k, & 0 < u_k \leq 6 \\ 0, & u_k = 0 \end{cases} + 0.5s_k$$

（4）条件最优目标函数递推方程。设 $f_k(s_k)$ 为当第 k 季度初的库存量为 s_k 件产品时，从第 k 季度到第 4 季度末为止的最低总费用，则

$$\begin{cases} f_k(s_k) = \min_{0 \leq u_k \leq 6} \{ g_k(s_k, u_k) + f_{k+1}(s_k + u_k - D_k) \} \\ f_4(s_4) = \min_{0 \leq u_4 \leq 6} \{ g_4(s_4, u_4) \} \end{cases}$$

下面采用逆序递推计算：

$k = 4$ 时，因为要求第 4 个季度末库存量为零，即 $s_5 = 0$，故有 $s_4 + u_4 = D_4$。由于 $D_4 = 4$，因而进入这一季度的库存量 s_4 只可能是 $s_4 = \{0, 1, 2, 3, 4\}$，而该季度可能的生产批量便为 $u_4 = \{4, 3, 2, 1, 0\}$，由此可知第 4 季度的生产与库存费用，计算结果如表 5-10 所示。

表 5-10　计算结果（一）

季初存货 s_4/件	可能的生产量 u_4/件	本季度费用 $g_4(s_4, u_4)$/千元			季末存货 s_5/件	以后各季度费用 $f_5(s_5)$/千元	总费用 $g_4(s_4, u_4) + f_5(s_5)$/千元
		生产	库存	合计			
0	4	7	0	7	0	0	7
1	3	6	0.5	6.5	0	0	6.5
2	2	5	1	6	0	0	6.0
3	1	4	1.5	5.5	0	0	5.5
4	0	0	2.0	2	0	0	2.0

$k = 3$ 时，考虑第 3 个季度的最佳生产量，以便既满足第 3、第 4 两个季度的需求，又使总的费用最低。由于第 3 个季度可以有季末存货，作为第 4 个季度的季初库存，因此，第 3 季度的生产量及季初库存量之和至少应大于该季度的需求量，即 $s_3 + u_3 \geq D_3$，另外考虑到 $D_4 = 4$，$u_4 = 0 \sim 4$，以及 $D_3 = 2$，$u_3 = 0 \sim 6$，极端情况第 3、第 4 季度均不生产。即 $u_3 = 0$，

$u_4 = 0$，因而 $s_{3\max}D_3 + D_4 = 6$，$s_{3\min} = 0$，所以 $0 \leqslant s_3 \leqslant 6$。即第三阶段的状态集合 $s_3 = \{0, 1, 2, 3, 4, 5, 6\}$。当考虑 $s_3 = 0$ 时，为满足第 3、第 4 两季度的需求量，u_3 应为 $2 \sim 6$，而当 $s_3 = 1$，$2，\cdots，6$ 时，u_3 应该分别为 $1 \sim 5$，$0 \sim 4$，$0 \sim 3$，$0 \sim 2$，$0 \sim 1$ 及 0。根据 s_3 可能取的各种状态，决定第 3 季度的最佳产量，计算结果如表 5-11 所示。

$k = 2$ 时，首先分析第二阶段的可能状态集合 s_2，从初始条件看：$s_2 = s_1 + u_1 - D_1 = u_1 - D_1$，由于第 1 季度初库存量 $s_1 = 0$，$D_1 = 2$，考虑到每次生产的最大能力为 6，因此，为保证第 1 季度的需求得到满足，u_1 只可能为 $2 \sim 6$，即 $2 \leqslant u_1 \leqslant 6$，这样 s_2 就可能为 $0 \sim 4$，即 $s_2 = \{0, 1, 2, 3, 4\}$，由于 $D_2 = 3$，因此对应 s_2 的各个可能取值 u_2 将分别为 $3 \sim 6$，$2 \sim 6$，$1 \sim 6$，$0 \sim 5$ 等。第二个阶段的总成本费用为 $g_2(s_2, u_2) + f_3(s_3)$，最优生产批量计算结果如表 5-12 所示。

表 5-11　计算结果（二）

s_3/件	u_3/件	$g_3(s_3, u_3)$/千元			s_4/件	$f_4(s_4)$/千元	$g_3(s_3, u_3) + f_4(s_4)$/千元	$f_3(s_3)$/千元	u_3^*/件
		生产	库存	合计					
0	2	5	0	5	0	7.0	12.0		
	3	6	0	6	1	6.5	12.5		
	4	7	0	7	2	6.0	13.0	11.0	6
	5	8	0	8	3	5.5	13.5		
	6	9	0	9	4	2.0	11.0		
1	1	4	0.5	4.5	0	7.0	11.5		
	2	5	0.5	5.5	1	6.5	12.0		
	3	6	0.5	6.5	2	6.0	12.5	10.5	5
	4	7	0.5	7.5	3	5.5	13.0		
	5	8	0.5	8.5	4	2.0	10.5		
2	0	0	1.0	1.0	0	7.0	8.0		
	1	4	1.0	5.0	1	6.5	11.5		
	2	5	1.0	6.0	2	6.0	12.0	8.0	0
	3	6	1.0	7.0	3	5.5	12.5		
	4	7	1.0	8.0	4	2.0	10.0		
3	0	0	1.5	1.5	1	6.5	8.0		
	1	4	1.5	5.5	2	6.0	11.5	8.0	0
	2	5	1.5	6.5	3	5.5	12.0		
	3	6	1.5	7.5	4	2.0	9.5		
4	0	0	2.0	2.0	2	6.0	8.0		
	1	4	2.0	6.0	3	5.5	11.5	8.0	0
	2	5	2.0	7.0	4	2.0	9.0		
5	0	0	2.5	2.5	3	5.5	8.0	8.0	0
	1	4	2.5	6.5	4	2.0	8.5		
6	0	0	3.0	3.0	4	2.0	5.0	5.0	0

表 5-12   计算结果(三)

s_2/件	u_2/件	$g_2(s_2,u_2)$/千元 生产	库存	合计	s_3/件	$f_3(s_3)$/千元	$g_2(s_2,u_2)+f_3(s_3)$/千元	$f_2(s_2)$/千元	u_2^*/件
0	3	6	0	6	0	11.0	17		
	4	7	0	7	1	10.5	17.5		
	5	8	0	8	2	8.0	16	16	5
	6	9	0	9	3	8.0	17		
1	2	5	0.5	5.5	0	11.0	16.5		
	3	6	0.5	6.5	1	10.5	17.0		
	4	7	0.5	7.5	2	8.0	15.5	15.5	4
	5	8	0.5	8.5	3	8.0	16.5		
	6	9	0.5	9.5	4	8.0	17.5		
2	1	4	1.0	5.0	0	11.0	16		
	2	5	1.0	6.0	1	10.5	16.5		
	3	6	1.0	7.0	2	8.0	15	15	3
	4	7	1.0	8.0	3	8.0	16		
	5	8	1.0	9.0	4	8.0	17		
	6	9	1.0	10.0	5	8.0	18		
3	0	0	1.5	1.0	0	11.0	12.5		
	1	4	1.5	5.5	1	10.5	16		
	2	5	1.5	6.5	2	8.0	14.5		
	3	6	1.5	7.5	3	8.0	15.5	12.5	0
	4	7	1.5	8.5	4	8.0	16.5		
	5	8	1.5	9.5	5	8.0	17.5		
	6	9	1.5	10.0	6	5.0	15.5		
4	0	0	2.0	2.0	1	10.5	12.5		
	1	4	2.0	6.0	2	8.0	14		
	2	5	2.0	7.0	3	8.0	15		
	3	6	2.0	8.0	4	8.0	16	12.5	0
	4	7	2.0	9.0	5	8.0	17		
	5	8	2.0	10.0	6	5.0	15		

$k=1$ 时，因为 $s_1=0$，$D_1=2$，以及前面所述的 $s_2=\{0,1,2,3,4\}$，根据状态转移方程 $s_2=s_1+u_1-D_1$，$u_1=D_1+s_2$，可以得出 $u_1=2\sim6$。第一个阶段的总成本费用为 $g_1(s_1,u_1)+f_2(s_2)$，该季度的最佳生产量计算结果如表 5-13 所示。

表 5-13   计算结果(四)

s_1/件	u_1/件	$g_1(s_1,u_1)$/千元 生产	库存	合计	s_2/件	$f_2(s_2)$/千元	$g_1(s_1,u_1)+f_2(s_2)$/千元	$f_1^*(s_1)$/千元	u_1^*/件
0	2	5	0	5	0	16	21		
	3	6	0	6	1	15.5	21.5		
	4	7	0	7	2	15	22	20.5	5
	5	8	0	8	3	12.5	20.5		
	6	9	0	9	4	12.5	21.5		

由表 5-13 可知，第一阶段的最佳生产量为 5 件，最低总费用为 20.5 千元，即

$$f_1(s_1) = \min_{2 \leqslant u_1 \leqslant 6} \{g_1(s_1, u_1) + f_2(s_2)\} = 20.5 \text{ 千元}$$

为了求出各季度的最佳生产量，再从阶段一、阶段二至阶段四"顺向寻踪"，可以得到该问题的最优策略是：

第 1 季度季初存货为 0，最佳生产量为 5 件，季末存货为 3 件；

第 2 季度季初存货为 3 件，最佳生产量为 0，季末存货为 0；

第 3 季度季初存货为 0，最佳生产量为 6 件，季末存货为 4 件；

第 4 季度季初存货为 4 件，最佳生产量为 0，季末存货为 0。

三、限期采购问题（随机型）

例 5-8 某部门欲采购一批原料，原料价格在五周内可能有所变动，已预测该种原料今后五周内取不同单价的概率如表 5-14 所示。试确定该部门在五周内购进这批原料的最优策略，使采购价格的期望值最小。

表 5-14 某种原料今后五周内取不同单价的概率

原料单价/元	概　　率	原料单价/元	概　　率
500	0.3	700	0.4
600	0.3		

解 本例与前面所讨论的确定型问题不同，状态的转移不能完全确定，而按某种已知的概率分布取值，即属于随机型动态规划问题。

阶段 k：可按采购期限（周）分为五段，$k = 1, 2, 3, 4, 5$。

状态变量 s_k：第 k 周的原料实际价格。

决策变量 u_k：第 k 周若采购则 $u_k = 1$，若不采购则 $u_k = 0$。

另外用 S_{kE} 表示：当第 k 周决定等待，而在以后采购时的采购价格期望值。

最优指标函数 $f_k(s_k)$：第 k 周实际价格为 s_k 时，从第 k 周至第 5 周采取最优策略所花费的最低期望价格。

逆序递推关系式为

$$\begin{cases} f_k(s_k) = \min\{s_k, S_{kE}\}, s_k \in D_k & (k = 4, 3, 2, 1) \\ f_5(s_5) = s_5, & s_5 \in D_5 \end{cases}$$

D_k 为状态集合 $\{500, 600, 700\}$。

当 $k = 5$ 时，因为若前五周尚未购买，则无论本周价格如何，该部门都必须购买，所以

$$f_5(s_5) = \begin{cases} 500 & \text{当 } s_5 = 500 \text{ 时，} u_5^* = 1 \text{（采购）} \\ 600 & \text{当 } s_5 = 600 \text{ 时，} u_5^* = 1 \text{（采购）} \\ 700 & \text{当 } s_5 = 700 \text{ 时，} u_5^* = 1 \text{（采购）} \end{cases}$$

当 $k = 4$ 时，由于

$$S_{4E} = 0.3 f_5(500) + 0.3 f_5(600) + 0.4 f_5(700)$$
$$= (0.3 \times 500 + 0.3 \times 600 + 0.4 \times 700) \text{元} = 610 \text{ 元}$$

所以　$f_4(s_4) = \min_{s_4 \in D_4} \{s_4, S_{4E}\}$

$$= \min\{s_4, 610\} = \begin{cases} 500 & \text{当 } s_4 = 500 \text{ 时, } u_4^* = 1 \text{（采购）} \\ 600 & \text{当 } s_4 = 600 \text{ 时, } u_4^* = 1 \text{（采购）} \\ 610 & \text{当 } s_4 = 700 \text{ 时, } u_4^* = 0 \text{（等待）} \end{cases}$$

当 $k = 3$ 时，由于

$$S_{3E} = 0.3f_4(500) + 0.3f_4(600) + 0.4f_4(700)$$
$$= (0.3 \times 500 + 0.3 \times 600 + 0.4 \times 610) \text{元} = 574 \text{元}$$

所以 $f_3(s_3) = \min_{s_3 \in D_3}\{s_3, S_{3E}\}$

$$= \min\{s_3, 574\} = \begin{cases} 500 & \text{当 } s_3 = 500 \text{ 时, } \quad u_3^* = 1 \text{（采购）} \\ 574 & \text{当 } s_3 = 600 \text{ 或 } 700 \text{ 时, } u_3^* = 0 \text{（等待）} \end{cases}$$

当 $k = 2$ 时，同理

$$f_2(s_2) = \min_{s_2 \in D_2}\{s_2, S_{2E}\}$$

$$= \min\{s_2, 551.8\} = \begin{cases} 500 & \text{当 } s_2 = 500 \text{ 时, } \quad u_2^* = 1 \text{（采购）} \\ 551.8 & \text{当 } s_2 = 600 \text{ 或 } 700 \text{ 时, } u_2^* = 0 \text{（等待）} \end{cases}$$

当 $k = 1$ 时，有

$$f_1(s_1) = \min_{s_1 \in D_1}\{s_1, S_{1E}\}$$

$$= \min\{s_1, 536.26\} = \begin{cases} 500 & \text{当 } s_1 = 500 \text{ 时, } \quad u_1^* = 1 \text{（采购）} \\ 536.26 & \text{当 } s_1 = 600 \text{ 或 } 700 \text{ 时, } u_1^* = 0 \text{（等待）} \end{cases}$$

所以，最优采购策略为：若第1、2、3周原料价格为500元，则立即采购，否则在以后的几周内再采购。若第4周价格为500元或600元，则立即采购，否则等第5周再采购。而第5周时无论当时价格为多少都必须采购。

按照以上策略进行采购，期望价格为

$$f_1(s_1) = 0.3f_1(500) + 0.3f_1(600) + 0.4f_1(700)$$
$$= (0.3 \times 500 + 0.3 \times 536.26 + 0.4 \times 536.26) \text{元} = 525.382 \text{元} \approx 525 \text{元}$$

本 章 小 结

通过本章学习，要求学生能够准确掌握动态规划理论的基本概念，特别是状态变量、决策变量、状态转移方程、指标函数和动态规划基本方程，了解动态规划的最优性原理，掌握动态规划的顺序和逆序解法，并能够应用于典型问题的求解。

一般来说，任何多阶段决策问题只要满足状态指标的无后效性，且整个过程具有递推性，都可以运用动态规划原理进行求解。

但是动态规划方法也存在一定的不足：一是没有统一的标准模型可供使用，建模时需要针对具体问题进行具体分析，需要灵活的技巧及大量的实践锻炼；二是应用的局限性，实际问题中很多能够设置的状态变量无法满足无后效性，使得动态规划的思想应用受到限制；三是存在维数限制，即当变量的个数（维数）太大时，虽然动态规划的思想依然有效，但却求解困难，即使借助于计算机该困难依然存在，一般超过三维（含三维）的问题不采用动态规划思想求解。

本章知识导图如下：

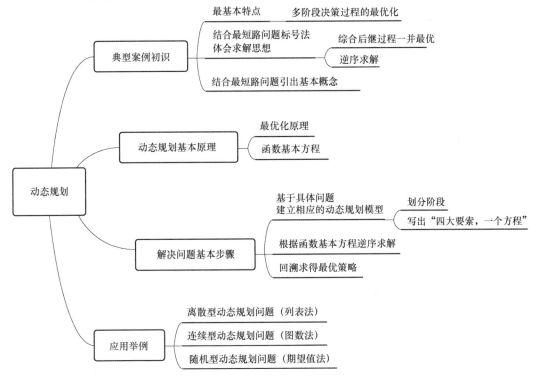

本章学习与教学思路建议

在动态规划的学习中，一方面，学生普遍反映理解上存在困难；另一方面，动态规划方法还有逆序法和顺序法两种求解途径，虽然全面掌握后，在解题时运用合理可以使得计算变得简便，但是学起来会增加很多困难。基于这些原因，建议学习中以逆序法为主，把逆序法掌握了，顺序法就很容易理解了。如果因为时间关系，在教学中只讲逆序法也是可以的。

在逆序法的学习中，注重三个主要步骤及其特点：

（1）动态规划建模。分析题目，建立几个关键要素：阶段、状态变量（可能的状态集合）、决策变量（针对一个状态的允许决策取值的集合）、状态转移主程、阶段指标（阶段效应），以及动态规划基本方程（终端条件和逆序递推公式）。这一步骤难度较大。

（2）从终端条件开始，逆序求解动态规划基本方程的递推公式（标号法、表格法或公式法），到第一阶段（即开始阶段）得到最优值。这里是主要的计算工作量。

（3）对（2）的过程回溯，得到最优策略（即最优解）。这里，回到问题本身才使真正的解题过程结束。

注意强调，动态规划的分类不是最短路径问题、资源分配问题、生产存储问题……而应是离散型动态规划问题、连续型动态规划问题、随机型动态规划问题……

习　　题

1. 设某工厂自国外进口一台精密机床，由制造厂家至出口港有三个港口可供选择，而进口港又有三个可供选择，进口后可以经由两个城市到达目的地，其间的运输成本如图 5-5 中各线段旁数字所示。试求运费最低的路线。

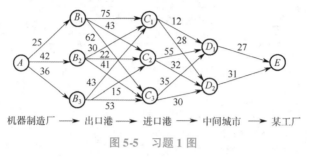

图 5-5　习题 1 图

2. 要求从城市 1 到城市 12 建立一条客运线，各段路线获得的利润如表 5-15 所示，需要注意的是，从一个给定的城市出发，只能直接到达某些城市，例如，从城市 2 出发，只能直接到达城市 5、6、7、8。试问：从城市 1 到城市 12 应该走怎样的路线，才能取得最大利润？

表 5-15　各段路线获得的利润

出 发 城 市	到 达 城 市										
	2	3	4	5	6	7	8	9	10	11	12
1	5	4	2								
2				8	10	5	7				
3				6	3	8	10				
4				8	9	6	4				
5								8	4	3	
6								5	2	7	
7								4	6	10	
8								12	5	2	
9											7
10											3
11											6

3. 某厂有 100 台机床，能够加工两种零件，要安排下面四个月的任务，根据以往的经验，知道这些机床用来加工第一种零件，一个月以后损坏率为 1/3。而在加工第二种零件时，一个月后损坏率为 1/10，又知道，机床加工第一种零件时一个月的收益为 10 万美元，加工第二种零件时每个月的收益为 7 万美元。现在要安排四个月的任务。试问：怎样分配机床的任务，能使总收益为最大？

4. 某公司有四名营业员要分配到三个销售点去，如果 m 个营业员分配到第 n 个销售点时，每月所得利润如表 5-16 所示。试问：该公司应该如何分配这四名营业员，使所获利润最大？

表 5-16　每月所得利润　　　　　　　　　　　　　（单位：千元）

n	m/人				
	0	1	2	3	4
1	0	16	25	30	32
2	0	12	17	21	22
3	0	10	14	16	17

5. 某市一工业局承接省经委一个对外加工任务，现有 4kt 材料拟分配给可以接受该项任务的甲、乙、丙三家工厂。为计算简便起见，仅以千吨为单位进行分配。据事先了解，各厂在分得该种材料之后，可为国家净创外汇如表 5-17 所示。试问：

（1）拟分配给各厂各多少千吨材料，可使国家获得的外汇最多？

（2）各厂所创外汇分别为多少？

表 5-17　净创外汇　　　　　　　　　　　　　　　　　（单位：万美元）

工　厂	材　料				
	0	1	2	3	4
甲	0	4	7	10	13
乙	0	5	9	11	13
丙	0	4	6	11	14

6. 某车队用一种 4t 的载货汽车为外单位进行长途运输，除去驾驶人自带燃料油、水、生活用具等重 0.5t 外，余下可装货物。现有 A、B、C、D 四种货物要运输，其每种货物每件的重量以及各运输 1、2、3、4、5 件货物，由甲地至乙地所需的运输费用等如表 5-18 所示，货物由驾驶人决定各装多少件。试问：采用何种装载方案可以使车队运输费用最小？

表 5-18　运输费用

货　物	每件重量/t	带不同数量的货物所需运输费用/千元				
		1	2	3	4	5
A	0.3	2	3	8	16	23
B	0.2	1	2	4	7	12
C	0.4	4	8	15	24	30
D	0.6	4	9	23	36	42

7. 某厂新买了一间 25m² 的房屋作为生产车间，有 4 种机床可以放置于此安排生产，各机床占地面积各不相同（表 5-19）。此外，根据统计经验，各种机床各台的收益情况估计如表 5-19 所示。为了获得最大收益，各种机床应各放置几台最好？

表 5-19　收益情况估计

机　床	每台占地/m²	每台收益/（元/天）			
		第 1 台	第 2 台	第 3 台	第 4 台
A	4	10	7	4	1
B	5	9	9	8	8
C	6	11	10	9	8
D	3	8	6	4	2

8. 某厂根据上级主管部门的指令性计划，要求其下一年度的第 1、2 季度 6 个月交货任务如表 5-20 所示。表中数字为月底交货量。

表 5-20　交货任务

月　　份	1 月	2 月	3 月	4 月	5 月	6 月
交货量/百件	1	2	5	3	2	1

该厂的生产能力为每月 400 件,仓库的存储能力为每月 300 件,已知每百件产品的生产费用为 1000 元,在进行生产的月份,工厂要支出经营费用 4000 元,仓库保管费为每百件每月 1000 元,设年初及 6 月底交货后无库存。试问:该厂应该如何决策(即每个月各生产多少件产品),才能既满足交货任务,又使总费用最少?

9. 某个地方加工厂生产任务因季节性变化而颇不稳定,为了降低生产成本,合适的办法是聘用季度临时工。但是,熟练的工人难以聘到,而新手培训费用较高,因此,厂长不想在淡季辞退工人,不过他又不想在生产没有需要时保持高额的工资支出,同时还反对在生产供货旺季时,让正常班的工人加班加点。由于所有业务是按客户订单来组织生产的,也不允许在淡季积累存货,所以关于应该采用多高的聘用工人水准问题使得厂长左右为难。

经过若干年对于生产所需的劳动力情况的统计,发现在一年四季中,劳动力的需求量为表 5-21 所示的水平。

表 5-21　劳动力的需求量

季　　节	春	夏	秋	冬	春	…
需求量/人	255	220	240	200	255	…

超过这些水平的任何聘用则造成浪费,其代价大约每季度每人为 2000 元。又根据估计,聘用费与解聘费使得一个季度到下一个季度改变聘用水准的总费用是 200 乘上两个聘用水准之差的二次方。由于有少数人为全时聘用人员,因而聘用水准可能取分数值,并且上述费用数据也在分数的基础上适用。该厂厂长应该确定:每个季度应该有怎样的聘用水平,可以使总费用最小?

10. 某面粉厂有个合同,在本月底向某食品厂提供甲种面粉 20t,下个月底要提供 140t,生产费用取决于销售部门与用户签订的合同,即第 1 个月每吨为:$c_1(x_1) = 7500 + (x_1 - 50)^2$,第 2 个月每吨为:$c_2(x_2) = 7500 + (x_2 - 40)^2$,其中,$x_1$ 和 x_2 分别为第 1 个月和第 2 个月面粉生产的吨数。如果面粉厂一个月的生产多于 20t,则超产部分可以转到下一个月,其储运费用为 3 元/t。设没有初始库存,合同需求必须按月满足(不允许退回订货要求)。试制订出一总费用最小的生产计划。

11. 某建设公司有四个正在建设的项目,按目前所配给的人力、设备和材料,这四个项目分别可以在 15、20、18 和 25 周内完成,管理部门希望提前完成,并决定追加 35000 元资金分配给这 4 个项目。这样,新的完工时间以分配给各个项目的追加资金的函数形式给出,如表 5-22 所示。试问这 35000 元如何分配给这 4 个项目,以使总完工时间提前得最多(假定追加的资金只能以 5000 元一组进行分配)?

表 5-22　追加的资金

追加的资金 x/千元	项目完成时间/周			
	项目 1	项目 2	项目 3	项目 4
0	15	20	18	25
5	12	16	15	21
10	10	13	12	18
15	8	11	10	16
20	7	9	9	14

（续）

追加的资金 x/千元	项目完成时间/周			
	项目 1	项目 2	项目 3	项目 4
25	6	8	8	12
30	5	7	7	11
35	4	7	6	10

12. 某制造厂收到一种装有电子控制部件的机械产品的订货，制订了一个以后 5 个月的生产计划，除了其中的电子部件需要外购，其他部件均由本厂制造。负责购买电子部件的采购人员必须制订满足生产部门提出的需求量计划。经过与若干电子部件生产厂进行谈判，采购人员确定了计划阶段 5 个月中该电子部件的最理想的可能的价格。表 5-23 给出了需求量计划和采购价格的有关资料。

表 5-23　需求量计划和采购价格

月	需求量/千个	采购价格/(元/千个)	月	需求量/千个	采购价格/(元/千个)
1	5	10	4	9	10
2	10	11	5	4	12
3	6	13			

该厂储备这种电子部件的仓库容量最多是 12000 个，无初始存货，5 个月之后，这种部件也不再需要。假设这种电子部件的订货每月初安排一次，而提供货物所需的时间很短(可以认为实际上是即时供货)，不允许退回订货。假定每 1000 个电子部件到月底的库存费是 2.50 元。试问：如何安排采购，才能既满足生产上的需要，又使采购费用和库存费用最少？

13. 用动态规划方法求下列非线性规划问题的最优解：

(1) max $z = 12x_1 + 3x_1^2 - 2x_1^3 + 12x_2 - x_2^3$

s. t. $\begin{cases} x_1 + x_2 \leqslant 3 \\ x_1 \geqslant 0, \ x_2 \geqslant 0 \end{cases}$

(2) max $z = x_1 x_2 x_3$

s. t. $\begin{cases} x_1 + x_2 + x_3 \leqslant 6 \\ x_1, \ x_2, \ x_3 \geqslant 0 \end{cases}$

第六章

排 队 论

本章内容要点

- 基本概念；
- 输入过程和服务时间分布；
- 泊松输入——指数服务排队系统；
- 其他系统选介；
- 排队系统的优化目标与最优化问题。

核心概念

- 排队论　Queuing Theory
- 随机服务系统理论　Random Service System Theory
- Kendall 记号　Kendall-Symbol
- 泊松过程　Poisson Process
- 负指数分布　Negative Exponential Distribution
- 队长　Queue Length(The average number of units in the system)
- 队列长　Queue Size(The average number of units waiting in the queue)
- 逗留时间　The Average Time in the System by an Arrival
- 等待时间　Waiting Time
- 李特尔公式　Little's Formula
- $M/M/s/\infty$ 系统　$M/M/s/\infty$ System
- $M/M/s/r$ 系统　$M/M/s/r$ System
- $M/M/s/m/m$ 系统　$M/M/s/m/m$ System
- $M/G/1$ 系统　$M/G/1$ System
- $M/D/1$ 系统　$M/D/1$ System
- 排队系统优化　Queuing Systems Optimization

【案例导引】

案例 6-1　某汽车加油站有 2 台加油泵为汽车加油，加油站内最多能容纳 6 辆汽车。已知顾客到达的时间间隔服从负指数分布，平均每小时到达 18 辆汽车。若加油站中已有 k 辆汽车，当 $k \geq 2$ 时，有 $k/6$ 的顾客将自动离去。加油时间服从负指数分布，平均每辆汽车需要 5min。试求：

（1）系统空闲的概念。

（2）系统满负荷的概率。

（3）系统服务台不空的概率。

（4）若服务一个服务加油站可以获得利润 10 元，问平均每小时可获得利润多少元？

（5）每小时损失的顾客数。

（6）加油站平均有多少辆汽车在等待加油？平均有多少个车位被占用？进入加油站的顾客需要等待多长时间才能开始加油？进入加油站的顾客需要多长时间才能离去？

案例 6-2　某火车站售票处有 3 个窗口，同时售各车次的车票。购票顾客的陆续到达是随机的，服从泊松分布，平均每小时到达 54 人。售票员对每位顾客的售票服务时间也是随机变量，服从负指数分布，每小时可平均服务 24 人。现在分两种情况讨论：

第一种情况，购票顾客排成一队，依次购票；

第二种情况，购票顾客在每个窗口排一队，一次购票，不准串队。

分别在不同情况下计算：

（1）售票员（1 人、2 人、3 人）空闲的概率。

（2）购票顾客平均需要等待多长时间才能购票？一个顾客来购票，从到达售票处到购完票平均需要多长时间？

（3）这个售票处内平均有多少顾客在排队等待购票？售票处平均有多少顾客(包括排队等待的和正在购票的)？

案例思考题：

（1）分析上面例题的特点是什么？提炼问题的特征。

（2）对于这类问题，关心哪些事情？如何得到关心的信息？若得到有关信息，可以进一步做些什么有益的工作？

排队论（Queuing Theory）又称随机服务系统理论（Random Service System Theory），是一门研究拥挤现象（排队、等待）的科学。具体地说，它是在研究各种排队系统概率规律性的基础上，解决相应排队系统的最优设计和最优控制问题。

排队是在日常生活和生产中经常遇到的现象。例如，上下班搭乘公共汽车；顾客到商店购买物品；病人到医院看病；学生去食堂就餐等就常常出现排队和等待现象。除了上述有形的排队之外，还有大量的所谓"无形"排队现象，如几个顾客打电话到出租汽车站要求派车，如果出租汽车站无足够车辆，则部分顾客只得在各自的要车处等待，他们分散在不同地方，却形成了一个无形队列在等待派车。排队的不一定是人，也可以是物，例如，通信卫星与地面若干待传递的信息；生产线上的原料、半成品等待加工；因故障停止运转的机器等待工人修理；码头的船只等待装卸货物；要降落的飞机因跑道不空而在空中盘旋等待。

显然，上述各种问题虽互不相同，但却都有要求得到某种服务的人或物和提供服务的人或机构。排队论里把要求服务的对象统称为"顾客"，而把提供服务的人或机构称为"服务员"或"服务台"。不同的顾客与服务组成了各式各样的服务系统。顾客为了得到某种服务而到达系统，若不能立即获得服务而又允许排队等待，则加入等待队伍，待获得服务后离开系统，如图 6-1～图 6-5 所示。

图 6-1　单服务台排队系统

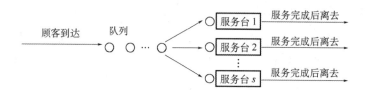

图 6-2　单队列-*s* 个服务台并联的排队系统

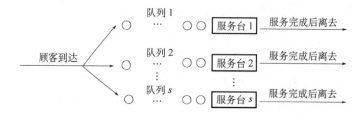

图 6-3　*s* 个队列-*s* 个服务台的并联排队系统

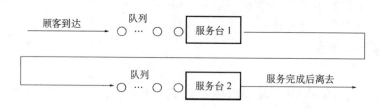

图 6-4　单队-多个服务台的串联排队系统

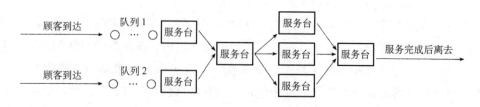

图 6-5　多队-多服务台混联、网络系统

类似地还可以画出许多其他更复杂形式的排队系统，如串并混联的系统、网络排队系统等。尽管各种排队系统的具体形式不同，但都可以由图6-6加以描述。

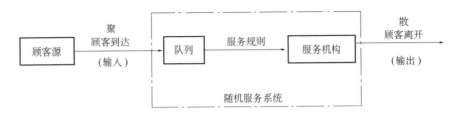

图 6-6　随机聚散服务系统

通常称由图6-6表示的系统为一随机聚散服务系统。任一排队系统都是一个随机聚散服务系统。这里，"聚"表示顾客到达，"散"表示顾客离去。所谓随机性，则是排队系统的一个普遍特点，是指顾客的到达情况(如相继到达时间间隔)与每个顾客接受服务的时间往往是事先无法确切知道的，或者说是随机的。一般来说，排队论所研究的排队系统中，顾客到来的时刻和服务台提供服务的时间长短都是随机的，因此这样的服务系统被称为随机服务系统。

面对拥挤现象，人们总是希望尽量设法减少排队，通常的做法是增加服务设施，但是增加的数量越多，人力、物力的支出就越大，甚至会出现空闲浪费，如果服务设施太少，顾客排队等待的时间就会很长，这样对顾客会带来不良影响。于是，顾客排队时间的长短与服务设施规模的大小，就构成了设计随机服务系统中的一对矛盾。如何做到既保证一定的服务质量，又使服务设施费用经济合理，恰当地解决顾客排队时间与服务设施费用大小这对矛盾，就是随机服务系统理论——排队论所要研究和解决的问题。

排队论是1909年由丹麦工程师爱尔朗(A. K. Erlang)在研究电话系统时创立的，几十年来排队论的应用领域越来越广泛，理论也日渐完善。特别是自20世纪60年代以来，由于计算机的飞速发展，更为排队论的应用开拓了广阔的前景。

第一节　基 本 概 念

一、排队系统的描述

(一) 系统特征和基本排队过程

实际的排队系统虽然千差万别，但是它们有以下共同特征：

(1) 有请求服务的人或物——顾客。

(2) 有为顾客服务的人或物，即服务员或服务台。

(3) 顾客到达系统的时刻是随机的，为每一位顾客提供服务的时间是随机的，因而整个排队系统的状态也是随机的。排队系统的这种随机性会造成某个阶段顾客排队较长，而另外一些时候服务员(台)又空闲无事的现象。

任何一个排队问题的基本排队过程都可以用图6-6表示。从图6-6可知，每个顾客由顾客源按一定方式到达服务系统，首先加入队列排队等待接受服务，然后服务台按一定规则从队列中选择顾客进行服务，获得服务的顾客立即离开。

（二）排队系统的基本组成部分

通常，排队系统都由输入过程、服务规则和服务台情况三部分组成。

1. 输入过程

输入过程是指要求服务的顾客按怎样的规律到达排队系统的过程，有时也把它称为顾客流。一般可以从以下三个方面来描述一个输入过程。

（1）顾客总体数，又称顾客源、输入源。这是指顾客的来源。顾客源可以是有限的，也可以是无限的。例如，到售票处购票的顾客总数可以认为是无限的，而某个工厂因故障待修的机床则是有限的。

（2）顾客到达方式。它描述顾客是怎样来到系统的，是单个到达，还是成批到达。病人到医院看病是顾客单个到达的例子。在库存问题中如果将生产器材进货或产品入库看作顾客到达，那么这种顾客则是成批到达的。

（3）顾客流的概率分布，或称相继顾客到达的时间间隔的分布。这是求解排队系统有关运行指标问题时首先需要确定的指标。这也可以理解为在一定的时间间隔内到达 k 个顾客 $(k=1,2,\cdots)$ 的概率是多大。顾客流的概率分布一般有定长分布、二项分布、泊松流（最简单流）、埃尔朗分布等若干种。

2. 服务规则

服务规则是指服务台从队列中选取顾客进行服务的顺序。一般可以分为损失制、等待制和混合制三大类。

（1）损失制。这是指如果顾客到达排队系统时，所有服务台都已被先来的顾客占用，那么他们就自动离开系统永不再来。典型的例子是打电话，如电话拨号后出现忙音，顾客不愿等待而自动挂断电话，若要再打，就需重新拨号，这种服务规则即为损失制。

（2）等待制。这是指当顾客来到系统时，所有服务台都不空，顾客加入排队行列等待服务。如排队等待售票、故障设备等待维修等。在等待制中，服务台在选择顾客进行服务时常有以下几种规则：

1）先到先服务。按顾客到达的先后顺序对顾客进行服务，这是最普遍的情形。

2）后到先服务。仓库中叠放的钢材，后叠放上去的都先被领走，就属于这种情况。

3）随机服务。当服务台空闲时，不按照排队序列而随意指定某个顾客去接受服务，如电话交换台接通呼叫电话就是一例。

4）优先权服务。如老人、儿童先进车站，危重病员先就诊，遇到重要数据需要处理计算机立即中断其他数据的处理等，均属于这种服务规则。

（3）混合制。这是等待制与损失制相结合的一种服务规则，一般是指允许排队，但又不允许队列无限长下去。具体说来，大致有以下几种：

1）队长有限。当排队系统中的顾客人数超过规定数量时，后来的顾客就自动离去，另求服务，即系统容纳顾客的空间是有限的。例如，在最多只能容纳 k 个顾客的系统中，当新顾客到达时，若系统中的顾客数（又称为队长）小于 k，则可进入系统排队或接受服务；否则，便离开系统，并不再回来。如水库的库容是有限的，酒店的床位是有限的。

2）等待时间有限。顾客在系统中的等待时间不超过某一给定的长度 T，当等待时间超过 T 时，顾客将自动离去，并不再回来。例如，易损坏的电子元器件的库存问题，超过一定存储时间的元器件被自动认为失效。又如，顾客到饭馆就餐，等了一定时间后不愿再等而自动离去另找饭店用餐。

3）逗留时间（等待时间与服务时间之和）有限。例如，用高射炮射击敌机，当敌机飞越高射炮射击有效区域的时间为 t 时，若在这个时间内未被击落，也就不可能再被击落了。

不难注意到，损失制和等待制可看成混合制的特殊情形，如记 s 为系统中服务台的个数，系统容量为 $k(s \leqslant k < \infty)$，则当队长 $k = s$ 时，混合制即成为损失制；当 $k = \infty$ 时，混合制即成为等待制。

3. 服务台情况

服务台可以从以下几方面来描述：

（1）服务台数量及构成形式。从数量上说，服务台有单服务台和多服务台之分。从构成形式上看，服务台有：①单队-单服务台式；②单队-多服务台并联式；③多队-多服务台并联式；④单队-多服务台串联式；⑤单队-多服务台并串联混合式以及多队-多服务台并串联混合式等。如图 6-1 ~ 图 6-5 所示。

（2）服务方式。这是指在某一时刻接受服务的顾客数，它分单个服务和成批服务两种。如公共汽车一次就可装载一批乘客就属于成批服务。

（3）服务时间的分布。一般来说，在多数情况下，对每一个顾客的服务时间是一随机变量，其概率分布有定长分布、负指数分布、k 阶埃尔朗分布、一般分布（所有顾客的服务时间都是独立同分布的）等。

（三）排队系统的描述符号与分类

为了区别各种排队系统，根据输入过程、排队规则和服务机制的变化对排队模型进行描述或分类，可给出很多排队模型。为了方便对众多模型的描述，肯道尔（D. G. Kendall）提出了一种目前在排队论中被广泛采用的"Kendall 记号"，完整的表达方式通常用到六个符号并取如下固定格式：

$$X/Y/Z/A/B/C$$

各符号的意义为：

X——表示顾客相继到达间隔时间分布，常用下列符号：

M——表示到达过程为泊松过程（Poisson Process）或间隔时间服从负指数分布（Negative Exponential Distribution）；

D——表示定长输入；

E_k——表示 k 阶埃尔朗分布；

G——表示一般相互独立的随机分布。

Y——表示服务时间的分布，所用符号与表示顾客到达间隔时间分布相同。

Z——表示服务台（员）个数："1"表示单个服务台，"s"（$s > 1$）表示多个服务台。

A——表示系统中顾客容量限额，或称系统空间容量。如系统可容纳 k 个顾客（包括正在接受服务和等待的顾客），则 $s \leqslant k < \infty$，当 $k = s$ 时，说明系统不允许等待，即为损失制。当 $k = \infty$ 时，为等待制系统，此时一般 ∞ 省略不写。当 k 为有限整数时，表示为混合制系统。

B——表示顾客源限额，分有限与无限两种，∞ 表示顾客源无限，此时一般 ∞ 也可省略不写。

C ——表示服务规则，常用下列符号：

FCFS：表示先到先服务的排队规则；

LCFS：表示后到先服务的排队规则；

PR：表示优先权服务的排队规则。

例如，某排队问题为 $M/M/s/\infty/\infty/FCFS$，则表示顾客到达间隔时间为负指数分布（泊松流）；服务时间为负指数分布；有 $s(s>1)$ 个服务台；系统等待空间容量无限（等待制）；顾客源无限；采用先到先服务的排队规则。

在某些情况下，排队问题仅用上述表达形式中的前三个符号。如不特别说明则均理解为系统等待空间容量无限，顾客源无限，先到先服务，单个服务的等待制系统。

二、排队系统的主要数量指标

研究排队系统的目的是通过了解系统运行的状况，对系统进行调整和控制，使系统处于最优运行状态。因此，首先需要弄清系统的运行状况。描述一个排队系统运行状况的主要数量指标有：

1. 队长和排队长（队列长）

队长 [Queue Length (The average number of units in the system)] 是指系统中的顾客数（排队等待的顾客数与正在接受服务的顾客数之和）；排队长（队列长）[Queue Size (The average number of units waiting in the queue)] 是指系统中正在排队等待服务的顾客数。队长和排队长一般都是随机变量。对这两个指标进行研究时，希望能确定它们的分布，或至少能确定它们的平均值（即平均队长和平均排队长）及有关的矩（如方差等）。队长的分布是顾客和服务员都关心的，特别是对系统设计人员来说，如果能知道队长的分布，就能确定队长超过某个数的概率，从而确定合理的等待空间。

2. 等待时间和逗留时间

从顾客到达时刻起到他开始接受服务止这段时间称为等待时间（Waiting Time）。等待时间是个随机变量，也是顾客最关心的指标，因为顾客通常希望等待时间越短越好。从顾客到达时刻起到他接受服务完成止这段时间称为逗留时间（The Average Time in the System by an Arrival）。逗留时间也是随机变量，同样顾客也非常关心。对这两个指标的研究当然希望能确定它们的分布，或至少能知道顾客的平均等待时间和平均逗留时间。

3. 忙期和闲期

忙期是指从顾客到达空闲着的服务机构起，到服务机构再次成为空闲止的这段时间，即服务机构连续忙的时间。这是个随机变量，是服务员最为关心的指标，因为它关系到服务员的服务强度。与忙期相对的是闲期，即服务机构连续保持空闲的时间。在排队系统中，忙期和闲期总是交替出现的。

除了上述几个基本数量指标外，还会用到其他一些重要指标，如在损失制或系统容量有限的情况下，由于顾客被拒绝，而使服务系统受到损失的顾客损失率及服务强度等，也都是十分重要的数量指标。

4. 一些数量指标的常用记号

（1）主要数量指标：

$N(t)$ ——时刻 t 系统中的顾客数（又称为系统的状态），即队长；

$N_q(t)$——时刻 t 系统中排队的顾客数，即排队长；

$T(t)$——时刻 t 到达系统的顾客在系统中的逗留时间；

$T_q(t)$——时刻 t 到达系统的顾客在系统中的等待时间。

上面给出的这些数量指标一般都是和系统运行的时间有关的随机变量，求这些随机变量的瞬时分布一般是很困难的。为了分析上的简便，并注意到相当一部分排队系统在运行了一定时间后，都会趋于一个平衡状态（或称平稳状态）。在平衡状态下，队长的分布、等待时间的分布和忙期的分布都和系统所处的时刻无关，而且系统的初始状态的影响也会消失。因此，我们在本章中将主要讨论与系统所处时刻无关的性质，即统计平衡性质。

L——平均队长，即稳态系统任一时刻的所有顾客数的期望值；

L_q——平均等待队长，即稳态系统任一时刻等待服务的顾客数的期望值；

W——平均逗留时间，即（在任意时刻）进入稳态系统的顾客逗留时间的期望值；

W_q——平均等待时间，即（在任意时刻）进入稳态系统的顾客等待时间的期望值。

这四项主要性能指标（又称主要工作指标）的值越小，说明系统排队越少，等待时间越少，因而对顾客而言系统性能越好。显然，它们是顾客与服务系统的管理者都很关注的指标。

（2）其他常用数量指标：

s——系统中并联服务台的数目；

λ——平均到达率；

$1/\lambda$——平均相继到达的间隔时间；

μ——平均服务率；

$1/\mu$——平均服务时间；

ρ——服务强度，一般有 $\rho = \lambda / (s\mu)$；

N——稳态系统任一时刻的状态（即系统中所有顾客数）；

U——任一顾客在稳态系统中的逗留时间；

Q——任一顾客在稳态系统中的等待时间。

N、U、Q 都是随机变量。

$p_n = P\{N = n\}$：稳态系统任一时刻状态为 n 的概率；特别当 $n = 0$ 时，p_n 即 p_0，而 p_0 即稳态系统所有服务台全部空闲（因系统中顾客数为0）的概率。

对于损失制和混合制的排队系统，顾客在到达服务系统时，若系统容量已满则自行消失。这就是说，到达的顾客不一定全部进入系统，为此引入：

λ_e——有效平均到达率，即每单位时间内进入系统顾客数的期望值。

这时 λ 就是每单位时间内来到系统（包括未进入系统）的顾客数。

对于等待制的排队系统，有 $\lambda_e = \lambda$。

在系统达到稳态时，假定平均到达率为常数 λ，则有下面的李特尔（John D. C. Little）公式（Little's Formula）：

$$L = \lambda_e W \tag{6-1a}$$

$$L_q = \lambda_e W_q \tag{6-1b}$$

又假定平均服务时间为常数 $1/\mu$，则有

$$W = W_q + \frac{1}{\mu} \tag{6-1c}$$

$$L = L_q + \frac{\lambda_e}{\mu} \tag{6-1d}$$

因此，只要知道 L、L_q、W、W_q 四者之一，则其余三者就可由式(6-1)求得。另外还有

$$L = \sum_{n=0}^{\infty} n p_n \tag{6-2}$$

$$L_q = \sum_{n=s}^{\infty} (n-s) p_n = \sum_{m=0}^{\infty} m p_{s+m} \tag{6-3}$$

因此，只要知道 $p_n (n = 0, 1, 2, \cdots)$，则 L 或 L_q 就可由式(6-2)或式(6-3)求得，从而再由式(6-1)就能求得四项主要工作指标。

第二节　输入过程和服务时间分布

一、输入过程

由前所述，输入过程是描述各种类型的顾客以怎样的规律到达系统的过程，一般用相继 2 个顾客到达的时间间隔 ξ 来描述系统的输入特征。主要输入过程有：

1. 定长输入

定长输入是指顾客有规则地等间隔时间到达，每隔时间 α 到达 1 个顾客。这时相继顾客到达间隔 ξ 的分布函数 $F(t)$ 为

$$F(t) = P\{\xi \le t\} = \begin{cases} 1, t \ge \alpha \\ 0, t < \alpha \end{cases} \tag{6-4}$$

例如，生产自动线上的产品从传送带上进入包装箱就是这种情况。

2. 泊松(Poisson)输入

泊松输入又称最简单流。满足下面三个条件的输入称为最简单流：

(1) 平稳性。它又称作输入过程是平稳的，是指在长度为 t 的时段内恰好到达 k 个顾客的概率仅与时段长度有关，而与时段起点无关。即对任意 $a \in (0, \infty)$，在 $(a, a+t]$ 或 $(0, t)$ 内恰好到达 k 个顾客的概率相等：

$$P\{\xi(a+t) - \xi(a) = k\} = P\{\xi(t) - \xi(0) = k\} = P\{\xi(t) = k\} = V_k(t)$$

设初始条件为 $V_0(0) = 1$，且对 $\forall t > 0$，有

$$\sum_{k=0}^{\infty} V_k(t) = 1$$

(2) 无后效性。它是指在任意几个不相交的时间区间内，各自到达的顾客数是相互独立的。通俗地说，就是以前到达的顾客情况对以后顾客的到来没有影响。否则就是关联的。

(3) 单个性。它又称普通性，是指在充分小的时段内到达多于 1 个顾客的概率为零。

因为泊松流实际应用最广，也最容易处理，因而研究得也较多。可以证明，对于泊松流，在长度为 t 的时间内到达 k 个顾客的概率 $V_k(t)$ 服从泊松分布，即

$$V_k(t) = \mathrm{e}^{-\lambda t} \frac{(\lambda t)^k}{k!} \quad (k = 0, 1, 2, \cdots) \tag{6-5}$$

其中，参数 $\lambda > 0$，为一常数，表示单位时间内到达顾客的平均数，又称为顾客的平均到达率。

对于泊松流，不难证明其相继顾客到达时间间隔 $\xi_i(i=1,2,\cdots)$ 是相互独立同分布的，其分布函数为负指数分布：

$$F_{\xi_i}(t) = \begin{cases} 1-e^{-\lambda t}, & t \geq 0 \\ 0, & t < 0 \end{cases} \quad (i=1,2,\cdots) \tag{6-6}$$

3. 埃尔朗输入

埃尔朗输入是指相继顾客到达时间间隔 ξ 相互独立，具有相同的分布。其分布密度为

$$a(t) = \frac{\lambda(\lambda t)^{k-1}}{(k-1)!}e^{-\lambda t} \quad (t \geq 0) \tag{6-7}$$

其中，k 为非负整数。

可以证明，在参数为 λ 的泊松输入中，对任意的 j 与 k，设第 j 与第 $j+k$ 个顾客之间的到达间隔为 $T_k(T_k = \xi_1 + \xi_2 + \cdots + \xi_k)$，则随机变量 T_k 的分布必遵从参数为 λ 的埃尔朗分布。其分布密度为

$$a(t) = \frac{\lambda(\lambda t)^{k-1}}{(k-1)!}e^{-\lambda t} \quad (t \geq 0)$$

例如，某排队系统有并联的 k 个服务台，顾客流为泊松流，规定第 i，$k+i$，$2k+i$，$\cdots$ 个顾客排入第 $i(i=1,2,\cdots,k)$ 号台，则第 k 台所获得的顾客流即为埃尔朗输入流，其他各台从它的第 1 个顾客到达以后开始所获得的流也为埃尔朗输入流。

此外，埃尔朗分布中，当 $k=1$ 时将化为负指数分布。

4. 一般独立输入

一般独立输入即相继顾客到达时间间隔相互独立、同分布，分布函数 $F(t)$ 的任意分布，因此，上面所述的所有输入都是一般独立分布的特例。

5. 成批到达的输入

成批到达的输入是指排队系统每次到达的顾客不一定是一个，而可能是一批，每批顾客的数目 n 是一个随机变量。其分布为

$$P\{n=k\} = a_k \quad (k=0,1,2,\cdots) \tag{6-8}$$

到达时间间隔可能是上述几类输入中的一种。

二、服务时间分布

1. 定长分布

每个顾客的服务时间都是常数 β。此时服务时间 t 的分布函数为

$$B(x) = P\{t \leq x\} = \begin{cases} 1, & x \geq \beta \\ 0, & x < \beta \end{cases} \tag{6-9}$$

2. 负指数分布

每个顾客的服务时间相互独立，具有相同的负指数分布。其分布函数为

$$B(x) = \begin{cases} 1-e^{-\mu x}, & x \geq 0 \\ 0, & x < 0 \end{cases} \tag{6-10}$$

其中，$\mu > 0$，为一常数。服务时间 t 的数学期望称为平均服务时间。显然，对于负指数分布有

$$E(t) = \int_0^\infty x\mathrm{d}B(x) = \mu \int_0^\infty x\mathrm{e}^{-\mu x}\mathrm{d}x = \frac{1}{\mu} \qquad (6\text{-}11)$$

3. 埃尔朗分布

每个顾客的服务时间相互独立，具有相同的埃尔朗分布。其密度函数为

$$b(x) = \frac{k\mu(k\mu x)^{k-1}}{(k-1)!}\mathrm{e}^{-k\mu x} \qquad (x \geqslant 0) \qquad (6\text{-}12)$$

其中，$\mu > 0$，为一常数。此种平均服务时间为

$$E(t) = \int_0^\infty xb(x)\mathrm{d}x = \frac{1}{k\mu} \qquad (6\text{-}13)$$

当 $k = 1$ 时，埃尔朗分布化归为负指数分布；当 $k \to \infty$ 时，得到长度为 $1/\mu$ 的定长服务。

4. 一般服务分布

所有顾客的服务时间都是相互独立、具有相同分布的随机变量。其分布函数记为 $B(x)$，前面所述的各种服务分布都是一般服务分布的特例。

5. 多个服务台的服务分布

可以假定各个服务台的服务分布参数不同或分布类型不同。

6. 服务时间依赖于队长的情况

这种情况是指排队的人越多，服务员服务的速度也就越快。

三、排队论研究的基本问题

排队论研究的首要问题是排队系统主要数量指标的概率规律，即研究系统的整体性质，然后进一步研究系统的优化问题。与这两个问题相关的还有排队系统的统计推断问题。

（1）通过研究主要数量指标在瞬时或平稳状态下的概率分布及其数字特征，了解系统运行的基本特征。

（2）建立适当的排队模型是排队论研究的第一步，在建立模型的过程中经常会碰到如下问题：检验系统是否达到平稳状态；检验顾客相继到达时间间隔的相互独立性；确定服务时间的分布及有关参数等。

（3）系统优化问题又称为系统控制问题或系统运营问题，其基本目的是使系统处于最优或最合理的状态。系统优化问题包括最优设计问题和最优运营问题，其内容很多，有最少费用、服务率的控制、服务台的开关策略、顾客（或服务）根据优先权的最优排序等方面的问题。

对于一般的排队系统运行情况的分析，通常是在给定输入与服务的条件下，通过求解系统状态为 n（有 n 个顾客）的概率 $P_n(t)$，再计算其主要的运行指标：①系统中顾客数（队长）的期望值 L；②排队等待的顾客数（排队长）的期望值 L_q；③顾客在系统中全部时间（逗留时间）的期望值 W；④顾客排队等待时间的期望值 W_q。

在排队系统中，由于顾客到达分布和服务时间分布是多种多样的，加之服务台数、顾客源有限无限，排队容量有限无限等的不同组合，就会有不胜枚举的不同排队模型。对所有排队模型全部进行分析与计算，不但十分繁杂而且也没有必要。第三节、第四节拟分析几种常见的排队系统模型。

第三节 泊松输入——指数服务排队系统

一、状态转移速度图

为了便于研究分析泊松输入——指数服务排队系统的状态转移规律，引入状态转移速度图。排队系统的状态是指系统中的顾客数 0，1，2，…，$n-1$，n，$n+1$，…，那么系统位于各个状态的概率分别为 p_0，p_1，p_2，…，p_{n-1}，p_n，p_{n+1}，…。排队系统位于某一状态的概率仅与其相邻状态的概率以及从相邻状态转移到该状态的概率有关，可以建立相应的状态转移速度图，如图6-7 所示。

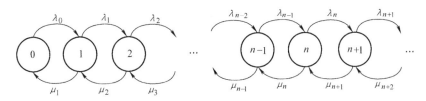

图6-7 状态转移速度图

图中圆圈表示状态，其中的数字、符号表示系统中稳定的顾客数，箭头表示从一个状态到另一个状态的转移。λ_i 表示由状态 i 转移到状态 $i+1$ 的转移速率，$i=0,1,2,\cdots$；μ_j 表示由状态 j 转移到状态 $j-1$ 的转移速率，$j=1$，2，…。

根据上面的讨论，顾客的泊松输入和服务时间负指数分布意味着具有单个性（普通性），即在充分短的时间段内至多到达或接受完服务 1 个顾客。在这个意义下，当时间单位充分小时，单位时间到达的顾客数 λ（单位时间接受完服务的顾客数 μ）可以视为这充分小的单位时间段内到达（离开）1 个顾客的可能性（转移速率）。

由图6-7 可得到：转入率 = 转出率，于是：

当 $n=0$ 时，$\lambda_0 p_0 = \mu_1 p_1$，可得

$$p_1 = \frac{\lambda_0}{\mu_1} p_0$$

当 $n=1$ 时，$\lambda_0 p_0 + \mu_2 p_2 = \lambda_1 p_1 + \mu_1 p_1$，将 $\lambda_0 p_0 = \mu_1 p_1$ 代入，可得 $\lambda_1 p_1 = \mu_2 p_2$，于是有

$$p_2 = \frac{\lambda_1}{\mu_2} p_1 = \frac{\lambda_0 \lambda_1}{\mu_1 \mu_2} p_0$$

……

一般地，当 $n>0$ 时，$\lambda_{n-1} p_{n-1} + \mu_{n+1} p_{n+1} = \lambda_n p_n + \mu_n p_n$，可导出：

$$p_{n+1} = \frac{\lambda_n}{\mu_{n+1}} p_n = \cdots = \frac{\prod\limits_{i=0}^{n} \lambda_i}{\prod\limits_{j=1}^{n+1} \mu_j} p_0$$

根据概率性质 $\sum\limits_{k=0}^{\infty} p_k = 1$，可计算 p_k，$k=0,1,2,\cdots$。

二、$M/M/s/\infty$ 系统

该系统可称为无限源、无限队长的排队系统。当 $s=1$ 时为单服务台系统，其基本结构如图 6-1 所示；当 $s>1$ 时为多服务台系统，其基本结构如图 6-2 所示。若系统内的顾客数 $n>s$，则有 $n-s$ 个顾客在等待服务。

设顾客泊松到达，速率（单位时间到达的顾客数）为 λ；服务时间为负指数分布，速率（单位时间服务的顾客数）为 μ。于是，可得系统的状态转移速度图，如图 6-8 所示。

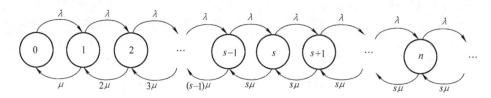

图 6-8 $M/M/s/\infty$ 系统状态转移速度图

图 6-8 中，状态转入速率与状态无关，均为 λ，而状态转出速率与接受服务的顾客数有关，若有 k 个顾客接受服务，其中 1 个顾客接受完服务的可能性为 $k\mu$。根据上面的分析可得

$$p_1 = \frac{\lambda}{\mu} p_0$$

当 $n<s$ 时，
$$p_n = \frac{\lambda_{n-1}}{\mu_n} p_{n-1} = \frac{\lambda}{n\mu} p_{n-1}$$

当 $n \geqslant s$ 时，
$$p_n = \frac{\lambda_{n-1}}{\mu_n} p_{n-1} = \frac{\lambda}{s\mu} p_{n-1}$$

该系统的服务强度为

$$\rho = \frac{\lambda}{s\mu} \tag{6-14}$$

由式（6-14）知 $s\rho = \lambda/\mu$，故若令

$$\delta = \frac{\lambda}{\mu}$$

则系统的稳态概率可表示为

$$p_0 = \left[\sum_{k=0}^{s-1} \frac{\delta^k}{k!} + \frac{\delta^s}{s!(1-\rho)} \right]^{-1} \tag{6-15}$$

$$p_n = \begin{cases} \dfrac{\delta^n}{n!} p_0, & 1 \leqslant n \leqslant s \\[2mm] \dfrac{\delta^n}{s! \, s^{n-s}} p_0, & n > s \end{cases} \tag{6-16}$$

四项主要工作指标为

$$L_q = \frac{\delta^s \rho}{s! \, (1-\rho)^2} p_0 \tag{6-17}$$

$$L = L_q + \delta \tag{6-18}$$

$$W = \frac{L}{\lambda} \tag{6-19}$$

$$W_q = \frac{L_q}{\lambda} \tag{6-20}$$

另外还有必须等待的概率，记 $k = s$，则

$$P\{N > k\} = \sum_{n=k}^{\infty} p_n = \frac{\delta^k \rho}{k!(1-\rho)} p_0 \tag{6-21}$$

特别当 $s = 1$（单服务台系统）时，有

$$\rho = \frac{\lambda}{\mu}(=\delta) \tag{6-22}$$

由式（6-15）知：

$$p_0 = 1 - \rho \tag{6-23}$$

故有

$$p_n = \rho^n(1-\rho) \tag{6-24}$$

$$L = \frac{\lambda}{\mu - \lambda} = \frac{\rho}{1-\rho} \tag{6-25}$$

$$L_q = \frac{\lambda^2}{\mu(\mu-\lambda)} = \frac{\rho^2}{1-\rho} = L\rho \tag{6-26}$$

$$W = \frac{1}{\mu - \lambda} \tag{6-27}$$

$$W_q = \frac{\lambda}{\mu(\mu-\lambda)} = W\rho \tag{6-28}$$

另外还有

$$P\{N > k\} = \rho^{k+1} \tag{6-29}$$

$$P\{U > t\} = e^{-\mu t(1-\rho)} \tag{6-30}$$

例 6-1 某医院急诊室同时只能诊治 1 个病人，诊治时间服从指数分布，每个病人平均需要 15min。病人按泊松分布到达，平均每小时到达 3 人。

解 对此排队系统分析如下：

（1）先确定参数值。由题意知，这是单服务台系统，有

$$\lambda = 3 \text{ 人/h}, \ \mu = \frac{60}{15} \text{人/h} = 4 \text{ 人/h}$$

故服务强度为

$$\rho = \frac{\lambda}{\mu} = \frac{3}{4} = 0.75$$

（2）计算稳态概率：

$$p_0 = 1 - \rho = 1 - 0.75 = 0.25$$

这就是急诊室空闲的概率，也是病人不必等待立即就能就诊的概率。而病人需要等待的概率则为

$$P\{Q > 0\} = 1 - p_0 = \rho = 0.75$$

这也是急诊室繁忙的概率。

（3）计算系统主要工作指标。急诊室内外的病人平均数：

$$L = \frac{\lambda}{\mu - \lambda} = \frac{3}{4-3} \text{人} = 3 \text{ 人}$$

急诊室外排队等待的病人平均数:

$$L_q = L\rho = (3 \times 0.75) \text{人} = 2.25 \text{人}$$

病人在急诊室内外平均逗留的时间:

$$W = \frac{1}{\mu - \lambda} = \frac{1}{4 - 3}\text{h} = 1\text{h} = 60\text{min}$$

病人平均等候时间:

$$W_q = W\rho = (1 \times 0.75)\text{h} = 0.75\text{h} = 45\text{min}$$

(4) 为使病人平均逗留时间不超过半小时,那么平均服务时间应减少多少?

由于

$$W = \frac{1}{\mu - \lambda} \leqslant \frac{1}{2}$$

代入 $\lambda = 3$ 人/h, $\mu \geqslant 5$ 人/h,解得平均服务时间为

$$\frac{1}{\mu} \leqslant \frac{1}{5}\text{h} = 12\text{min}$$

故

$$\Delta \frac{1}{\mu} \geqslant (15 - 12)\text{min} = 3\text{min}$$

即平均服务时间至少应减少 3min。

(5) 若医院希望候诊的病人 90% 以上都能有座位,则候诊室至少应安置多少座位?

设应安置 x 个座位,则加上急诊室内的 1 个座位,共有 $x + 1$ 个。要使 90% 以上的候诊病人有座位,相当于使"来诊的病人数不多于 $x + 1$ 个"的概率不小于 90%,即

$$P\{N \leqslant x + 1\} = 1 - P\{N > x + 1\} \geqslant 0.9$$

或

$$P\{N > x + 1\} \leqslant 0.1$$

由式(6-29)知上式即

$$\rho^{(x+1)+1} = \rho^{x+2} \leqslant 0.1$$

两边取对数

$$(x + 2)\lg\rho \leqslant \lg 0.1$$

因 $\rho < 1$,故

$$x + 2 \geqslant \frac{\lg 0.1}{\lg\rho} = \frac{-1}{\lg 0.75} = 8$$

所以

$$x \geqslant 6$$

即候诊室至少应安置 6 个座位。

例 6-2 承例 6-1,假设医院增强急诊室的服务能力,使其同时能诊治 2 个病人,且平均服务率相同,试分析该系统的工作情况,并与例 6-1 进行比较。

解 这相当于增加了一个服务台,故有

$$s = 2, \lambda = 3 \text{人/h}, \mu = 4 \text{人/h}$$

$$\delta = \frac{\lambda}{\mu} = 0.75, \rho = \frac{\lambda}{s\mu} = \frac{3}{2 \times 4} = 0.375$$

按式(6-15)得

$$p_0 = \left[1 + 0.75 + \frac{0.75^2}{2! \times (1 - 0.375)}\right]^{-1} = \frac{1}{2.2} = \frac{5}{11} = 0.\dot{4}\dot{5}$$

按式(6-17)得

$$L_q = \left[\frac{0.75^2 \times 0.375}{2! \times (1 - 0.375)^2} \times \frac{5}{11}\right]人 = \left(0.27 \times \frac{5}{11}\right)人 \approx 0.12 人$$

于是有

$$L = L_q + \delta = (0.12 + 0.75) 人 = 0.87 人$$

$$W = \frac{L}{\lambda} = \frac{0.87}{3} h = 0.29h = 17.4min$$

$$W_q = \frac{L_q}{\lambda} = \frac{0.12}{3} h = 0.04h = 2.4min$$

病人必须等候的概率即系统状态 $N \geq s(=2)$ 的概率，由式(6-21)得

$$P\{Q > 0\} = P\{N \geq 2\} = \frac{0.75^2}{2! \times (1 - 0.375)} \times \frac{5}{11} \approx 0.20$$

另外，还常采用顾客时间损失系数

$$\beta = \frac{W_q}{E(V)}$$

来评估服务质量。由于这里任一顾客的服务时间 V 服从参数为 μ 的指数分布，由 $E(V) = 1/\mu$，从而可由上式分别算出例6-1与本例的 β 值。两个系统的情况比较如表6-1所示。

表6-1 两个系统的情况比较

指 标	$s = 1$ 系统	$s = 2$ 系统
p_0	0.25	0.45
$P\{Q > 0\}$	0.75	0.20
L_q	2.25 人	0.12 人
L	3 人	0.87 人
W	60min	17.4min
W_q	45min	2.4min
β	3 倍	16%

三、$M/M/s/r$ 系统

该系统的容量有限，最多可容纳 $r(\geq s)$ 个顾客(包括正在接受服务的顾客)，故称为无限源、有限队长系统。当 $r = s$ 时为损失制系统；当 $r > s$ 时为混合制系统。当顾客到达该系统时，若系统已经满员($N = r$)，则后到的顾客就自动消失。因系统容量有限，故不需规定 $\rho < 1$ 就能保证系统达到稳态。

设顾客泊松到达，速率(单位时间到达的顾客数)为 λ；服务时间为负指数分布，速率(单位服务的顾客数)为 μ。于是，可得系统的状态转移速度图，如图6-9所示。

图6-9中，状态转入速率与状态无关，均为 λ，而状态转出速率与接受服务的顾客数有关，若有 k 个顾客接受服务，其中1个顾客接受完服务的可能性为 $k\mu$。根据上面的分析可得

$$p_1 = \frac{\lambda}{\mu} p_0$$

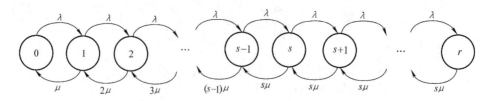

图6-9　$M/M/s/r$ 系统状态转移速度图

当 $n < s$ 时，
$$p_n = \frac{\lambda_{n-1}}{\mu_n} p_{n-1} = \frac{\lambda}{n\mu} p_{n-1}$$

当 $n \geq s$ 时，
$$p_n = \frac{\lambda_{n-1}}{\mu_n} p_{n-1} = \frac{\lambda}{s\mu} p_{n-1}$$

此系统与 $M/M/s/\infty$ 系统的区别是系统容量有限，因此有 $\sum\limits_{n=0}^{r} p_n = 1$ 。

下面分别就 $s = 1$ 与 $s > 1$ 给出有关的公式与示例。

1. $s = 1$ 的情形

服务强度为
$$\rho = \frac{\lambda}{\mu}$$

稳态概率为

$$p_0 = \begin{cases} \dfrac{1-\rho}{1-\rho^{r+1}}, & \rho \neq 1 \\[2mm] \dfrac{1}{r+1}, & \rho = 1 \end{cases} \tag{6-31}$$

$$p_n = \begin{cases} \rho^n p_0, & \rho \neq 1 \\ p_0, & \rho = 1 \end{cases} \quad (n \leq r) \tag{6-32}$$

平均队长、平均等待队长为

$$L = \begin{cases} \dfrac{\rho}{1-\rho} - \dfrac{(r+1)\rho^{r+1}}{1-\rho^{r+1}}, & \rho \neq 1 \\[3mm] \dfrac{r}{2}, & \rho = 1 \end{cases} \tag{6-33}$$

$$L_q = L - (1 - p_0) \tag{6-34}$$

由于到达的潜在顾客能进入系统的概率为 $1 - p_r$，故系统的有效平均到达率为

$$\lambda_e = \lambda(1 - p_r) = \mu(1 - p_0) \tag{6-35}$$

据此按李特尔公式即可求出 W 和 W_q。

例6-3 某美容店系私人开办并自理业务，由于店内面积有限，只能安置3个座位供顾客等候，一旦满座则后来者不再进店等候。已知顾客到达间隔与美容时间均为指数分布，平均到达间隔80min，平均美容时间50min。试求任一顾客期望等候时间及该店潜在顾客的损失率。

解 这是一个 $M/M/1/r$ 系统。由题意知：

$$r = 3 + 1 = 4, \quad \frac{1}{\lambda} = 80\text{min}/人, \quad \frac{1}{\mu} = 50\text{min}/人$$

故服务强度为

$$\rho = \frac{\lambda}{\mu} = \frac{1/80}{1/50} = \frac{5}{8} = 0.625$$

则

$$p_0 = \frac{1-\rho}{1-\rho^{r+1}} = \frac{1-0.625}{1-0.625^5} \approx 0.4145$$

$$L = \frac{\rho}{1-\rho} - \frac{(r+1)\rho^{r+1}}{1-\rho^{r+1}} = \left(\frac{0.625}{1-0.625} - \frac{5 \times 0.625^5}{1-0.625^5} \right) 人 \approx 1.1396\ 人$$

$$L_q = L - (1-p_0) = [1.1396 - (1-0.4145)]\ 人 \approx 0.5541\ 人$$

$$\lambda_e = \mu(1-p_0) = \frac{1}{50} min/人 \times (1-0.4145) = 0.01171 min/人$$

故任一顾客期望等待的时间为

$$W_q = \frac{L_q}{\lambda_e} = \frac{0.5541}{0.01171} min \approx 47 min$$

该店潜在顾客的损失率即系统满员的概率为

$$p_4 = \rho^4 p_0 = 0.625^4 \times 0.4145 \approx 0.06 = 6\%$$

另外也可按式(6-35)计算，有

$$p_4 = 1 - \frac{\lambda_e}{\lambda} = 1 - 80 \times 0.01171 \approx 0.06 = 6\%$$

2. $s > 1$ 的情形

服务强度为

$$\rho = \frac{\lambda}{s\mu}$$

仍令 $\delta = \lambda/\mu$，则其他公式为

$$p_0 = \begin{cases} \left[\sum_{k=0}^{s} \dfrac{\delta^k}{k!} + \dfrac{s^s \rho(\rho^s - \rho^r)}{s!(1-\rho)} \right]^{-1}, & \rho \neq 1 \\[4mm] \left[\sum_{k=0}^{s} \dfrac{s^k}{k!} + (r-s)\dfrac{s^s}{s!} \right]^{-1}, & \rho = 1 \end{cases} \qquad (6\text{-}36)$$

$$p_n = \begin{cases} \dfrac{\delta^n}{n!}p_0 & (n=1,2,\cdots,s) \\[4mm] \dfrac{s^s \rho^n}{s!}p_0 & (n=s+1,s+2,\cdots,r) \end{cases} \qquad (6\text{-}37)$$

$$L_q = \begin{cases} \dfrac{\rho\delta^s}{s!(1-\rho)^2}\{1 - \rho^{r-s}[1+(r-s)(1-\rho)]\}p_0, & \rho \neq 1 \\[4mm] \dfrac{(r-s)(r-s+1)s^s}{2(s!)}p_0, & \rho = 1 \end{cases} \qquad (6\text{-}38)$$

$$L = L_q + \delta(1-p_r) \qquad (6\text{-}39)$$

$$\lambda_e = \lambda(1-p_r) \qquad (6\text{-}40)$$

W、W_q 可按李特尔公式计算。

特别当 $r = s$(损失制)时，例如影剧院、旅馆、停车场客满就不能等待空位了，这时的

公式将大为简化，成为

$$p_0 = \left(\sum_{k=0}^{s} \frac{\delta^k}{k!} \right)^{-1} \tag{6-41}$$

$$p_n = \frac{\delta^n}{n!}p_0 \quad (n = 0,1,2,\cdots,s) \tag{6-42}$$

$$L_q = 0, \quad W_q = 0, \quad W = \frac{1}{\mu} \tag{6-43}$$

$$L = \delta(1 - p_s) \tag{6-44}$$

这里 L 也是被使用的服务台的平均数。

例 6-4 某街口汽车加油站可同时为 2 辆汽车加油，同时还可容纳 3 辆汽车等待，超过此限则不能等待而离去。汽车到达间隔与加油时间均为指数分布，平均每小时到达 16 辆，平均加油时间为每辆 6min。求每辆汽车的平均逗留时间。

解 这是一个 $M/M/2/r$ 系统，由题意知：

$$s = 2, \ r = 2 + 3 = 5, \ \lambda = 16 \text{ 辆/h}, \ \mu = \frac{60}{6} \text{ 辆/h} = 10 \text{ 辆/h}$$

则

$$\delta = \frac{\lambda}{\mu} = \frac{16}{10} = 1.6, \ \rho = \frac{\lambda}{s\mu} = \frac{1.6}{2} = 0.8$$

按式 (6-36) 得

$$p_0 = \left[1 + 1.6 + \frac{1.6^2}{2!} + \frac{2^2 \times 0.8 \times (0.8^2 - 0.8^5)}{2! \times (1 - 0.8)} \right]^{-1}$$
$$= (1 + 1.6 + 1.28 + 2.49856)^{-1} \approx 0.1568$$

按式 (6-38) 得

$$L_q = \left\{ \frac{0.8 \times 1.6^2 \times 0.1568}{2! \times (1 - 0.8)^2} \times \left\{ 1 - 0.8^{5-2} \times \left[1 + (5 - 2) \times (1 - 0.8) \right] \right\} \right\} \text{辆}$$
$$= \left[\frac{0.8 \times 2.56 \times 0.1568}{0.08} \times (1 - 0.8192) \right] \text{辆} = 0.7257 \text{ 辆}$$

按式 (6-37) 得

$$p_5 = \frac{2^2}{2!} \times 0.8^5 \times 0.1568 = 0.1028 \approx 10\%$$

这是系统潜在顾客的损失率。按式 (6-39) 得

$$L = 0.7257 \text{ 辆} + 1.6 \times (1 - 0.1028) \text{ 辆} = 2.1612 \text{ 辆}$$

按李特尔公式以及式 (6-40) 得

$$W = \frac{L}{\lambda_e} = \frac{L}{\lambda(1 - p_r)} = \frac{2.1612}{16 \times (1 - 0.1028)} \text{h} \approx 0.15\text{h} = 9\text{min}$$

即每辆汽车平均逗留 9min。

四、$M/M/s/m/m$ 系统

该系统的顾客源数为 m，故称为有限源系统。构成此系统的典型情况有：①s 名电工共同负责 m 台机器的维修；②m 个车工共同使用 s 个电动砂轮；③m 个教师共同使用 s 个计算机终端；④一家几口人共同使用一个卫生间，等等。下面以情况①为例加以说明。

在这种情况下，顾客源即 m 台机器，机器发生故障表示顾客到达，s 名电工即服务台。由于故障机器修好后，经过若干时间的运转还会发生故障，因此该排队系统具有图 6-10 所示的循环排队结构形式。

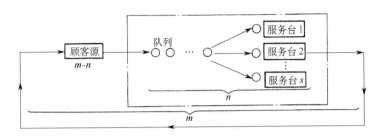

图 6-10 循环排队结构形式

假定：

（1）m 台机器质量相同，每台机器连续运转时间相互独立且都服从参数为 λ 的指数分布。每台机器平均连续运转时间为 $1/\lambda$，λ 是 1 台机器在单位运转时间内发生故障的平均次数。

（2）s 名电工的技术程度相同，每人对机器的修复时间相互独立，每台机器的修复时间都服从参数为 μ 的指数分布。电工修复每台机器的平均时间为 $1/\mu$，而 μ 是 1 名电工在单位时间内修复机器的台次。

（3）机器的正常运转与修理状态相互独立，修复的机器具有与新机器相同的质量。

于是，可得系统的状态转移速度图如图 6-11 所示。

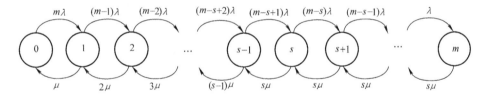

图 6-11 $M/M/s/m/m$ 系统状态转移速度图

图 6-11 中，状态转入速率与状态有关，若系统已有 k 个顾客（k 台机器）到达（发生故障），那么潜在的顾客（尚在运转的机器）有 $m-k$ 个（台），其中 1 个顾客（1 台机器）到达（发生故障）的可能性为 $(m-k)\lambda$，而状态转出速率与接受服务的顾客数有关，若有 k 个顾客（k 台机器）接受服务（维修），其中 1 个顾客（1 台机器）接受完服务（维修恢复运转）的可能性为 $k\mu$。根据上面的分析可得

$$p_1 = \frac{m\lambda}{\mu}p_0$$

当 $n < s$ 时，

$$p_n = \frac{\lambda_{n-1}}{\mu_n}p_{n-1} = \frac{(m-n+1)\lambda}{n\mu}p_{n-1}$$

当 $n \geqslant s$ 时，

$$p_n = \frac{\lambda_{n-1}}{\mu_n}p_{n-1} = \frac{(m-n+1)\lambda}{s\mu}p_{n-1}$$

该系统的服务强度为

$$\rho = \frac{m\lambda}{s\mu}$$

稳态概率为

$$p_0 = \left[\sum_{k=0}^{s} \frac{m!}{k!(m-k)!} \delta^k + \frac{s^s}{s!} \sum_{k=s+1}^{m} \frac{m!}{(m-k)!} \gamma^k \right]^{-1} \qquad (6\text{-}45)$$

$$p_n = \begin{cases} \dfrac{m!}{(m-n)!n!} \delta^n p_0 & (n=0,1,2,\cdots,s) \\[3mm] \dfrac{m!}{(m-n)!} \dfrac{s^s}{s!} \gamma^n p_0 & (n=s+1,s+2,\cdots,m) \end{cases} \qquad (6\text{-}46)$$

其中,

$$\delta = \frac{\lambda}{\mu}, \quad \gamma = \frac{\lambda}{s\mu}$$

L 和 L_q 按式(6-2)计算,而这时

$$\lambda_e = \lambda(m-L) \qquad (6\text{-}47)$$

据此可按李特尔公式计算 W 和 W_q。

特别当 $s=1$(单服务台系统)时,有

$$\rho = \frac{m\lambda}{\mu}$$

$$p_0 = \left[\sum_{k=0}^{m} \frac{m!}{(m-k)!} \delta^k \right]^{-1}$$

$$p_n = \frac{m!}{(m-n)!} \delta^n p_0 \quad (n=0,1,2,\cdots,s)$$

$$L = m - \frac{\mu}{\lambda}(1-p_0)$$

$$L_q = m - \frac{(\lambda+\mu)(1-p_0)}{\lambda} = L - (1-p_0)$$

$$\lambda_e = \lambda(m-L) = \mu(1-p_0)$$

W 和 W_q 按李特尔公式计算。

例 6-5 一个工人负责照管 6 台自动机床,当机床需要加料、发生故障或刀具磨损时就自动停车,等待工人照管。设每台机床平均每小时停车一次,每次需要工人照管的平均时间为 0.1h。试分析该系统的运行情况。

解 由题意知,这是一个 $M/M/1/6/6$ 系统,有

$$m=6, \quad \lambda=1 \text{ 台/h}, \quad \mu=\frac{1}{0.1} \text{台/h}=10 \text{ 台/h}, \quad \delta=\frac{\lambda}{\mu}=0.1$$

工人平均空闲的概率为

$$p_0 = \left[\sum_{k=0}^{6} \frac{6!}{(6-k)!} 0.1^k \right]^{-1}$$

$$= (1 + 6 \times 0.1 + 6 \times 5 \times 0.1^2 + 6 \times 5 \times 4 \times 0.1^3 +$$

$$\quad 6 \times 5 \times 4 \times 3 \times 0.1^4 + 6! \times 0.1^5 + 6! \times 0.1^6)^{-1}$$

$$= 0.4845$$

停车的机床(包括正在照管和等待照管)的平均数为

$$L = [6 - 10 \times (1 - 0.4845)] \text{台} = 0.845 \text{ 台}$$

等待照管的机床平均数为

$$L_q = [0.845 - (1 - 0.4845)] \text{台} = 0.3295 \text{ 台}$$

平均停车时间为

$$W = \frac{L}{\mu(1 - p_0)} = \frac{0.845}{10 \times (1 - 0.4845)} \text{h} = 0.1639 \text{h} = 9.83 \text{min}$$

平均等待时间为

$$W_q = W - \frac{1}{\mu} = (0.1639 - 0.1) \text{h} = 0.0639 \text{h} = 3.83 \text{min}$$

生产损失率(即停车机床所占比例)为

$$\xi = \frac{L}{m} = \frac{0.845}{6} = 0.141 = 14.1\%$$

机床利用率为

$$\eta = 1 - \xi = 100\% - 14.1\% = 85.9\%$$

例 6-6 若将例 6-5 改为由 3 个技术程度相同的工人共同照管 20 台自动机床，其他数据不变，试分析此时系统的运行情况，并与例 6-5 进行比较。

解 由题意知，这是一个 $M/M/3/20/20$ 系统，有

$$s = 3, \ m = 20, \ \lambda = 1 \text{台/h}, \ \mu = 10 \text{台/h}, \ \delta = 0.1, \ \gamma = \frac{\lambda}{s\mu} = \frac{1}{30}$$

机床全好率(即全部 20 台机床同时正常运转的概率)为

$$p_0 = \left[\sum_{k=0}^{3} \frac{20!}{k!(20-k)!} 0.1^k + \frac{3^3}{3!} \sum_{k=4}^{20} \frac{20!}{(20-k)!} \left(\frac{1}{30}\right)^k \right]^{-1} = 0.1363$$

为了计算四项主要工作指标，先要按下式：

$$p_n = \begin{cases} \dfrac{20!}{(20-n)! \ n!} 0.1^n \times 0.1363 & (0 \leqslant n \leqslant 3) \\[3mm] \dfrac{20!}{(20-n)! \ 3!} \dfrac{3^3}{} \left(\dfrac{1}{30}\right)^n \times 0.1363 & (4 \leqslant n \leqslant 20) \end{cases}$$

分别算出 $p_1, p_2, \cdots, p_{20}$。通过计算知道 $p_{12} = 0.00007$，而当 $n \geqslant 13$ 时，$p_n < 0.5 \times 10^{-5}$，故可忽略不计。于是

$$L = \sum_{n=1}^{20} np_n \approx p_1 + 2p_2 + \cdots + 12p_{12} = 2.1268 \text{ 台}$$

$$L_q = \sum_{n=1}^{17} np_{3+n} \approx p_4 + 2p_2 + \cdots + 9p_{12} = 0.3386 \text{ 台}$$

$$\lambda_e = \lambda(m - L) = 1 \times (20 - 2.1268) = 17.8732$$

$$W = \frac{L}{\lambda_e} = \frac{2.1268}{17.8732} \text{h} = 0.1190 \text{h} = 7.14 \text{min}$$

$$W_q = W - \frac{1}{\mu} = (0.1190 - 0.1) \text{h} = 0.0190 \text{h} = 1.14 \text{min}$$

$$\xi = \frac{L}{m} = \frac{2.1268}{20} = 0.106 = 10.6\%$$

$$\eta = 1 - \xi = 89.4\%$$

工人平均空闲的概率为

$$\frac{1}{3}\sum_{n=0}^{2}(3-n)p_n = \frac{1}{3}(3p_0 + 2p_1 + p_2) = 0.4042$$

而单台系统的该项指标即 p_0。

例6-5、例6-6各项指标的比较如表6-2所示。由此可见，协作共管优于个人承包，虽然照管的台数增加了（平均每人增加0.6台），利用率反而提高了，但每个工人的空闲时间相应地减少了。

表6-2 例6-5、例6-6各项指标的比较

系　　统	指　标							
	平均每人照管台数/台	平均空闲的概率	L/台	L_q/台	W/min	W_q/min	损失率 $\xi(\%)$	利用率 $\eta(\%)$
1人照管6台	6	0.4845	0.845	0.3295	9.83	3.83	14.1	85.9
3人共管20台	6.6	0.4042	2.1268	0.3386	7.14	1.14	10.6	89.4

第四节　其他系统选介

一、$M/G/1$ 排队系统

这里讨论具有泊松输入、一般独立服务的单台系统的排队模型。

设系统的平均到达串为 λ，任一顾客的服务时间为 V，且有

$$E(V) = \frac{1}{\mu} < \infty, \quad D(V) = \sigma^2 < \infty$$

服务强度为

$$\rho = \frac{\lambda}{\mu}$$

不论 V 服从什么分布，只要 $\rho < 1$，系统就能达到稳态，并有稳态概率：

$$p_0 = 1 - \rho \tag{6-48}$$

从而根据波拉切克(Pollaczek)-欣钦(Khintchine)公式还可导出：

$$L_q = \frac{\rho^2 + \lambda^2\sigma^2}{2(1-\rho)} \tag{6-49}$$

进而按式(6-1)就可求出 L、W、W_q。（这时 $\lambda_e = \lambda$）

例6-7 某储蓄所有一个服务窗口，顾客按泊松分布平均每小时到达10人。为任一顾客办理存款、取款等业务的时间 $V(\text{h}) \sim N(0.05, 0.01^2)$。试求该储蓄所空闲的概率及其主要工作指标。

解 由题意知：

$$\lambda = 10 \text{ 人/h}, \quad \frac{1}{\mu} = 0.05\text{h/人}, \quad \sigma^2 = 0.01^2, \quad \rho = \frac{\lambda}{\mu} = 10 \times 0.05 = 0.5$$

按式(6-48)可得该储蓄所空闲的概率为

$$p_0 = 1 - \rho = 1 - 0.5 = 0.5$$

按式(6-49)得

$$L_q = \frac{0.5^2 + 10^2 \times 0.01^2}{2 \times (1 - 0.5)} 人 = 0.26 \ 人$$

再按式(6-18)～式(6-20)得

$$L = L_q + \rho = (0.26 + 0.5) 人 = 0.76 \ 人$$

$$W = \frac{L}{\lambda} = \frac{0.76}{10} h = 0.076h \approx 5min$$

$$W_q = \frac{L_q}{\lambda} = \frac{0.26}{10} h = 0.026h \approx 2min$$

二、$M/D/1$ 排队系统

该系统对各顾客服务时间相互独立且为同一个常数 v，故有

$$E(v) = v = \frac{1}{\mu}, \ D(v) = 0(= \sigma^2)$$

这样式(6-49)简化为

$$L_q = \frac{\rho^2}{2(1 - \rho)} \tag{6-50}$$

例6-8　某检测站有一台自动检测机器性能的仪器，检测每台机器都需6min。送检机器按泊松分布到达，平均每小时4台。试求该系统的主要工作指标。

解　由题意知，这是一个 $M/D/1$ 系统，且有

$$\lambda = 4 \ 台/h, \ \frac{1}{\mu} = 6min/台 = 0.1h/台, \ \sigma^2 = 0, \ \rho = \frac{\lambda}{\mu} = 4 \times 0.1 = 0.4$$

故按式(6-50)得

$$L_q = \frac{0.4^2}{2 \times (1 - 0.4)} 台 = \frac{2}{15} 台$$

再按式(6-18)～式(6-20)得

$$L = L_q + \rho = \left(\frac{2}{15} + 0.4 \right) 台 = \frac{8}{15} 台$$

$$W_q = \frac{L_q}{\lambda} = \frac{2}{4 \times 15} h = \frac{1}{30} h = 2min$$

$$W = W_q + \frac{1}{\mu} = (2 + 6)min = 8min$$

三、$M/E_k/1$ 系统

该系统对任一顾客的服务时间 $V \sim E_k(\mu)$，则其期望与方差分别为

$$E(V) = \frac{1}{\mu}, \ D(V) = \frac{1}{k\mu^2}(= \sigma^2)$$

代入式(6-49)中，有

$$L_q = \frac{\rho^2 + \dfrac{\lambda^2}{k\mu^2}}{2(1-\rho)} = \frac{(k+1)\rho^2}{2k(1-\rho)} \tag{6-51}$$

例 6-9 一个质量检查员平均每小时收到 2 件送来检查的样品，每件样品要依次完成 5 项检验才能判定是否合格。据统计，每项检验所需时间的期望值都是 4min，每项检验的时间和送检产品到达间隔都为指数分布。问每件样品从送到至检查完毕预期需要多少时间？

解 分析题意可知该系统为 $M/E_k/1$ 型系统，且有

$$\lambda = 2 \text{ 件/h}, \quad k = 5$$

设 $V_i(i=1,2,3,4,5)$ 为任一件样品第 i 项检验的时间，则由式(6-13)知

$$E(V_i) = \frac{1}{k\mu} \quad (i = 1,2,3,4,5)$$

由题意知上式即

$$\frac{1}{5\mu} = 4 \text{min/件}$$

故

$$\frac{1}{\mu} = 20 \text{min/件} = \frac{1}{3} \text{h/件}$$

$$\rho = \frac{\lambda}{\mu} = 2 \times \frac{1}{3} = \frac{2}{3}$$

把 $\rho = \dfrac{2}{3}$ 和 $k = 5$ 代入式(6-51)中，得

$$L_q = \frac{(5+1) \times \left(\dfrac{2}{3}\right)^2}{2 \times 5 \times \left(1 - \dfrac{2}{3}\right)} \text{件} = \frac{4}{5} \text{件}$$

再按式(6-1)得

$$W_q = \frac{L_q}{\lambda} = \frac{4}{2 \times 5} \text{h} = \frac{2}{5} \text{h}$$

$$W = W_q + \frac{1}{\mu} = \left(\frac{2}{5} + \frac{1}{3}\right) \text{h} = \frac{11}{15} \text{h} = 44 \text{min}$$

即每件样品从送到至检查完毕预期需要 44min。

第五节 排队系统的优化目标与最优化问题

以完全消除排队现象为研究目标是不现实的，会造成服务人员和设施的严重浪费，但是设施的不足和低水平的服务又将引起太多的等待，从而导致生产和社会性损失。从经济角度考虑，排队系统的费用应该包含以下两方面：一个是服务费用，它是服务水平的递增函数；另一个是顾客等待的机会损失(费用)，它是服务水平的递减函数。两者的总和呈一条 U 形曲线(图6-12)。系统优化的目标就是寻求上述合成费用的最小值。在这种意义下，排队系统优化(Queuing Systems Optimization)问题通常分为两类：一类称之为系统的静态最优设计，目的在于使设备达到最大效益，或者说，在保证一定服务质量指标的前提下，要求机构最为

经济；另一类叫作系统动态最优运营，是指一个给定排队系统，如何运营可使某个目标函数得到最优。归纳起来，排队系统常见的优化问题在于：

（1）确定最优服务率 μ^*。

（2）确定最佳服务台数量 s^*。

（3）选择最为合适的服务规则。

（4）或是确定上述几个量的最优组合。

由于系统动态最优控制问题涉及更多的数学知识，因此，本章只讨论系统静态的最优设计问题。这类问题一般可以借助于前面所得到的一些表达式来解决。

本节仅就 μ、s 这两个决策变量的单独优化，介绍两个较简单的模型，以便读者了解排队系统优化设计的基本思想。

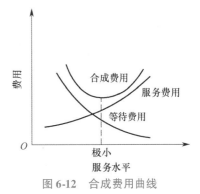

图 6-12　合成费用曲线

一、$M/M/1/\infty$ 系统的最优平均服务率 μ^*

设 c_1 为当 $\mu=1$ 时服务系统单位时间的平均费用；c_w 为平均每个顾客在系统逗留单位时间的损失；y 为整个系统单位时间的平均总费用。其中 c_1、c_w 均为可知（下同），则目标函数为

$$y = c_1\mu + c_w L \tag{6-52}$$

将式（6-25），即 $L = \lambda/(\mu-\lambda)$ 代入上式得

$$y = c_1\mu + c_w\lambda\,\frac{1}{\mu-\lambda}$$

显而易见，y 是关于决策变量 μ 的一元非线性函数。由一阶条件

$$\frac{\mathrm{d}y}{\mathrm{d}\mu} = c_1 - c_w\lambda\,\frac{1}{(\mu-\lambda)^2} = 0$$

解得驻点为

$$\mu^* = \lambda + \sqrt{\frac{c_w\lambda}{c_1}} \tag{6-53}$$

根号前取正号是为了保证 $\rho<1$，即 $\mu^*>\lambda$，这样系统才能达到稳态。又由二阶条件

$$\frac{\mathrm{d}^2 y}{\mathrm{d}\mu^2} = \frac{2c_w\lambda}{(\mu-\lambda)^3} > 0 \quad （因 \mu>\lambda）$$

可知式（6-53）给出的 μ^* 为 (λ,∞) 上的全局唯一最小点。将 μ^* 代入式（6-52）中，可得最小总平均费用：

$$y^* = c_1\lambda + 2\sqrt{c_1 c_w\lambda} \tag{6-54}$$

另外，若设 c_w 为平均每个顾客在队列中等待单位时间的损失，则需用式（6-26）给出的 $L_q = \dfrac{\lambda^2}{\mu(\mu-\lambda)}$ 取代式（6-52）中的 L，这时类似可得一阶条件：

$$c_1\mu^4 - 2c_1\lambda\mu^3 + c_1\lambda^2\mu^2 - 2c_w\lambda^2\mu + c_w\lambda^3 = 0$$

这是一个关于 μ 的四次方程，尽管它有求根公式，但由于形式太复杂，实际并不应用。一般采用数值法（如牛顿法）确定其根 μ^*。

二、$M/M/s/\infty$ 系统的最优服务台数 s^*

设目标函数为

$$f(s) = c_2 s + c_w L(s) \tag{6-55}$$

式中 s——并联服务台的个数(待定);

$f(s)$——整个系统单位时间的平均总费用,它是关于服务台数 s 的函数;

c_2——单位时间内平均每个服务台的费用;

c_w——平均每个顾客在系统中逗留(或等待)单位时间的损失;

$L(s)$——平均队长(或平均等待队长),它是关于服务台数 s 的函数。

要确定最优服务台数 $s^* \in \{1,2,\cdots\}$,使

$$f(s^*) = \min f(s) = c_2 s + c_w L(s)$$

由于 s 取值离散,不能采用微分法或非线性规划的方法,因此采用差分法。显然有

$$\begin{cases} f(s^*) \leqslant f(s^*-1) \\ f(s^*) \leqslant f(s^*+1) \end{cases} \tag{6-56}$$

把式(6-55)代入式(6-56)中,得

$$\begin{cases} c_2 s^* + c_w L(s^*) \leqslant c_2(s^*-1) + c_w L(s^*-1) \\ c_2 s^* + c_w L(s^*) \leqslant c_2(s^*+1) + c_w L(s^*+1) \end{cases}$$

由此可得

$$L(s^*) - L(s^*+1) \leqslant \frac{c_2}{c_w} \leqslant L(s^*-1) - L(s^*)$$

令

$$\theta = \frac{c_2}{c_w} \tag{6-57}$$

依次计算 $s=1,2,\cdots$ 时的 $L(s)$ 值及每一差值 $L(s) - L(s+1)$,根据 θ 落在哪两个差值之间就可确定 s^*。

例 6-10 某市政府的上访接待室每天平均接待来访 48 次,来访者为泊松流,每天上访所造成的损失为平均每次 20 元。该室每设置 1 名接待员的服务成本为平均每天 8 元,接待时间为指数分布,平均每天可接待 25 次。问应设置几名接待员能使平均总费用为最小?

解 由题意知,这是一个 $M/M/s/\infty$ 系统,有

$$c_2 = 8 \text{ 元/(人·天)}, \quad c_w = 20 \text{ 元/(天·次)}, \quad \lambda = 48 \text{ 次/天}, \quad \mu = 25 \text{ 次/天}$$

按式(6-57)得

$$\theta = \frac{8}{20} = 0.4$$

另有

$$\delta = \frac{\lambda}{\mu} = \frac{48}{25} = 1.92$$

$$\rho = \frac{\lambda}{s\mu} = \frac{\delta}{s} = \frac{1.92}{s}, \quad 1-\rho = 1 - \frac{1.92}{s} = \frac{s-1.92}{s}$$

把 δ、ρ、$1-\rho$ 代入式(6-15),得

$$p_0 = \left[\sum_{k=0}^{s-1} \frac{1.92^k}{k!} + \frac{1.92^s}{(s-1)!(s-1.92)} \right]^{-1}$$

又由式(6-17)、式(6-18)得

$$L = \frac{\delta^s \rho}{s!(1-\rho)^2} p_0 + \delta$$

把 δ、ρ、$1-\rho$、p_0 代入上式，整理可得

$$L(s) = \frac{1.92^{s+1}}{(s-1.92)\left[(s-1)!(s-1.92)\sum_{k=0}^{s-1}\frac{(1.92)^k}{k!} + (1.92)^s\right]} + 1.92$$

$$(s = 2, 3, \cdots)$$

而当 $s=1$ 时，$\rho = \delta = 1.92 > 1$，不满足系统达到稳态的条件 $\rho < 1$，故这时 $L(1) \to \infty$。依次计算当 $s=2$，3，…时的 $L(s)$ 值及差值 $L(s) - L(s+1)$，如表 6-3 所示。

表 6-3　$s = 2$，3，…时的 $L(s)$ 值及差值 $L(s) - L(s+1)$

s	1	2	3	4	5	…
$L(s)$	∞	24.490	2.645	2.063	1.952	…
$L(s) - L(s+1)$	∞	21.845	0.582	0.111		…
$\theta = 0.4$						

由表 6-3 及 θ 所落位置，对应可知：

$$s^* = 4 \text{ 人}$$

据此按式(6-55)可得最小总平均费用：

$$f(s^* = 4) = (8 \times 4 + 20 \times 2.063) \text{ 元/天} = 73.26 \text{ 元/天}$$

故该室应设置 4 名接待员，可使每天总平均费用达到最小，为 73.26 元。

本 章 小 结

排队论(Queueing Theory)或称随机服务系统理论，是研究服务系统中排队现象随机规律的学科。排队论通过对服务对象到达及服务时间的统计研究，得出这些数量指标(等待时间、逗留时间、系统顾客平均数、排队长度、忙期长短等)的统计规律，然后根据这些规律来改进服务系统的结构或重新组织被服务对象，使得服务系统既能满足服务对象的需要，又能使机构的费用最经济或某些指标最优。它广泛应用于计算机网络、生产、运输、库存等各项资源共享的随机服务系统。

排队论研究的内容有三个方面：统计推断，根据资料建立模型；系统的性态，即和排队有关的数量指标的概率规律性；系统的优化问题。其目的是正确设计和有效运行各个服务系统，使之发挥最佳效益。

20 世纪 50 年代初，肯道尔(D. G. Kendall)对排队论做了系统的研究，提出了用符号 X/Y/Z/A/B/C 表示的排队系统模型。其中，X 表示顾客相继到达的间隔时间的分布，Y 表示服务时间的分布，Z 表示服务台个数，A 表示系统中顾客容量限额(默认为 ∞)，B 表示顾客源限额(默认为 ∞)，C 表示服务规则(默认为 FCFS)。

稳态排队系统的主要衡量指标有：平均有效到达率 λ_e、平均队长 L（系统中的顾客总数）、平均排队长 L_q（队列中的顾客数）、平均逗留时间 W（顾客在系统中的停留时间）、平均等待时间 W_q（顾客在队列中的等待时间）等；主要讨论的到达间隔时间与服务时间的分布有：泊松分布、负指数分布、埃尔朗分布等。

本章介绍了排队问题的模型分类、主要指标的分析与计算，实践中可以依据计算出的有关信息解决相关问题。

排队论的应用非常广泛。它适用于一切服务系统。尤其在通信系统、交通系统、计算机、存储系统、生产管理系统等方面应用得最多。排队论的产生与发展来自实际的需要，实际的需要也必将影响它今后的发展方向。

本章知识导图如下：

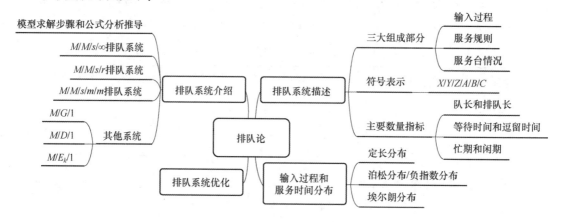

本章学习与教学思路建议

本章教学的重点应放在对排队系统的分析、认识上。通过状态转移速度图进行泊松输入——指数服务排除系统的分析研究，是本章建议的主要研究思路。此类系统的求解步骤主要有：

（1）根据已知条件绘制状态转移速度图。

（2）依据状态转移速度图写出各稳态概率之间的关系。

（3）求出 p_0、p_n，及有效平均到达率 λ_e。

（4）利用李特尔公式计算各项数量运行指标。

（5）用系统运行指标构造目标函数，对系统进行优化。

应使学生理解分析的思路和过程，通过分析推导标准的三类泊松输入——指数服务排队系统。对于优化问题，本章只介绍了较简单的两种情况，目的是建立优化的思路和方法。

学生们对本章的学习常把注意力集中在公式的记忆方面，而本章公式很多又不易记住，因此学生认为本章的难点在于公式的记忆。实际上，本章的重点应放在分析、推导上。教学中应重点介绍上述思路，把 $M/M/1$、$M/M/s$ 及顾客源有限的排队系统的公式推导作为分析的案例来讲，不要强调公式的记忆。由于时间的关系，可只讲 $M/M/1$ 和 $M/M/1/r$ 公式的详细推导，$M/M/s$ 的公式可以在讲本章开始案例导引中的案例6-2时示范，顾客源有限的排队系统只需要强调它们的状态转移速度图即可。

习 题

1. 按照 Kendall 分类法，为下列系统分类或叙述其含义：

(1) 泊松输入、定长服务、三个并联服务台、系统容量为 r。

(2) 一般独立输入、指数服务、单服务台。

(3) $G/E_3/1/1$。

(4) $M/G/3/15/15$。

2. 某机关文书室有 3 名打字员，每名打字员每小时能打 6 份普通公文，公文平均到达率为 15 份/h。假设该室为 $M/M/s/\infty$ 系统。

(1) 试求 3 名打字员都忙于打字的概率及该室主要工作指标。

(2) 若 3 名打字员分工包打不同科室的公文，每名打字员平均每小时接到 5 份公文，试计算此情况下该室的各项工作指标。

(3) 将(1)与(2)的结果列表加以对照，问从中能得出什么结论？

3. 某医院手术室根据病人来诊和完成手术时间的记录，经统计分析算得出每小时病人平均到达率为 2.1 人/h，为泊松分布。每次手术平均时间 0.4h/人，即平均服务率是 2.5 人/h，服从负指数分布。求：

(1) 病房中病人的平均数(L)。

(2) 排队等待手术病人的平均数(L_q)。

(3) 病人在病房中平均逗留时间(W)。

(4) 病人排队等待时间(W_q)。

4. 某医院急诊室每小时到达 1 个病人，输入为最简单流，急诊室仅有 1 名医生，病人接受紧急护理平均需 20min，服务时间为负指数分布，试求：

(1) 稳态情况下：①没有病人的概率；②有 2 个病人的概率；③急诊室里病人的平均数；④排队中病人的平均数；⑤病人在急诊室中的平均时间。

(2) 为了保证病人所花总时间少于 25min，平均服务时间必须降至多少分钟？

5. 某机场有 2 条跑道，每条跑道只能供 1 架飞机降落，平均降落时间为 2min，并假定飞机在空中等待的时间不得超过 10min，试问该机场最多能接受多少架飞机降落？

6. 有 1 条电话线，平均每分钟有 0.8 次呼叫，每次通话平均时间为 1.5min。若呼叫间隔与通话时间都相互独立且均为指数分布，试问该电话线每小时：①能接通多少电话？②有多少次呼叫不通？

7. 某电话站有 2 台电话机，打电话的人按泊松流到达，平均每小时 24 人，设每次通话时间服从负指数分布，平均为 2min，求该系统的各项运行指标 L、L_q、W、W_q。

8. 某消防大队由 3 个消防中队组成，每一消防中队在某一时刻只能执行一处消防任务。据火警统计资料可知，火警为泊松流，平均每天报警 2 次；消防时间为指数分布，平均一天完成消防任务 1 次。

(1) 试求报警而无中队可派前往的概率。

(2) 每天执行消防任务的中队平均数。

(3) 若要求(1)中概率小于 3%，则应配备多少中队？

9. 2 人理发馆有 5 把椅子供顾客等待，当全部坐满时，后来者便自动离去。顾客到达间隔与理发时间均为相互独立的指数分布，每小时平均到达 3.7634 人，每人理发平均需要 15min。试求潜在顾客的损失率及平均逗留时间。

10. 2 个技术程度相同的工人共同照管 5 台自动机床，每台机床平均每小时需要照管 1 次，每次需要 1 个工人照管的平均时间为 15min。每次照管时间及每相继 2 次照管间隔都相互独立且为指数分布。

(1) 试求每人平均空闲时间、系统 4 项主要指标以及机床利用率。

(2) 若由 1 名工人照管 2 台自动机床，其他数据不变，试求系统工作指标。

11. 设某高炮基地有 4 个火炮系统，每个系统在任意时刻只能对 1 架敌机瞄准射击，平均瞄准时间为

2min，设战时敌机按泊松流到来，平均每分钟到达 1.5 架，瞄准时间服从负指数分布，把系统看作损失制系统，即当 4 个瞄准系统分别对 4 架敌机进行瞄准时，若又有别的敌机到来，则这些敌机就会窜入己方目标，试求窜入己方目标未受瞄准的概率。

12. 在某重型机器厂，桥式吊车的效率为 80%，据观察知平均吊运时间为 10min，标准差为 8min，需要吊运的物品是随机地到达，问平均需求率是多少？平均等待时间是多少？

13. 某机场每小时有 30 架飞机到达，控制塔和跑道能力为每小时 40 架，飞机等待降落时每小时燃料费为 500 元，试求 4h 内由于等待降落所花的燃料费用。

14. 一个装卸队长期为来到某码头仓库的货车装卸货物，设货车的到达服从泊松分布，平均每 10min 1 辆，而装卸车的时间与装卸工人数成反比，又设该装卸队每班(8h)的生产费用为 $20 + 4x$，其中 x 为装卸工人数，汽车在码头装卸货时停留时间的损失为每台每小时 15 元，若：①装卸时间为常数，1 名装卸工装卸 1 辆汽车需 30min；②装卸时间为负指数分布，1 名装卸工装卸 1 辆汽车需 30min。

试分别确定上述 2 种情况下该装卸队各应配备多少装卸工人比较经济合理。

15. 某检验中心为各工厂服务，要求做检验的工厂(顾客)的到来服从泊松流，平均到达率 λ 为每天 48 次，每次来检验由于停工等原因损失为 6 元，做检验的时间服从负指数分布，平均服务率为每天 25 次，每设置 1 个检验员成本(工资及设备损耗)为每天 4 元，其他条件适合标准的 $M/M/s$ 模型，问应设置几个检验员才能使总费用的期望值为最小？

16. 送到某仪表维修部修理的仪器为泊松流，到达率为每小时 6 台，每台仪器的平均修理时间需 7min，可认为修理时间为负指数分布，该修理部经理打听到，有一种新仪器故障检验设备可使每台仪器的修理时间减少到 5min，但这台设备每分钟需花费 10 元，所送维修仪器估计在每分钟里将造成生产损失为 5 元，问修理部要不要购买这种新设备呢？

17. 图书馆出借室每小时平均有 50 个读者到达借书，为泊松流，管理员查出和办理好出借手续平均需要 2min，问欲使读者平均等待时间不超过 5min，需要几名管理人员？

18. 某车间有 4 台自动车床可自动运转，仅在故障时需要工人调整一下，平均每小时有 2 台需要调整，调整 1 次平均时间为 1h，调整工人工资每小时 0.4 元，机床停工损失每小时 1.2 元。试求应由几个工人看管，才能使总费用最小？

第七章

目 标 规 划

本章内容要点

- 目标规划的基本概念和模型；
- 目标规划的图解法、几何意义；
- 解目标规划的单纯形法。

核心概念

- 目标规划　Goal Programming
- 偏差变量　Deviational Variables
- 目标约束　Goal Constraints
- 绝对约束　Absolute Constraints
- 优先因子　Priority Symbol
- 权系数　Weight Number

【案例导引】

　　某公司分厂用一条生产线生产两种产品 A 和 B，每周生产线运行时间为 60h，生产一台 A 产品需要 4h，生产一台 B 产品需要 6h。根据市场预测，A 产品、B 产品平均销售量分别为每周 9 台和 8 台，每台销售利润分别为 12 万元、18 万元。在制订生产计划时，经理考虑下述四个目标：

　　第一，产量不能超过市场预测的销售量；

　　第二，工人的加班时间最少；

　　第三，希望总利润最大；

　　第四，要尽可能满足市场需求，当不能满足时，市场认为 B 产品的重要性是 A 产品的 2 倍。

　　试建立这个问题的数学模型。

　　案例思考题：

　　（1）分析上面例题的特点是什么？提炼问题特征。思考实际中有哪些类似的情况。

　　（2）对于这类问题，应关心哪些事情？难点在哪里？在实践中，可以进一步做些什么有益的工作？

在科学研究、经济建设和生产实践中，人们经常遇到一类含有多个目标的数学规划问题，称之为多目标规划。多目标规划的主要特征表现在各目标在优化中常常是相互矛盾的。许多决策人在面临存在资源约束和目标矛盾的复杂决策问题时，往往运用他的判断力分析各目标的重要性，优先考虑某个他认为是最重要的目标，在该目标达到一定数值之前其他目标可以暂缓甚至放弃。本章介绍一种特殊的多目标规划，称为目标规划（Goal Programming），这是美国学者 Charnes 等在 1952 年提出来的。目标规划法就是用"优先等级"的思想来解决互相矛盾的多目标决策问题的技术，在较高级目标得到满足之后，才考虑较低级目标，这符合人们处理问题要分清轻重缓急、保证重点的思考方式，在实践中的应用十分广泛。目标规划法能够帮助决策人解决实际的复杂的多目标决策问题，它可以用来解决带有多重子目标的单目标决策问题，也能处理带有多重目标和多重子目标的决策问题。

当人们在实践中遇到一些矛盾的目标，由于资源有限和其他各种原因这些目标可能无法达到时，可以把任何起作用的约束都称之为"目标"，不论它们能否达到，总的目的是要给出一个最优的结果，使之尽可能地接近指定的目标。人们把目标按重要性分成不同的优先等级（Priority），并对同一个优先等级中的不同目标加权（Weight），使目标规划法在理论上取得了长足的进展，并在许多领域获得了广泛的应用。

第一节　目标规划模型

一、目标规划问题的提出

为了便于理解目标规划数学模型的特征及建模思路，首先举一个简单的例子来说明。

例 7-1　承接本章案例导引，建立问题的数学模型。

讨论：

若把总利润最大看作目标，而把产量不能超过市场预测的销售量、工人的加班时间最少和要尽可能满足市场需求的目标看作约束，则可建立一个单目标线性规划模型。

设决策变量 x_1、x_2 分别为 A 产品、B 产品的产量，则

$$\max z = 12x_1 + 18x_2$$

$$\text{s. t.} \begin{cases} 4x_1 + 6x_2 \leqslant 60 \\ x_1 \leqslant 9 \\ x_2 \leqslant 8 \\ x_1, \quad x_2 \geqslant 0 \end{cases}$$

容易求得上述线性规划的最优解为 $(9,4)$ 到 $(3,8)$ 所在线段上的点，最优目标值为 $z^* = 180$ 万元，即可选方案有多种。

实际上，这个结果并非完全符合决策者的要求，它只实现了经理的第一、第二、第三个目标，而没有达到最后一个目标。进一步分析可知，要实现全体目标是不可能的。

下面我们结合例 7-1 介绍目标规划模型。

二、目标规划模型的基本概念

把例 7-1 的四个目标表示为不等式。仍设决策变量 x_1、x_2 分别为 A 产品、B 产品的产量。那么：

第一个目标，产量不能超过市场预测的销售量。表示为：$x_1 \leqslant 9$，$x_2 \leqslant 8$。

第二个目标，工人的加班时间最少。不加班时表示为：$4x_1 + 6x_2 \leqslant 60$。

第三个目标，希望总利润最大。要表示成不等式，需要找到一个目标上界，这里可以估计为力争达到 252 万元（$12 \times 9 + 18 \times 8$），于是表示为：$12x_1 + 18x_2 \geqslant 252$。

第四个目标，要尽可能满足市场需求。表示为：$x_1 \geqslant 9$，$x_2 \geqslant 8$；另外要考虑，当不能满足时，市场认为 B 产品的重要性是 A 产品的 2 倍。

下面引入与建立目标规划数学模型有关的概念。

1. 正、负偏差变量 d^+、d^-

设第 i 个目标函数为 $f_j(x)$，其右端的目标为 $\hat{f}_j(j = 1, 2, \cdots, K)$。对每个目标 $j(j = 1, 2, \cdots, K)$ 引入正偏差变量（Deviational Variables）d_j^+ 和负偏差变量 d_j^-，其中：

$$d_j^+ \cong 0.5\{|f_j(x) - \hat{f}_j| + [f_j(x) - \hat{f}_j]\}$$

$$d_j^- \cong 0.5\{|f_j(x) - \hat{f}_j| - [f_j(x) - \hat{f}_j]\}$$

显然，当 $f_j(x) \geqslant \hat{f}_j$ 时，$d_j^+ \geqslant 0$，$d_j^- = 0$；当 $f_j(x) \leqslant \hat{f}_j$ 时，$d_j^- \geqslant 0$，$d_j^+ = 0$；两者不可能同时为正，因此有 $d_j^+ d_j^- = 0$。而且

$$d_j^+ + d_j^- = |f_j(x) - \hat{f}_j|, \quad d_j^+ - d_j^- = f_j(x) - \hat{f}_j$$

这样，用正偏差变量 d^+ 表示决策值超过目标值的部分；负偏差变量 d^- 表示决策值不足目标值的部分。

2. 绝对约束和目标约束

把所有等式、不等式约束分为两部分：绝对约束（Absolute Constraints）和目标约束（Goal Constraints）。

绝对约束是指必须严格满足的等式约束和不等式约束，如在线性规划问题中考虑的约束条件，不能满足这些约束条件的解称为非可行解，所以它们是硬约束。如果例 7-1 中生产 A 产品、B 产品所需原材料数量有限制，并且无法从其他渠道予以补充，则构成绝对约束。

目标约束是目标规划特有的，可以把约束右端项看作要努力追求的目标值，但允许发生正、负偏差，用在约束中加入正、负偏差变量来表示，于是称它们是目标约束，又称软约束。

对于例 7-1，有如下四个目标约束：

$$\begin{cases} x_1 & + d_1^- - d_1^+ = 9 \\ & x_2 + d_2^- - d_2^+ = 8 \\ 4x_1 + 6x_2 + d_3^- - d_3^+ = 60 \\ 12x_1 + 18x_2 + d_4^- - d_4^+ = 252 \end{cases}$$

3. 优先因子与权系数

对于多目标问题，设有 K 个目标函数 $f_1, f_2, \cdots, f_K$，决策者在要求达到这些目标时，一般有主次之分。为此，引入优先因子（Priority Symbol）$P_i(i=1,2,\cdots,L)$。把要求第一位达到的目标赋予优先因子 P_1，次位的目标赋予优先因子 P_2……并规定 $P_i \gg P_{i+1}(i=1,2,\cdots,L-1)$。即在计算过程中，首先保证 P_1 级目标的实现，这时可不考虑次级目标；而 P_2 级目标是在实现 P_1 级目标的基础上考虑的，以此类推。当需要区别具有相同优先因子的若干个目标的差别时，可分别赋予它们不同的权系数（Weight Number）w_j。优先因子及权系数的值，均由决策者按具体情况来确定。

虽然优先级和权重都是用来衡量目标之间的相对重要性的，但是在概念和算法上有着明显的区别。权重是用区间标度来衡量目标之间的相对重要性的，在一定条件下，利用权重可以把多目标问题转换成"单目标"问题求解，但是这种单目标问题实际上同时综合考虑了多个目标。而优先级把目标 $f_j(j=1,\cdots,K)$ 分成若干个等级，比如说 L 个（$1<L\leqslant K$），若某个目标处于第 i 个等级记作 P_i，则它的优先级低于 $P_1, P_2, \cdots, P_{i-1}$，但高于 $P_{i+1}, \cdots, P_L$。对优先级 P_i 不设固定数值，若硬要把优先级看作一种权重，则有 P_i 远远大于 P_{i+1}，即 $P_i \gg P_{i+1}$。在用优先级概念求解问题时，依次考虑不同优先级的目标，在优先级高的目标值达到之前不考虑优先级较低的目标。

4. 目标规划的目标函数

目标规划的目标函数是通过各目标约束的正、负偏差变量和赋予相应的优先等级来构造的。决策者的要求是尽可能从某个方向缩小偏离目标的数值。于是，目标规划的目标函数应该是求极小：$\min f = f(d^+, d^-)$。其基本形式有以下三种：

（1）要求恰好达到目标值，即使相应目标约束的正、负偏差变量都要尽可能地小。这时取 $\min(d^+ + d^-)$。

（2）要求不超过目标值，即使相应目标约束的正偏差变量要尽可能地小。这时取 $\min(d^+)$。

（3）要求不低于目标值，即使相应目标约束的负偏差变量要尽可能地小。这时取 $\min(d^-)$。

对于例 7-1，根据决策者的考虑知：

第一优先级要求 $\min(d_1^+ + d_2^+)$；

第二优先级要求 $\min(d_3^+)$；

第三优先级要求 $\min(d_4^-)$；

第四优先级要求 $\min(d_1^- + 2d_2^-)$，这里，当不能满足市场需求时，市场认为 B 产品的重要性是 A 产品的 2 倍，即减少 B 产品的影响是 A 产品的 2 倍，因此引入了 $1:2$ 的权系数。

综合上述分析，可得到下列目标规划模型：

$$\min f = P_1(d_1^+ + d_2^+) + P_2 d_3^+ + P_3 d_4^- + P_4(d_1^- + 2d_2^-)$$

$$\text{s. t.} \begin{cases} x_1 \qquad\quad + d_1^- - d_1^+ = 9 \\ \qquad x_2 + d_2^- - d_2^+ = 8 \\ 4x_1 + 6x_2 + d_3^- - d_3^+ = 60 \\ 12x_1 + 18x_2 + d_4^- - d_4^+ = 252 \\ x_1, x_2, d_i^-, d_i^+ \geqslant 0 \quad (i=1,2,3,4) \end{cases}$$

三、目标规划模型的一般形式

目标规划问题要求决策人对每个目标 f_j 设定一个目标值 $\hat{f}_j$，给定各目标的优先级及权重，在备选方案集中选择方案 x，使其目标函数 $f(x)$ 与目标值 $\hat{f} = (\hat{f}_1, \cdots, \hat{f}_n)$ 的组合偏差最小，即

$$\min\left\{ d_p\left[f(x) - \hat{f} \right] = \left[\sum w_j \left| f_j(x) - \hat{f}_j \right|^p \right]^{\frac{1}{p}} \right\}$$

对于线性目标规划，一般取 $p = 1$。

根据上面的讨论，可以得到目标规划的一般形式如下：

$$(\text{LGP})\begin{cases} \min \sum_{l=1}^{L} P_l \left[\sum_{k=1}^{K} (w_{lk}^- d_k^- + w_{lk}^+ d_k^+) \right] \\ \text{s. t. } \sum_{j=1}^{n} c_{kj} x_j + d_k^- - d_k^+ = g_k \quad (k = 1, 2, \cdots, K) \\ \qquad \sum_{j=1}^{n} a_{ij} x_j = (\leqslant, \geqslant) b_i \quad (i = 1, 2, \cdots, m) \\ \qquad x_j, d_k^-, d_k^+ \geqslant 0 \quad (j = 1, 2, \cdots, n; k = 1, 2, \cdots, K) \end{cases} \tag{7-1}$$

(LGP) 中的第二部分是 K 个目标约束，第三部分是 m 个绝对约束，c_{kj} 和 g_k 是目标约束的参数。

第二节 目标规划的图解法及几何意义

一、目标规划图解法过程

对于只有两个变量的线性目标规划问题(LGP)，可以在二维直角坐标平面上作图表示线性目标规划问题的有关概念，并求解。

图解法求解线性目标规划问题的步骤如下：

（1）分别取决策变量 x_1、x_2 为坐标向量，建立直角坐标系。

（2）对每个绝对约束（包括非负约束）条件的处理，同线性规划的约束处理：先取其等式在坐标系中作出直线，通过判断确定不等式所决定的半平面，得到各绝对约束半平面交出来的区域。

对每个目标约束条件，先取其不考虑正负偏差变量的等式在坐标系中作出直线，判断其变大、变小的方向，标出正负偏差变量的变化方向。综合绝对约束得到的区域，产生所有约束（绝对约束和目标约束）交出来的区域。

（3）依据优先的顺序及权重的比例关系，对目标函数中各偏差变量取值进行优化，最终得到最优解（或最优解集合）。

二、算例及几何意义

考虑例 7-1 的目标规划模型：

$$\min f = P_1\left(d_1^+ + d_2^+\right) + P_2 d_3^+ + P_3 d_4^- + P_4\left(d_1^- + 2d_2^-\right)$$

$$\text{s. t.}\begin{cases} x_1 & + d_1^- - d_1^+ = 9 \\ & x_2 + d_2^- - d_2^+ = 8 \\ 4x_1 + & 6x_2 + d_3^- - d_3^+ = 60 \\ 12x_1 + & 18x_2 + d_4^- - d_4^+ = 252 \\ x_1, x_2, d_i^-, d_i^+ \geq 0 & (i = 1, 2, 3, 4) \end{cases}$$

通过算例来说明计算过程。对只具有两个决策变量的目标规划的数学模型，可以用图解法来分析求解。通过图解示例，可以看到目标规划中优先因子，正、负偏差变量及权系数等的几何意义。

下面用图解法来求解例 7-1。

（1）先在平面直角坐标系的第一象限内，作出与各约束条件所对应的直线，然后在这些直线旁分别标上其所代表的约束 $G-i(i=1,2,3,4)$。图中 x、y 分别表示例 7-1 目标规划模型的 x_1 和 x_2；各直线移动使之函数值变大、变小的方向用 $+$、$-$ 表示 d_i^+、d_i^-，如图 7-1 所示。

（2）根据目标函数的优先因子来分析求解。首先考虑第一级具有 P_1 优先因子的目标的实现，在目标函数中要求实现 $\min(d_1^+ + d_2^+)$，取 $d_1^+ = d_2^+ = 0$。图 7-2 中阴影部分即表示出该最优解集合的所有点。

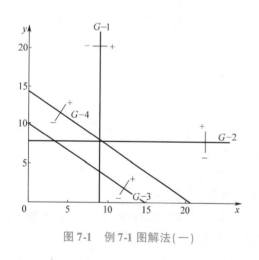

图 7-1　例 7-1 图解法（一）

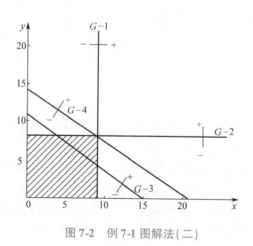

图 7-2　例 7-1 图解法（二）

（3）进一步在第一级目标的最优解集合中找满足第二优先级要求 $\min(d_3^+)$ 的最优解。取 $d_3^+ = 0$，可得到图 7-3 中阴影部分，即满足第一、第二优先级要求的最优解集合。

（4）第三优先级要求 $\min(d_4^-)$。根据图示可知，d_4^- 不可能取 0 值，取使 d_4^- 最小的值 72，得到图 7-4 所示的粗线段，它表示满足第一、第二及第三优先级要求的最优解集合。

（5）考虑第四优先级要求 $\min(d_1^- + 2d_2^-)$，即要在粗线段中找出最优解。由于 d_1^- 的权系数小于 d_2^-，因此在这里可以考虑取 $d_2^- = 0$。于是解得 $d_1^- = 6$，最优解为 A 点（$x = 3$，$y = 8$）。

可以看到，虽然这组解没有满足决策者的所有目标，但是已经是符合决策者各优先级思路的最好结果了。

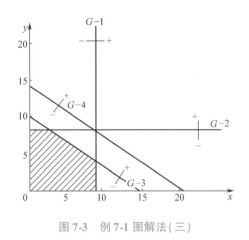

图 7-3 例 7-1 图解法（三）

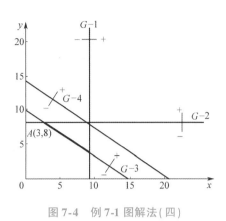

图 7-4 例 7-1 图解法（四）

第三节 求解线性目标规划的单纯形法

目标规划的数学模型，特别是约束的结构与线性规划模型没有本质的区别，只是它的目标不止一个，虽然其利用优先因子和权系数把目标写成一个函数的形式，但在计算中无法按单目标处理，所以可用单纯形法进行适当改进后求解。

一、线性目标规划的单纯形法过程

根据线性目标规划与线性规划的不同点，在组织、构造算法时，要考虑线性目标规划数学模型的一些特点，做以下规定：

（1）因为目标规划问题的目标函数都是求最小值，这里检验数与线性规划检验数相差一个符号，所以检验数的最优准则与线性规划是相同的。

（2）因为非基变量的检验数中含有不同等级的优先因子，$P_i \gg P_{i+1}(i=1,2,\cdots,L-1)$，于是从每个检验数的整体来看：$P_{i+1}(i=1,2,\cdots,L-1)$优先级第 k 个检验数的正、负首先决定于 $P_1,P_2,\cdots,P_i$ 优先级第 k 个检验数的正、负。若 P_1 级第 k 个检验数为 0，则此检验数的正、负取决于 P_2 级第 k 个检验数；若 P_2 级第 k 个检验数仍为 0，则此检验数的正、负取决于 P_3 级第 k 个检验数，以此类推。换句话说，当某 P_i 级第 k 个检验数为负数时，计算中不必再考察 $P_j(j>i)$ 级第 k 个检验数的正、负。

（3）根据（LGP）模型的特征，当不含绝对约束时，$d_i^-(i=1,2,\cdots,K)$ 构成了一组基本可行解。在寻找单纯形法初始可行点时，这个特点是很有用的。

下面给出求解目标规划问题的单纯形法的计算步骤：

（1）建立初始单纯形表。在表中将检验数行按优先因子个数分别列成 K 行。初始的检验数需根据初始可行解计算出来，方法同基本单纯形法。当不含绝对约束时，$d_i^-(i=1,2,\cdots,K)$ 构成了一组基本可行解，这时只需利用相应单位向量把各级目标行中对应 $d_i^-(i=1,2,\cdots,K)$ 的量消成 0 即可得到初始单纯形表。置 $k=1$。

（2）检查确定进基变量。当前第 k 行中是否存在大于 0，且对应的前 $k-1$ 行的同列检验数为 0 的检验数。若有，则取其中最大者对应的变量为换入变量，转（3）。若无这样的检验数，则转(5)。

(3) 确定出基变量。按单纯形法中的最小比值规则确定换出变量，当存在两个或两个以上相同的最小比值时，选取具有较高优先级别的变量为换出变量，转(4)。

(4) 换基运算。按单纯形法的相关步骤进行基变换运算，建立新的单纯形表(注意：要对所有的目标行进行转轴运算)，返回(2)。

(5) 终止或迭代。当 $k = K$ 时，计算结束。表中的解即为满意解。否则置 $k = k + 1$，返回(2)。

二、线性目标规划的单纯形法算例

例7-2 试用单纯形法来求解例7-1的目标规划模型：

$$\min f = P_1\left(d_1^+ + d_2^+\right) + P_2 d_3^- + P_3 d_4^- + P_4\left(d_1^- + 2d_2^-\right)$$

$$\text{s. t.}\begin{cases} x_1 & + d_1^- - d_1^+ = 9 \\ & x_2 + d_2^- - d_2^+ = 8 \\ 4x_1 + 6x_2 + d_3^- - d_3^+ = 60 \\ 12x_1 + 18x_2 + d_4^- - d_4^+ = 252 \\ x_1, x_2, d_i^-, d_i^+ \geq 0 \quad (i = 1,2,3,4) \end{cases}$$

解 (1) 对目标规划问题建立如表7-1所示的目标规划初始表。

表7-1 目标规划初始表(一)

	x_1	x_2	d_1^-	d_1^+	d_2^-	d_2^+	d_3^-	d_3^+	d_4^-	d_4^+	RHS	θ_i
P_1	0	0	0	-1	0	-1	0	0	0	0	0	
P_2	0	0	0	0	0	0	0	-1	0	0	0	
P_3	0	0	0	0	0	0	0	0	-1	0	0	
P_4	0	0	-1	0	-2	0	0	0	0	0	0	
d_1^-	1	0	1	-1	0	0	0	0	0	0	9	
d_2^-	0	1	0	0	1	-1	0	0	0	0	8	
d_3^-	4	6	0	0	0	0	1	-1	0	0	60	
d_4^-	12	18	0	0	0	0	0	0	1	-1	252	

(2) 首先处理初始基本可行解对应的各级检验数，均需处理成典式表示。

由于 P_1、P_2 优先级对应的目标函数中不含 d_i^-，所以其检验数只需取系数负值。分别为

$$(0,0,0,-1,0,-1,0,\ 0,0,0;0)$$

$$(0,0,0,\ 0,0,\ 0,0,-1,0,0;0)$$

P_3 优先级对应的目标函数中含 d_4^-，所以该行不是典式表示。将第四个约束行加到这一行上，使得基变量对应的检验数为0，得到：

$$(12,18,0,0,0,0,0,0,0,-1;252)$$

如表7-2所示。

表 7-2　目标规划初始表(二)

	x_1	x_2	d_1^-	d_1^+	d_2^-	d_2^+	d_3^-	d_3^+	d_4^-	d_4^+	RHS	θ_i
P_1	0	0	0	-1	0	-1	0	0	0	0	0	
P_2	0	0	0	0	0	0	0	-1	0	0	0	
P_3	12	18	0	0	0	0	0	0	0	-1	252	
P_4	0	0	-1	0	-2	0	0	0	0	0	0	
d_1^-	1	0	1	-1	0	0	0	0	0	0	9	
d_2^-	0	1	0	0	1	-1	0	0	0	0	8	
d_3^-	4	6	0	0	0	0	1	-1	0	0	60	
d_4^-	12	18	0	0	0	0	0	0	1	-1	252	

(3) P_4 优先级对应的目标函数中含 ($d_1^- + 2d_2^-$),所以该行也不是典式表示,应将第一个约束行与第二个约束行的 2 倍加到这一行上,使得基变量对应的检验数为 0,得到:

$$(1,2,0,-1,0,-2,0,0,0,0;25)$$

至此,已经把所有目标行处理成为典式表示,于是得到此目标规划的初始单纯形表,如表 7-3 所示。

表 7-3　目标规划的初始单纯形表

	x_1	x_2	d_1^-	d_1^+	d_2^-	d_2^+	d_3^-	d_3^+	d_4^-	d_4^+	RHS	θ_i
P_1	0	0	0	-1	0	-1	0	0	0	0	0	
P_2	0	0	0	0	0	0	0	-1	0	0	0	
P_3	12	18	0	0	0	0	0	0	0	-1	252	
P_4	1	2	0	-1	0	-2	0	0	0	0	25	
d_1^-	1	0	1	-1	0	0	0	0	0	0	9	
d_2^-	0	*1	0	0	1	-1	0	0	0	0	8	8
d_3^-	4	6	0	0	0	0	1	-1	0	0	60	10
d_4^-	12	18	0	0	0	0	0	0	1	-1	252	14

下面进行计算:

(1) $k = 1$,在初始单纯形表中基变量为 $(d_1^-, d_2^-, d_3^-, d_4^-)^T = (9,8,60,252)^T$。

(2) 因为 P_1 与 P_2 优先级的检验数均已经为非正,所以这个单纯形表对 P_1 与 P_2 优先级已经是最优单纯形表。

(3) 考虑 P_3 优先级,第二列的检验数为 18,此为进基变量,计算相应的比值 b_i/a_{ij} 写在 θ 列。通过比较,得到 d_2^- 对应的比值最小,于是取 a_{22}(标为 * 号)为转轴元进行矩阵行变换,得到新的单纯形表,如表 7-4 所示。

表 7-4　目标规划的单纯形表(第二个单纯形表)

	x_1	x_2	d_1^-	d_1^+	d_2^-	d_2^+	d_3^-	d_3^+	d_4^-	d_4^+	RHS	θ_i
P_1	0	0	0	−1	0	−1	0	0	0	0	0	
P_2	0	0	0	0	0	0	0	−1	0	0	0	
P_3	12	0	0	0	−18	18	0	0	0	−1	108	
P_4	1	0		−1	−2						9	
d_1^-	1	0	1	−1	0	0	0	0	0	0	9	9
x_2	0	1	0	0	1	−1	0	0	0	0	8	
d_3^-	*4	0	0	0	−6	6	1	−1	0	0	12	3
d_4^-	12	0	0	0	−18	18	0	0	1	−1	108	9

（4）继续考虑 P_3 优先级，第一列的检验数为 12，此为进基变量，计算相应的比值 b_i/a_{ij}，写在 θ 列。通过比较，得到 d_3^- 对应的比值最小，于是取 a_{31}(标为 * 号)为转轴元进行矩阵行变换，得到新的单纯形表，如表 7-5 所示。

表 7-5　目标规划的单纯形表(第三个单纯形表)

	x_1	x_2	d_1^-	d_1^+	d_2^-	d_2^+	d_3^-	d_3^+	d_4^-	d_4^+	RHS	θ_i
P_1	0	0	0	−1	0	−1	0	0	0	0	0	
P_2	0	0	0	0	0	0	0	−1	0	0	0	
P_3	0	0	0	0	0	0	−3	3	0	−1	72	
P_4	0	0	0	−1	−0.5	−1.5	−0.25	0.25	0	0	6	
d_1^-	0	0	1	−1	1.5	−1.5	−0.25	0.25	0	0	6	
x_2	0	1	0	0	1	−1	0	0	0	0	8	
x_1	1	0	0	0	−1.5	1.5	0.25	−0.25	0	0	3	
d_4^-	0	0	0	0	0	0	−3	3	1	−1	72	

（5）当前的单纯形表各优先级的检验数均满足了上述条件，故为最优单纯形表。得到最优解 $x_1 = 3$，$x_2 = 8$。

本　章　小　结

目标规划(Goal Programming)是美国学者 Charnes 等在 1952 年提出来的。目标规划法就是用"优先等级"的思想来解决互相矛盾的多目标决策问题的技术，在较高级目标得到满足之后，才考虑较低级目标，这符合人们处理问题要分清轻重缓急、保证重点的思考方式，在实践中的应用十分广泛。

本章首先通过案例引入了目标规划的模型及相关概念，其中正负偏差变量、目标约束、目标规划的函数与一般线性规划模型有较大区别。对于只有两个变量的目标规划问题，可以用图解法来求解，其求解步骤与线性规划基本类似，区别在于目标是逐级实现的。目标规划模型与线性规划模型没有本质的区别，只要加以改进，也可以用单纯形法求解目标规划问题。

本章知识导图如下：

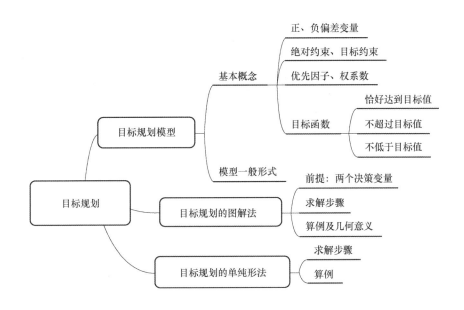

本章学习与教学思路建议

本章以一个例题贯穿了整章内容，教学的重点应放在目标规划模型的建立，求解目标规划的图解法和单纯形法上。

在本章内容教学过程中，应侧重以下两点：

（1）目标规划建模——原问题的各个目标表示为等式、不等式系统，通过正、负偏差变量建立目标约束，根据原问题目标的等级和重要度差异建立此目标规划的目标函数，加入绝对约束及其他因素，得到目标规划模型。

（2）理解线性规划单纯形法针对目标规划的改造，特别要理解其迭代过程中各级检验数最优性的判断规则。

习　　题

1. 用图解法找出下列目标规划的满意解：

（1）　$\min f = P_1 d_1^+ + P_2 (d_2^+ + d_3^-) + P_3 d_1^-$

s. t. $\begin{cases} 2x_1 + 3x_2 + d_1^- - d_1^+ = 10 \\ x_1 - 2x_2 + d_2^- - d_2^+ = 5 \\ 3x_1 + x_2 + d_3^- - d_3^+ = 12 \\ \quad x_1, x_2, d_j^-, d_j^+ \geqslant 0 \quad (j = 1, 2, 3) \end{cases}$

（2） $\min \ f = P_1(d_3^+ + d_4^+) + P_2 d_1^+ + P_3 d_2^- + P_4(d_3^- + 1.5 d_4^-)$

s.t. $\begin{cases} x_1 + x_2 + d_1^- - d_1^+ = 4 \\ 2x_1 + x_2 + d_2^- - d_2^+ = 10 \\ x_1 \qquad + d_3^- - d_3^+ = 3 \\ \qquad x_2 + d_4^- - d_4^+ = 2 \\ x_1, x_2, d_j^-, d_j^+ \geqslant 0 \quad (j = 1,2,3,4) \end{cases}$

2. 用单纯形法求解下列目标规划的满意解：

（1） $\min f = P_1 d_2^+ + P_2 d_2^- + P_3(d_1^+ + d_3^+)$

s.t. $\begin{cases} x_1 + 2x_2 + d_1^- - d_1^+ = 8 \\ 10x_1 + 5x_2 + d_2^- - d_2^+ = 63 \\ 2x_1 - x_2 + d_3^- - d_3^+ = 5 \\ x_1, x_2, d_j^-, d_j^+ \geqslant 0 \quad (j = 1,2,3) \end{cases}$

（2） $\min f = P_1 d_1^- + P_2(d_2^+ + d_2^-)$

s.t. $\begin{cases} x_1 + x_2 \qquad \leqslant 10 \\ x_1 - x_2 + d_1^- - d_1^+ = 4.5 \\ 2x_1 + 3x_2 + d_2^- - d_2^+ = 6 \\ x_1, x_2, d_j^-, d_j^+ \geqslant 0 \quad (j = 1,2) \end{cases}$

3. 考虑下列目标规划问题：

$$\min f = P_1 d_1^- + P_2 d_4^+ + P_3(5d_2^- + 3d_2^+ + 3d_3^- + 5d_3^+)$$

s.t. $\begin{cases} x_1 + x_2 + d_1^- - d_1^+ \qquad = 8 \\ x_1 \qquad + d_2^- - d_2^+ \qquad = 5 \\ \qquad x_2 + d_3^- - d_3^+ \qquad = 4.5 \\ x_1 + x_2 - d_1^- - d_4^- + d_4^+ = 3.5 \\ x_1, \ x_2, \ d_j^-, \ d_j^+ \qquad \geqslant 0 \quad (j = 1,2,3,4) \end{cases}$

（1）用单纯形法求解此问题。

（2）目标函数改为

$$\min f = P_1 d_1^- + P_2(5d_2^- + 3d_2^+ + 3d_3^- + 5d_3^+) + P_3 d_4^+$$

求解，并比较与（1）的结果有什么不同？

（3）若第一个目标约束右端项改为12，求解后满意解有什么变化？

4. 某公司生产并销售三种产品 A、B、C，在组装时要经过同一条组装线，三种产品装配时间分别为 30h、40h 与 50h。组装线每月工作 600h。这三种产品的销售利润为：A 每台 25000 元，B 每台 32500 元，C 每台 40000 元。每月的销售计划为：A 8 台、B 6 台、C 4 台。该公司决策者有如下考虑：

（1）争取利润达到每月 490000 元。

（2）要充分发挥生产能力，不使组装线空闲。

（3）如果加班，加班时间尽量不超过 30h。

（4）努力按销售计划来完成生产数量。

试建立生产计划的数学模型，不计算。

5. 某企业生产两种产品 A、B，市场销售前景很好。这两种产品的单件销售利润为：A 每台 1000 元，B 每台 800 元。两种产品需要同一种材料，分别为 6kg 和 4kg。该材料的每周计划供应量为 240kg，若不够时可议价购入此种材料不超过 80kg。由于议价材料价格高于计划内价格，导致 A 产品、B 产品的利润同样地降低 100 元。该企业的决策者考虑：

（1）企业要满足客户每周的基本需求：A 24 台、B 18 台。

（2）计划内的材料要充分使用完。

（3）努力使获得的利润更高。

试建立生产计划的数学模型，不计算。

第八章

图与网络分析

本章内容要点

- 图的基本概念与基本定理；
- 树和最小支撑树；
- 最短路径问题；
- 网络系统最大流问题；
- 网络系统的最小费用最大流问题；
- 中国邮递员问题。

核心概念

- 图论　Graph Theory
- 边　Edge
- 弧　Arc
- 无向图　Undirected Graph
- 有向图　Directed Graph
- 树　Tree
- 最小支撑树问题　Minimal Spanning Tree Problem
- 最短路径问题　Shortest Path Problem
- 网络　Network
- 最大流问题　Maximal Flow Problem
- 最小费用最大流问题　Min Cost/Max Flow Problem
- 中国邮递员问题　Chinese Postman Problem

【案例导引】

案例 8-1　设有一批货物要从图 8-1 所示的 v_1 运到 v_7，每一边上的数字代表该段路线的长度，求最短的运输线路。

案例 8-2　图 8-2 表示一个水流域的网络，各边上的数字为容量最大流量。试给定这个水流域网络上的水流方案，使总流量达到最大。

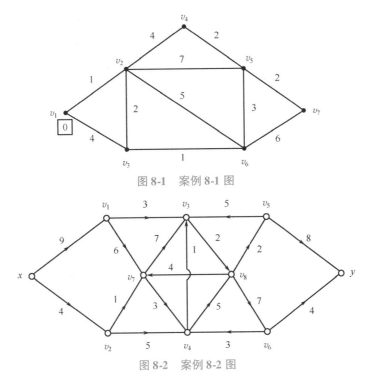

图 8-1　案例 8-1 图

图 8-2　案例 8-2 图

案例思考题：

（1）分析上面案例的共同特点是什么？提炼问题特征。思考实际中的类似情况和需要解决的有关问题。

（2）对于这类问题，应关心哪些事情？如何求解？若得到有关信息，可以进一步做些什么有益的工作？

图论（Graph Theory）是应用非常广泛的运筹学分支，它已经广泛地应用于物理学、控制论、信息论、工程技术、交通运输、经济管理、电子计算机等各项领域。对于科学研究、生产和社会生活中的许多问题，可以用图论的理论和方法来加以解决。例如，各种通信线路的架设、输油管道的铺设、铁路或者公路交通网络的合理布局等问题，都可以应用图论的方法，简便、快捷地加以解决。随着科学技术的进步，特别是电子计算机技术的发展，图论的理论获得了更进一步的发展，应用更加广泛。如果将复杂的工程系统和管理问题用图的理论加以描述，可以解决许多工程项目和管理决策的最优化问题。因此，图论越来越受到工程技术人员和经营管理人员的重视。

1736 年，瑞士科学家欧拉发表了关于图论方面的第一篇科学论文，解决了著名的哥尼斯堡七桥问题。德国的哥尼斯堡城有一条普雷格尔河，河中有两个岛屿，河的两岸和岛屿之间有七座桥相互连接，如图 8-3a 所示。

当地的居民热衷于这样一个问题，一个漫步者如何能够走过这七座桥，

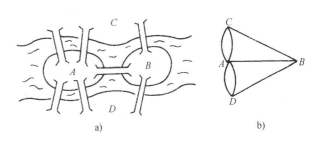

图 8-3　哥尼斯堡七桥问题

并且每座桥只能走过一次，最终回到原出发地。尽管试验者很多，但是都没有成功。

为了寻找答案，1736 年欧拉将这个问题抽象成图 8-3b 所示图形的一笔画问题。即能否从某一点开始不重复地一笔画出这个图形，最终回到原点。欧拉在他的论文中证明了这是不可能的，因为这个图形中每一个顶点都与奇数条边相连接，不可能将它一笔画出，这就是古典图论中的第一个著名问题。

第一节　图的基本概念与基本定理

在实际生产和生活中，人们为了反映事物之间的关系，常常在纸上用点和线来画出各种各样的示意图。

例 8-1　图 8-4 所示是我国北京、上海、重庆等 14 个城市之间的铁路交通图，这里用点表示城市，用点与点之间的线表示城市之间的铁路线。诸如此类还有城市中的市政管道图、民用航空线图等。

例 8-2　有 6 支球队进行足球比赛，分别用点 v_1，$\cdots$，v_6 表示这 6 支球队，它们之间的比赛情况也可以用图反映出来，已知 v_1 队战胜 v_2 队，v_2 队战胜 v_3 队，v_3 队战胜 v_5 队，如此等等。这种胜负情况，可以用图 8-5 所示的有向图反映出来。

从以上例子可以看出，用点和点与点之间的线所构成的图，反映实际生产和生活中的某些特定对象之间的特定关系。一般来说，通常用点表示研究对象，用点与点之间的线表示研究对象之间的特定关系。由于在一般情况下，图中点的相对位置如何，点与点之间线的长短曲直，对于反映研究对象之间的关系显得并不重要，因此，图论中的图与几何图、工程图等本质上是不同的。

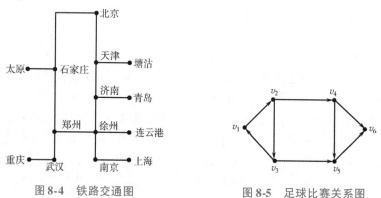

图 8-4　铁路交通图　　　　图 8-5　足球比赛关系图

综上所述，图论中的图是由点和点与点之间的线所组成的。通常，把点与点之间不带箭头的线叫作边（Edge），带箭头的线叫作弧（Arc）。

如果一个图是由点和边所构成的，那么称它为无向图（Undirected Graph），记作 $G = (V, E)$，其中，V 表示图 G 的点集合，E 表示图 G 的边集合。连接点 v_i，$v_j \in V$ 的边记作 $[v_i, v_j]$，或者 $[v_j, v_i]$。

如果一个图是由点和弧所构成的，那么称它为有向图（Directed Graph），记作 $D = (V, A)$，其中，V 表示有向图 D 的点集合，A 表示有向图 D 的弧集合。一条方向从 v_i 指向 v_j 的弧记作 (v_i, v_j)。

例如，图 8-6 是一个无向图 $G = (V, E)$。

其中，$V = \{v_1, v_2, v_3, v_4\}$

$E = \{[v_1, v_2], [v_2, v_1], [v_2, v_3], [v_3, v_4], [v_1, v_4], [v_2, v_4], [v_3, v_3]\}$

图 8-7 是一个有向图 $D = (V, A)$。

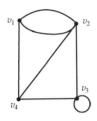

图 8-6 无向图

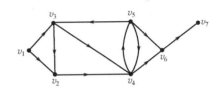

图 8-7 有向图

其中，$V = \{v_1, v_2, v_3, v_4, v_5, v_6, v_7\}$

$A = \{(v_1, v_2), (v_1, v_3), (v_3, v_2), (v_3, v_4), (v_2, v_4), (v_4, v_5), (v_4, v_6), (v_5, v_3), (v_5, v_4),$ $(v_5, v_6), (v_6, v_7)\}$

下面介绍一些常用的名词：

一个图 G 或有向图 D 中的点数记作 $p(G)$ 或者 $p(D)$，简记作 p；边数或者弧数记作 $q(G)$ 或者 $q(D)$，简记作 q。

如果边 $[v_i, v_j] \in E$，那么称 v_i、v_j 是边的端点，或者 v_i、v_j 是相邻的。如果一个图 G 中一条边的两个端点是相同的，那么称这条边是环，如图 8-6 中的边 $[v_3, v_3]$ 是环。如果两个端点之间有两条以上的边，那么称它们为多重边，如图 8-6 中的边 $[v_1, v_2]$、$[v_2, v_1]$。一个无环、无多重边的图称为简单图；一个无环、有多重边的图称为多重图。

以点 v 为端点的边的个数称为点 v 的度，记作 $d(v)$，如图 8-6 中，$d(v_1) = 3$，$d(v_2) = 4$，$d(v_3) = 4$，$d(v_4) = 3$。

度为零的点称为孤立点，度为 1 的点称为悬挂点。悬挂点的边称为悬挂边。度为奇数的点称为奇点，度为偶数的点称为偶点。

定理 8-1 在一个图 $G = (V, E)$ 中，全部点的度之和是边数的 2 倍，即 $\sum\limits_{v \in V} d(v) = 2q$。

结论是显然的，因为在计算各个点的度时，每条边被它的两个端点各用了一次。

定理 8-2 在任意一个图 G 中，奇点的个数是偶数。

证明 设 V_1、V_2 分别是图 G 中的奇点和偶点的集合，由定理 8-1，有 $\sum\limits_{v \in V_1} d(v) + \sum\limits_{v \in V_2} d(v) = \sum\limits_{v \in V} d(v) = 2q$，因为 $\sum\limits_{v \in V} d(v)$ 是偶数，$\sum\limits_{v \in V_2} d(v)$ 也是偶数，因此 $\sum\limits_{v \in V_1} d(v)$ 也必是偶数，从而 V_1 中的点数是偶数。

在一个图 $G = (V, E)$ 中，一个点和边的交错序列 $(v_{i1}, \varepsilon_{i1}, v_{i2}, \cdots, v_{i,k-1}, \varepsilon_{i,k-1}, v_{ik})$，其中 $\varepsilon_{it} = [v_{it}, v_{i,t+1}]$，$t = 1, 2, \cdots, k-1$，称为连接 v_{i1} 和 v_{ik} 的一条链，记作 $(v_{i1}, v_{i2}, \cdots, v_{ik})$，点 $v_{i2}, \cdots, v_{i,k-1}$ 称为中间点。

在链 $(v_{i1}, v_{i2}, \cdots, v_{ik})$ 中，如果 $v_{i1} = v_{ik}$，那么称它为一个圈，记作 $(v_{i1}, \cdots, v_{i,k-1}, v_{i1})$。如果在链 $(v_{i1}, v_{i2}, \cdots, v_{ik})$ 中的点 $v_{i1}, v_{i2}, \cdots, v_{ik}$ 都是不相同的，那么称它为初等链。如果在一个链中

所包含的边都不相同，那么称它为简单链。如果在圈$(v_{i1}, \cdots, v_{i,k-1},$ $v_{i1})$中的点$v_{i1}, \cdots, v_{i,k-1}$都是不相同的，那么称它为初等圈。如果在一个圈中所包含的边都不相同，那么称它为简单圈。以后除特别声明外，均是指初等链或者初等圈。

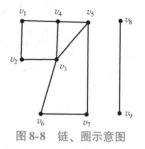

图8-8　链、圈示意图

例如图8-8中，$(v_1, v_2, v_3, v_6, v_7, v_5)$是一条初等链，$(v_1, v_2, v_3,$ $v_4, v_5, v_3, v_6, v_7)$是一条简单链，但不是初等链；$(v_1, v_2, v_3, v_5, v_1)$是一个初等圈，$(v_4, v_1, v_2, v_3, v_5, v_7, v_6, v_3, v_4)$是一个简单圈，但不是初等圈。

如果在图G中的任意两个点之间至少有一条链，那么称图G是连通图，否则称为不连通图。如果图G是不连通图，那么它的每个连通部分称为图G的连通分图。例如，图8-8是一个不连通图，它有两个连通分图。

给定一个图$G = (V, E)$，如果图$G' = (V', E')$满足$V' = V$，$E' \subseteq E$，那么称图G'是G的一个支撑子图。

令$v \in V$，用$G - v$表示在图G中去掉点v和以v为端点的边后得到的一个图。

例如，图G如图8-9a所示，图8-9b是G的一个支撑子图，图$G - v_3$如图8-9c所示。

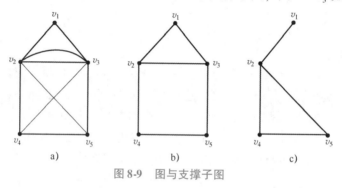

图8-9　图与支撑子图

现在介绍有向图的一些基本概念：

设一个有向图$D = (V, A)$，在D中去掉所有弧的箭头所得到的无向图，称为D的基础图。

任给有向图$D = (V, A)$的一条弧$a = (v_i, v_j)$，称v_i为起点，v_j为终点，弧a的方向是从v_i到v_j的。

设$(v_{i1}, a_{i1}, v_{i2}, \cdots, v_{i,k-1}, a_{ik-1}, v_{ik})$是有向图$D$中的一个点弧交错序列，如果它在$D$的基础图中对应的点边序列是一条链，那么称这个点弧序列是有向图D的一条链。

类似地，可以定义有向图的初等链、圈和初等圈。

如果$(v_{i1}, v_{i2}, \cdots, v_{i,k-1}, v_{ik})$是有向图$D$中的一条链，并且满足条件$(v_{it}, v_{i,t+1})$，$t = 1, \cdots, k-1$，那么称它是从$v_{i1}$到$v_{ik}$的一条路。如果一条路的起点和终点相同，那么称它是回路。

类似地，可以定义初等路。

例如，在图8-7中，$(v_1, v_2, v_4, v_5, v_6, v_7)$是从$v_1$到$v_7$的一条路，$(v_3, v_4, v_5, v_3)$和$(v_3, v_2,$ $v_4, v_5, v_3)$是两个回路，$(v_1, v_3, v_5, v_6, v_7)$是从$v_1$到$v_7$的一条链，但不是路。

第二节 树和最小支撑树

一、树的定义和性质

在各种各样的图中，有一类图是十分简单，又非常具有应用价值的图，这就是树（Tree）。

例 8-3 已知有 6 个城市，它们之间要架设电话线，要求任意 2 个城市均可以互相通话，并且电话线的总长度最短。

如果用 6 个点 $v_1, \cdots, v_6$ 代表这 6 个城市，在任意 2 个城市之间架设电话线，即在相应的两个点之间连一条边。这样，6 个城市的一个电话网就构成一个图。由于任意 2 个城市之间均可以通话，这个图必须是连通图。并且，这个图必须是无圈的。否则，从圈上任意去掉一条边，剩下的图仍然是 6 个城市的一个电话网。图 8-10 是一个不含圈的连通图，代表了一个电话线网。

定义 8-1 一个无圈的连通图叫作树（图 8-11）。

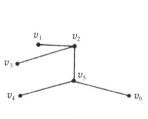

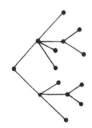

图 8-10 不含圈的连通图   图 8-11 树

下面介绍树的一些重要性质：

定理 8-3 设图 $G = (V, E)$ 是一个树，$p(G) \geq 2$，那么图 G 中至少有两个悬挂点。

证明 设图 $G = (V, E)$ 是一个树，$p = (v_1, \cdots, v_k)$ 是 G 中所含边数最多的一条初等链。因为 $p(G) \geq 2$，并且 G 连通，故 p 中至少有一条边。因此 $v_1 \neq v_k$，现在证明 v_1 是悬挂点，即 $d(v_1) = 1$。用反证法：假设 $d(v_1) \geq 2$，那么存在边 $[v_1, v_m]$，并且 $m \neq 2$。如果点 v_m 不在 p 上，那么链 $(v_m, v_1, v_2, \cdots, v_k)$ 是图 G 中的一条初等链，并且它所含的边数比 p 多一条，这与 p 是所含边数最多的初等链相矛盾。若点 v_m 在 p 上，那么 $(v_1, v_2, \cdots, v_m, v_1)$ 构成 G 的一个圈，这与图 G 是树的定义相矛盾，所以 $d(v_1) = 1$，即 v_1 是悬挂点。同理可证，v_k 也是悬挂点。

定理 8-4 图 $G = (V, E)$ 是一个树的充要条件是 G 不含圈，并且有且仅有 $p - 1$ 条边。

证明 （1）必要性。设图 G 是一个树，按定义，G 不含圈。所以只要证 G 有且仅有 $p - 1$ 条边，对点数 p 用数学归纳法。当 $p = 2$ 时，结论显然成立。假设 $p = n$ 时，结论成立。看 G 有 $n + 1$ 个点的情形，由定理 8-3，G 至少有两个悬挂点。令 v_1 是 G 的一悬挂点。对于图 $G - v_1$，有 $p(G - v_1) = n$，$q(G - v_1) = q(G) - 1$。由于图 $G - v_1$ 是一个树，且有 n 个点，由归纳假设 $q(G - v_1) = n - 1$，所以 $q(G) = q(G - v_1) + 1 = (n - 1) + 1 = n = p(G) - 1$，即 $p = n + 1$ 时，结论成立。

（2）充分性。只要证 G 是连通图，用反证法。假设 G 不是连通图，$G_1,\cdots,G_s(s\geq 2)$ 是 G 的 s 个连通子图。由于每一个 $G_i(i=1,\cdots,s)$ 是连通的，且不含圈，故 G_i 是树。令 G_i 有 p_i 个点，由必要性知，G_i 有 p_i-1 条边，所以，有 $q(G)=\sum\limits_{i=1}^{s}q(G_i)=\sum\limits_{i=1}^{s}(p_i-1)=\sum\limits_{i=1}^{s}p_i-s=p(G)-s\leq p(G)-2$，这与 $q(G)=p(G)-1$ 的假设相矛盾。

定理8-5 图 $G=(V,E)$ 是一个树的充要条件是 G 是连通图，并且有且仅有 $p-1$ 条边。

证明 （1）必要性。设图 $G=(V,E)$ 是树，按定义，G 是连通图，由定理8-4知，$q(G)=p(G)-1$。

（2）充分性。只要证明 G 不含圈，对点数 p 用数学归纳法。当 $p=2$ 时，结论显然成立。假设 $p=n$ 时，结论成立。看 $p=n+1$ 的情形，先证 G 有悬挂点。假如不然，因为 G 是连通图，$p(G)\geq 2$，故对每一个点 v_i，有 $d(v_i)\geq 2$，所以，$q(G)=\dfrac{1}{2}\sum\limits_{i=1}^{p(G)}d(v_i)\geq p(G)$，这与 $q(G)=p(G)-1$ 相矛盾。因此 G 有悬挂点。令 v_1 是 G 的一个悬挂点，那么图 $G-v_1$ 仍是连通的，$q(G-v_1)=q(G)-1=p(G)-2=p(G-v_1)-1$，由归纳假设，图 $G-v_1$ 不含圈，因此 G 也不含圈。

定理8-6 图 G 是一个树的充分必要条件是任意两个顶点之间有且仅有一条链。

这个定理的证明留给读者作为练习。

从以上定理不难得出以下结论：

（1）从一个树中任意去掉一条边，那么剩下的图不是连通图，亦即，在点集合相同的图中，树是含边数最少的连通图。

（2）在树中不相邻的两个点之间加上一条边，那么恰好得到一个圈。

二、支撑树

定义8-2 设图 $K=(V,E')$ 是图 $G=(V,E)$ 的一支撑子图，如果图 $K=(V,E')$ 是一个树，那么称 K 是 G 的一个支撑树。

例如，图8-12b是图8-12a的一个支撑树。

显然，如果图 $K=(V,E')$ 是图 $G=(V,E)$ 的一个支撑树，那么 K 的边数是 $p(G)-1$，G 中不属于支撑树 K 的边数是 $q(G)-p(G)+1$。

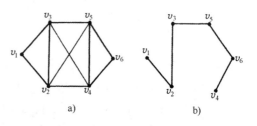

图8-12　支撑树

定理8-7 一个图 G 有支撑树的充分必要条件是 G 是连通图。

证明 （1）必要性，显然成立。

（2）充分性。设图 G 是连通的，若 G 不含圈，则按照定义，G 是一个树，从而 G 是自身的一个支撑树。若 G 含圈，则任取 G 的一个圈，从该圈中任意去掉一条边，得到图 G 的一个支撑子图 G_1。若 G_1 不含圈，则 G_1 是 G 的一个支撑树。若 G_1 仍然含圈，则任取 G_1 的一个圈，再从圈中任意去掉一条边，得到图 G 的一个支撑子图 G_2。以此类推，可以得到图 G 的一个支撑子图 G_k，且不含圈，从而 G_k 是 G 的一个支撑树。

定理8-7充分性的证明，提供了一个寻找连通图支撑树的方法，叫作"破圈法"。就是从图中任取一个圈，去掉一条边，再对剩下的图重复以上步骤，直到不含圈时为止，这样就得到一个支撑树。

例 8-4　用破圈法求出图 8-13 的一个支撑树。

取一个圈 (v_1,v_2,v_3,v_1)，在这个圈中去掉边 e_3。在剩下的图中，再取一个圈 (v_1,v_2,v_4,v_3,v_1)，去掉边 e_4。再从圈 (v_3,v_4,v_5,v_3) 中去掉边 e_6。再从圈 $(v_1,v_2,v_5,v_4,v_3,v_1)$ 中去掉边 e_7。这样，剩下的图不含圈，于是得到一个支撑树，如图 8-14 所示。

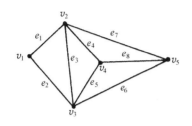

图 8-13　例 8-4 图

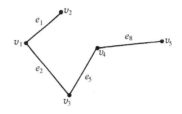

图 8-14　图 8-13 的支撑树

三、最小支撑树问题

定义 8-3　如果图 $G = (V,E)$，对于 G 中的每一条边 $[v_i,v_j]$，相应地有一个数 w_{ij}，那么称这样的图 G 为赋权图，w_{ij} 称为边 $[v_i,v_j]$ 的权。这里所指的权，是具有广义意义的数量值，根据实际研究问题的不同，可以具有不同的含义。例如长度、费用、流量等。

赋权图在图论及实际应用方面有着重要的地位，被广泛地应用于现代科学管理和工程技术等领域。最小支撑树问题(Minimal Spanning Tree Problem)就是赋权图的最优化问题之一。

设 $G = (V,E)$ 是一个连通图，G 的每一条边 $[v_i,v_j]$ 对应一个非负的权 $w_{ij}(w_{ij} \geqslant 0)$。

定义 8-4　如果图 $T = (V,E')$ 是图 G 的一个支撑树，那么称 E' 上所有边的权的和为支撑树 T 的权，记作 $s(T)$，亦即 $s(T) = \sum\limits_{[v_i,v_j] \in T} w_{ij}$。

如果图 G 的支撑树 T^* 的权 $s(T^*)$ 在 G 的所有支撑树 T 中的权最小，即 $s(T^*) = \min\limits_{T} s(T)$，那么称 T^* 是 G 的最小支撑树。

如前所述，在已知的几个城市之间架设电话线，要求总长度最短和总建设费用最少，这个问题的解决可以归结为最小支撑树问题。

再如，城市间交通线的建造等都可以归结为这一类问题。

下面介绍寻求最小支撑树的方法——破圈法。

在给定的连通图中任取一个圈，去掉权最大的一条边，如果有两条以上权最大的边，则任意去掉一条。在剩下的图中，重复以上步骤，直到得到一个不含圈的连通图为止，这个图便是最小支撑树。

例 8-5　某 6 个城市之间的道路网如图 8-15a 所示，要求沿着已知长度的道路架设 6 个城市的电话线，使得电话线的总长度最短。

解　这个问题的解决就是要求所示赋权图 8-15a 中的最小支撑树。

用破圈法求解。任取一个圈，例如 (v_1,v_2,v_3,v_1)，去掉这个圈中权最大的边 $[v_1,v_3]$。再取一个圈 (v_3,v_5,v_2,v_3)，去掉边 $[v_2,v_5]$。再取一个圈 (v_3,v_5,v_4,v_2,v_3)，去掉边 $[v_3,v_5]$。再取一个圈 (v_5,v_6,v_4,v_5)，在这个圈中，有两条权最大的边 $[v_5,v_6]$ 和 $[v_4,v_6]$。任意去掉其

中的一条，例如$[v_5, v_6]$。这时得到一个不含圈的图，如图8-15b所示，即是最小支撑树。

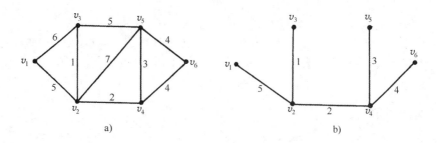

图8-15　某道路网图

关于破圈法正确性的证明略。

第三节　最短路径问题

一、引言

最短路径问题(Shortest Path Problem)是图论中十分重要的最优化问题之一，它作为一个经常被用到的基本工具，可以解决生产实际中的许多问题，如城市中的管道铺设、线路安排、工厂布局、设备更新等，也可以用于解决其他最优化问题。

例8-6　图8-16所示的单行线交通网，每个弧旁边的数字表示这条单行线的长度。现在有一个人要从v_1出发，经过这个交通网到达v_8，要寻求使总路程最短的线路。

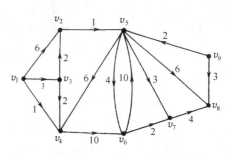

图8-16　某单行线交通网

从v_1到v_8的路线是很多的。例如，从v_1出发，经过v_2、v_5到达v_8，或者从v_1出发，经过v_4、v_6、v_7到达v_8等。但不同的路线，经过的总长度是不同的。例如，按照第一条路线，总长度是$6+1+6=13$，按照第二条路线，总长度是$1+10+2+4=17$。

从这个例子中可以给出一般意义下的最短路径问题。设一个赋权有向图$D=(V, A)$，对于每一个弧$a=(v_i, v_j)$，相应地有一个权w_{ij}。v_s、v_t是D中的两个顶点，P是D中从v_s到v_t的任意一条路，定义路的权是P中所有弧的权的和，记作$s(P)$。最短路径问题就是要在所有从v_s到v_t的路P中，寻找一个权最小的路P_0，亦即$s(P_0) = \min\limits_{P} s(P)$。$P_0$叫作从$v_s$到$v_t$的最短路径。$P_0$的权$s(P_0)$叫作从$v_s$到$v_t$的距离，记作$d(v_s, v_t)$。由于$D$是有向图，很明显$d(v_s, v_t)$与$d(v_t, v_s)$一般不相等。

二、Dijkstra算法

下面介绍在一个赋权有向图中寻求最短路径的方法——Dijkstra算法，它是在1959年提出来的。目前公认，在所有的权$w_{ij} \geq 0$时，这个算法是寻求最短路径问题最好的算法。并且，这个算法实际上也给出了寻求从一个给定点v_s到任意一个点v_j的最短路径。

Dijkstra 算法的基本思想是从 v_s 出发，逐步向外寻找最短路径。在运算过程中，与每个点对应，记录一个数，叫作这个点的标号。它或者表示从 v_s 到该点的最短路权（叫作 P 标号），或者表示从 v_s 到该点最短路权的上界（叫作 T 标号）。算法的每一步是去修改 T 标号，把某一个具有 T 标号的点改变为具有 P 标号的点，使图 D 中具有 P 标号的顶点多一个。这样，至多经过 $p-1$ 步，就可求出从 v_s 到各点 v_j 的最短路径。

以例 8-6 为例说明这个基本思想。在例 8-6 中，$s=1$。因为 $w_{ij} \geqslant 0$，$d(v_1, v_1) = 0$，这时，v_1 是具有 P 标号的点。现在看从 v_1 出发的三条弧 (v_1, v_2)、(v_1, v_3) 和 (v_1, v_4)，如果一个人从 v_1 出发沿 (v_1, v_2) 到达 v_2，这时的路程是 $d(v_1, v_1) + w_{12} = 6$。如果从 v_1 出发，沿 (v_1, v_3) 到达 v_3，则是 $d(v_1, v_1) + w_{13} = 3$。同理，沿 (v_1, v_4) 到达 v_4，是 $d(v_1, v_1) + w_{14} = 1$。因此，他从 v_1 出发到达 v_4 的最短路径必是 (v_1, v_4)，$d(v_1, v_4) = 1$。这是因为从 v_1 到达 v_4 的任一条路 P，假如不是 (v_1, v_4)，则必先沿 (v_1, v_2) 到达 v_2，或者沿 (v_1, v_3) 到达 v_3，而这时的路程已是 6 或者 3。由于所有的权 $w_{ij} \geqslant 0$，因此，不论他如何再从 v_2 或者 v_3 到达 v_4，所经过的总路程都不会比 1 少，于是就有 $d(v_1, v_4) = 1$。这样就使 v_4 变成具有 P 标号的点。现在看从 v_1 和 v_4 指向其余点的弧。如上所述，从 v_1 出发，分别沿 (v_1, v_2)、(v_1, v_3) 到达 v_2、v_3，经过的路程是 6 或者 3。从 v_4 出发沿 (v_4, v_6) 到达 v_6，经过的路程是 $d(v_1, v_4) + w_{46} = 1 + 10 = 11$。而 $\min \{ d(v_1, v_1) + w_{12}, d(v_1, v_1) + w_{13}, d(v_1, v_4) + w_{46} \} = d(v_1, v_1) + w_{13} = 3$。根据同样的理由可以断定，从 v_1 到达 v_3 的最短路径是 (v_1, v_3)，$d(v_1, v_3) = 3$。这样，又使点 v_3 变为具有 P 标号的点，不断重复以上过程，就可以求出从 v_s 到达任一点 v_j 的最短路径。

在下述的 Dijkstra 算法中，以 P、T 分别表示某一个点的 P 标号、T 标号。S_i 表示在第 i 步时，具有 P 标号点的集合，为了在算出从 v_s 到各点的距离的同时，也找出从 v_s 到各点的最短路径，于是给每一个点 v 一个 λ 值。当算法结束时，如果 $\lambda(v) = m$，则表示在从 v_s 到 v 的最短路径上，v 的前一个点是 v_m。如果 $\lambda(v) = M$，则表示在图 D 中不含有从 v_s 到达 v 的路。$\lambda(v) = 0$，表示 $v = v_s$。

Dijkstra 算法的步骤如下：

开始 $(i = 0)$，令 $S_0 = \{v_s\}$，$P(v_s) = 0$，$\lambda(v_s) = 0$，对每一个 $v \neq v_s$，令 $T(v) = +\infty$，$\lambda(v) = M$，令 $k = s$。

（1）如果 $S_i = V$，则算法结束。这时，对每一个 $v \in S_i$，$d(v_s, v) = P(v)$，否则转入（2）。

（2）看每一个使 $(v_k, v_j) \in A$，且 $v_j \notin S_i$ 的点 v_j，如果 $T(v_j) > P(v_k) + w_{kj}$，则把 $T(v_j)$ 改变为 $P(v_k) + w_{kj}$，把 $\lambda(v_j)$ 改变为 k，否则转入（3）。

（3）令 $T(v_{j_i}) = \min\limits_{v_j \notin S_j} \{ T(v_j) \}$，如果 $T(v_{j_i}) < +\infty$，则把 v_{j_i} 的 T 标号改变为 P 标号，$P(v_{j_i}) = T(v_{j_i})$，令 $S_{i+1} = S_i \cup \{v_{j_i}\}$，$k = j_i$，把 i 换成 $i+1$，转入（1），否则结束。这时，对每一个 $v \in S_i$，$d(v_s, v) = P(v)$。对每一个 $v \notin S_i$，$d(v_s, v) = T(v)$。

现在用 Dijkstra 算法求例 8-6 中从 v_s 到各个点的最短路径，此时 $s = 1$。

$i = 0$：$S_0 = \{v_1\}$，$P(v_1) = 0$，$\lambda(v_1) = 0$，$T(v_i) = +\infty$，$\lambda(v_i) = M(i = 2, \cdots, 9)$，$k = 1$。

（2）因为 $(v_1, v_2) \in A$，$v_2 \notin S_0$，$P(v_1) + w_{12} < T(v_2)$，故将 $T(v_2)$ 改变为 $P(v_1) + w_{12} = 6$，$\lambda(v_2)$ 改变为 1。同理，将 $T(v_3)$ 改变为 $P(v_1) + w_{13} = 3$，$\lambda(v_3)$ 改变为 1，将 $T(v_4)$ 改变为 $P(v_1) + w_{14} = 1$，$\lambda(v_4)$ 改变为 1。

（3）在所有的 T 标号中，$T(v_4) = 1$ 最小，于是，令 $P(v_4) = 1$，$S_1 = S_0 \cup \{v_4\} = \{v_1, v_4\}$，$k = 4$。

$i = 1$：

（2）将 $T(v_6)$ 改变为 $P(v_4) + w_{46} = 11$，$\lambda(v_6)$ 改变为 4。

（3）在所有的 T 标号中，$T(v_3) = 3$ 最小，于是，令 $P(v_3) = 3$，$S_2 = \{v_1, v_4, v_3\}$，$k = 3$。

$i = 2$：

（2）$(v_3, v_2) \in A$，$v_2 \notin S_2$，$T(v_2) > P(v_3) + w_{32}$，将 $T(v_2)$ 改变为 $P(v_3) + w_{32} = 5$，$\lambda(v_2)$ 改变为 3。

（3）在所有的 T 标号中，$T(v_2) = 5$ 最小，于是，令 $P(v_2) = 5$，$S_3 = \{v_1, v_4, v_3, v_2\}$，$k = 2$。

$i = 3$：

（2）将 $T(v_5)$ 改变为 $P(v_2) + w_{25} = 6$，$\lambda(v_5)$ 改变为 2。

（3）在所有的 T 标号中，$T(v_5) = 6$ 最小，于是，令 $P(v_5) = 6$，$S_4 = \{v_1, v_4, v_3, v_2, v_5\}$，$k = 5$。

$i = 4$：

（2）将 $T(v_6)$、$T(v_7)$、$T(v_8)$ 分别改变为 10、9、12，将 $\lambda(v_6)$、$\lambda(v_7)$、$\lambda(v_8)$ 改变为 5。

（3）在所有的 T 标号中，$T(v_7) = 9$ 最小，于是，令 $P(v_7) = 9$，$S_5 = \{v_1, v_4, v_3, v_2, v_5, v_7\}$，$k = 7$。

$i = 5$：

（2）$(v_7, v_8) \in A$，$v_8 \notin S_5$，但 $T(v_8) < P(v_7) + w_{78}$，故 $T(v_8)$ 不变。

（3）在所有的 T 标号中，$T(v_6) = 10$ 最小，于是，令 $P(v_6) = 10$，$S_6 = \{v_1, v_4, v_3, v_2, v_5, v_7, v_6\}$，$k = 6$。

$i = 6$：

（2）从 v_6 出发没有弧指向不属于 S_6 的点，因此转入（3）。

（3）在所有的 T 标号中，$T(v_8) = 12$ 最小，令 $P(v_8) = 12$，$S_7 = \{v_1, v_4, v_3, v_2, v_5, v_7, v_6, v_8\}$，$k = 8$。

$i = 7$：

（3）这时，仅有 T 标号的点为 v_9，$T(v_9) = +\infty$，算法结束。

此时，把 P 标号和 λ 值标在图中，如图 8-17 所示。

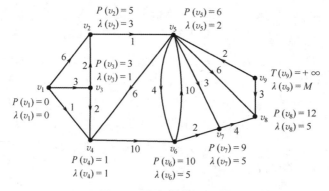

图 8-17　标记号的 8-16 图

从图 8-17 中不难看出从 v_1 到 v_8 的最短路径。因为 $\lambda(v_8)=5$，故最短路径经过点 v_5。又因为 $\lambda(v_5)=2$，故最短路径经过点 v_2。以此类推，$\lambda(v_2)=3$，$\lambda(v_3)=1$。于是，最短路径经过点 v_3、v_1。这样，从 v_1 到 v_8 的最短路径是 (v_1,v_3,v_2,v_5,v_8)。同理，可以求出从 v_1 到任一点 $v_i(i=2,\cdots,7)$ 的最短路径。从图中不难看出，不存在从 v_1 到 v_9 的最短路径。

对于一个赋权(无向)图 $G=(V,E)$，因为边 $[v_i,v_j]$ 可以看成两条弧 (v_i,v_j) 和 (v_j,v_i)，并且具有相同的权 w_{ij}。这样，在一个赋权(无向)图中，如果所有的权 $w_{ij}\geqslant 0$，只要将 Dijkstra 算法中的"(2)看每一个使 $(v_k,v_j)\in A$，且 $v_j\notin S_i$ 的点 v_j"改变为"(2)看每一个使 $[v_k,v_j]\in E$，且 $v_j\notin S_i$ 的点 v_j"，而其他条件不变，同样可以求出从 v_s 到各点的最短路径(对于无向图叫作最短链)。

作为习题，读者可以将例 8-6 中所示的赋权有向图的箭头去掉，然后求出无向图中从 v_s 到各点的最短路径。

下面证明 Dijkstra 算法的正确性。只要证明对每一个点 $v\in S_i$，$P(v)$ 是从 v_s 到 v 的最短路权，即 $P(v)=d(v_s,v)$。

证明 用数学归纳法。当 $i=0$ 时，结论显然成立。假设 $i=n$ 时，结论成立。看 $i=n+1$ 时的情形，由于 $S_{n+1}=S_n\cup\{v_{j_n}\}$，所以只要证明 $P(v_{j_n})=d(v_s,v_{j_n})$。根据算法，$v_{j_n}$ 是具有最小 T 标号的点，即 $T_n(v_{j_n})=\min\limits_{v_j\notin S_n}\{T_n(v_j)\}$。这里，用 $T_n(v)$ 表示当 $i=n$ 时，执行步骤(3)时点 v 的 T 标号。设 H 是图 D 中任意一条从 v_s 到 v_{j_n} 的路。因为 $v_s\in S_n$，而 $v_{j_n}\notin S_n$，所以从 v_s 出发，沿 H 必存在一条弧，其始点属于 S_n，而终点不属于 S_n。令 (v_r,v_l) 是第一条这样的弧，于是 $H=(v_s,\cdots,v_r,v_l,\cdots,v_{j_n})$，$S(H)=S((v_s,\cdots,v_r))+w_{rl}+S((v_l,\cdots,v_{j_n}))$。由归纳假设，$P(v_r)$ 是从 v_s 到 v_r 的最短路权。于是有 $S(H)\geqslant P(v_r)+w_{rl}+S((v_l,\cdots,v_{j_n}))$。根据算法中的 T 标号修改规则，因为 $v_r\in S_n$，$v_l\notin S_n$，故 $P(v_r)+w_{rl}\geqslant T_n(v_l)$，而 $T_n(v_l)\geqslant T_n(v_{j_n})$，且 $S((v_l,\cdots,v_{j_n}))\geqslant 0$，所以 $S(H)\geqslant T_n(v_{j_n})+S((v_l,\cdots,v_{j_n}))\geqslant T_n(v_{j_n})$。这样，就证明了 $T_n(v_{j_n})$ 是从 v_s 到 v_{j_n} 的最短路权。根据算法，$P(v_{j_n})=T_n(v_{j_n})$，于是就有 $P(v_{j_n})=d(v_s,v_{j_n})$。

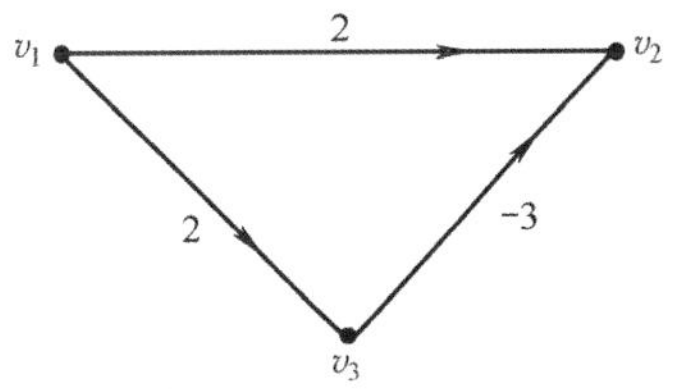

Dijkstra 算法仅适合所有的权 $w_{ij}\geqslant 0$ 的情形。如果当赋权有向图中存在有负权弧时，则该算法失效。例如图 8-18 中，根据 Dijkstra 算法，可以得出从 v_1 到 v_2 的最短路径权是 2，但这显然不对，因为从 v_1 到 v_2 的最短路径是 (v_1,v_3,v_2)，权是 -1。

图 8-18 D_{ij} 算法有负权弧的图

三、Ford 算法

下面介绍当赋权有向图中存在负权弧时，寻求最短路的方法——福特算法(L. R. Ford,1956)。

首先，设从任一点 v_i 到任一点 v_j 都有一条弧，如果在图 D 中，$(v_i,v_j)\notin A$，则添加弧 (v_i,v_j)，并且令 $w_{ij}=+\infty$。

很明显，从 v_s 到 v_j 的最短路是从 v_s 出发，沿着这条路到某个点 v_i，再沿弧 (v_i,v_j) 到点 v_j。显然，从 v_s 到 v_i 的这条路必定是从 v_s 到 v_i 的最短路。否则，从 v_s 到 v_j 的这条路将不是最短路。于是，从 v_s 到 v_j 的距离 $d(v_s,v_j)$ 满足以下条件，$d(v_s,v_j)=\min\limits_i\{d(v_s,v_i)+w_{ij}\}$，

$i = 1, \cdots, p, \ p = p(D)$。

为了求出这个关系式的解 $d(v_s, v_1), \cdots, d(v_s, v_p)$。可利用如下的递推公式：$d^{(1)}(v_s, v_j) = w_{sj}, \ j = 1, \cdots, p$。$d^{(t)}(v_s, v_j) = \min_i \{d^{(t-1)}(v_s, v_i) + w_{ij}\}, \ t = 2, 3, \cdots$。如果计算到第 k 步时，对一切 $j = 1, \cdots, p$，有 $d^{(k)}(v_s, v_j) = d^{(k-1)}(v_s, v_j)$，那么 $d^{(k)}(v_s, v_j), \ j = 1, \cdots, p$，就是从 v_s 到各点 v_j 的最短路权。

设 C 是赋权有向图 D 中的一个回路。如果回路 C 的权 $s(C)$ 是负数，那么称 C 是 D 中的一个负回路。

不难证明以下结论：

（1）如果赋权有向图 D 不含有负回路，那么从 v_s 到任一点的最短路径至多包含 $p-2$ 个中间点，并且必可取为初等路。

（2）如果赋权有向图 D 不含有负回路，那么上述递推算法至多经过 $p-1$ 次迭代必收敛，亦即对一切的 $j = 1, \cdots, p$，有 $d^{(k)}(v_s, v_j) = d^{(k-1)}(v_s, v_j)$，从而可以求出从 v_s 到各个点的最短路权。

（3）如果上述算法经过 $p-1$ 次迭代，还存在着某个 j，使得 $d^{(p)}(v_s, v_j) \neq d^{(p-1)}(v_s, v_j)$，那么 D 中含有负回路。这时，不存在从 v_s 到 v_j 的路(权无界)。

例 8-7 在图 8-19 所示的赋权有向图中，求从 v_1 到各点的最短路径。

解 利用上述递推公式，将求解结果列出，如表 8-1 所示。

可以看出，当 $t = 4$ 时，有 $d^{(t)}(v_1, v_j) = d^{(t-1)}(v_1, v_j)$，$j = 1, \cdots, 8$。因此，表中的最后一列就是从 v_1 到 $v_1, v_2, \cdots, v_8$ 的最短路权(表中没有数字的空格表示 $+\infty$)。

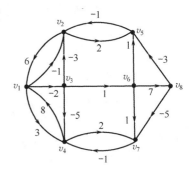

图 8-19 赋权有向图

表8-1 计算过程表

起　点	w_{ij}								$d^{(t)}(v_1, v_j)$			
	终　点								$t=1$	$t=2$	$t=3$	$t=4$
	v_1	v_2	v_3	v_4	v_5	v_6	v_7	v_8				
v_1	0	-1	-2	3					0	0	0	0
v_2	6	0			2				-1	-5	-5	-5
v_3		-3	0	-5		1			-2	-2	-2	-2
v_4	8			0			2		3	-7	-7	-7
v_5		-1			0				1	-3	-3	-3
v_6					1	0	1	7	-1	-1	-1	-1
v_7				-1			0		5	-5	-5	-5
v_8					-3		-5	0			6	6

为了求出从 v_1 到各个点的最短路径，一般采用反向追踪的方法：如果已知 $d(v_s, v_j)$，那

么寻求一个点 v_k，使得 $d(v_s,v_k)+w_{kj}=d(v_s,v_j)$，然后记录下 (v_k,v_j)。再看 $d(v_s,v_k)$，寻求一个点 v_i，使得 $d(v_s,v_i)+w_{ik}=d(v_s,v_k)$……以此类推，一直到达 v_s 为止。这样，从 v_s 到 v_j 的最短路径是 $(v_s,\cdots,v_i,v_k,v_j)$。

在本例中，由表 8-1 知，$d(v_1,v_8)=6$，由于 $d(v_1,v_6)+w_{68}=(-1)+7=6$，记录下 v_6。由于 $d(v_1,v_3)+w_{36}=d(v_1,v_6)$，记录下 v_3。由于 $d(v_1,v_1)+w_{13}=d(v_1,v_3)$，于是从 v_1 到 v_8 的最短路径是 (v_1,v_3,v_6,v_8)。

第四节　网络系统最大流问题

一、引言

在许多实际的网络系统中都存在着流量和最大流问题。例如，铁路运输系统中的车辆流，城市给排水系统中的水流等。而网络系统最大流问题是图与网络流理论中很重要的最优化问题，它对于解决生产实际中的许多问题起着十分重要的作用。

图 8-20 是连接某个起始地 v_s 和目的地 v_t 的交通运输网，每一条弧 (v_i,v_j) 旁边的权 c_{ij} 表示这段运输线的最大通过能力，货物经过交通网从 v_s 运送到 v_t。要求制订一个运输方案，使得从 v_s 到 v_t 的货运量达到最大，这个问题就是寻求网络系统的最大流问题（Maximal Flow Problem）。

二、基本概念

定义 8-5　设一个赋权有向图 $D=(V,A)$，在 V 中指定一个发点 v_s 和一个收点 v_t，其他的点叫作中间点。对于 D 中的每一个弧 $(v_i,v_j)\in A$，都有一个权 $c_{ij}\geqslant0$，叫作弧的容量。把这样的图 D 叫作一个网络系统，简称网络（Network），记作 $D=(V,A,C)$。

网络 D 上的流，是指定义在弧集合 A 上的一个函数 $f=\{f(v_i,v_j)\}=\{f_{ij}\}$，$f(v_i,v_j)=f_{ij}$ 叫作弧 (v_i,v_j) 上的流量。

例如图 8-20 就是一个网络，每一个弧旁边的权就是对应的容量（最大通过能力）c_{ij}。

图 8-21 表示的就是这个网络上的一个流（运输方案），每一个弧上的流量 f_{ij} 就是运输量。例如 $f_{s1}=5$，$f_{s2}=3$，$f_{13}=2$ 等。

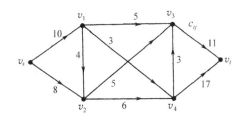

图 8-20　某交通运输网络图

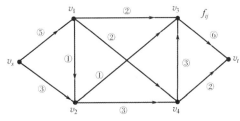

图 8-21　网络流图

对于实际的网络系统上的流，有几个显著的特点：①发点的总流出量和收点的总流入量必相等；②每一个中间点的流入量与流出量的代数和等于零；③每一个弧上的流量不能超过它的最大通过能力(即容量)。于是有：

定义 8-6   网络上的一个流 f 叫作可行流，如果 f 满足以下条件：

(1) 容量条件：对于每一个弧 $(v_i, v_j) \in A$，有 $0 \le f_{ij} \le c_{ij}$。

(2) 平衡条件：对于发点 v_s，有 $\sum\limits_{(v_s, v_j) \in A} f_{sj} - \sum\limits_{(v_j, v_s) \in A} f_{js} = v(f)$

对于收点 v_t，有 $\sum\limits_{(v_t, v_j) \in A} f_{tj} - \sum\limits_{(v_j, v_t) \in A} f_{jt} = -v(f)$

对于中间点，有 $\sum\limits_{(v_i, v_j) \in A} f_{ij} - \sum\limits_{(v_j, v_i) \in A} f_{ji} = 0$

其中，发点的总流出量(或收点的总流入量) $v(f)$ 叫作这个可行流的流量。

任意一个网络上的可行流总是存在的。例如零流 $v(f) = 0$，就是满足以上条件的一个可行流。

网络系统最大流问题，就是在给定的网络上寻求一个可行流 f，其流量 $v(f)$ 达到最大值。

设流 $f = \{f_{ij}\}$ 是网络 D 上的一个可行流。把 D 中 $f_{ij} = c_{ij}$ 的弧叫作饱和弧，$f_{ij} < c_{ij}$ 的弧叫作非饱和弧，$f_{ij} > 0$ 的弧为非零流弧，$f_{ij} = 0$ 的弧叫作零流弧。

在图 8-21 中，(v_4, v_3) 是饱和弧，其他弧是非饱和弧，并且都是非零流弧。

设 μ 是网络 D 中连接发点 v_s 和收点 v_t 的一条链。定义链的方向是从 v_s 到 v_t，于是链 μ 上的弧被分为两类：一是弧的方向与链的方向相同，叫作前向弧。前向弧的集合记作 μ^+；二是弧的方向与链的方向相反，叫作后向弧，后向弧的集合记作 μ^-。

例如图 8-20 中，在链 $(v_s, v_1, v_2, v_3, v_4, v_t)$ 中，$\mu^+ = \{(v_s, v_1), (v_1, v_2), (v_2, v_3), (v_4, v_t)\}$，$\mu^- = \{(v_4, v_3)\}$。

定义 8-7   设 f 是网络 D 上的一个可行流，如果链 μ 满足以下条件：

(1) 在弧 $(v_i, v_j) \in \mu^+$ 上，有 $0 \le f_{ij} < c_{ij}$，即 μ^+ 中的每一个弧是非饱和弧。

(2) 在弧 $(v_i, v_j) \in \mu^-$ 上，有 $0 < f_{ij} \le c_{ij}$，即 μ^- 中的每一个弧是非零流弧。链 μ 叫作关于可行流 f 的一条增广链。

例如，在图 8-21 中，链 $\mu = (v_s, v_1, v_2, v_3, v_4, v_t)$ 就是一条增广链。

设图 $D = (V, A, C)$，点集 $S, T \subseteq V$，$S \cap T = \varnothing$。将起点在 S、终点在 T 的所有弧构成的集合记作 (S, T)。

定义 8-8   设一个网络 $D = (V, A, C)$。如果点集 V 被剖分为两个非空集合 V_1 和 $\bar{V}_1$，发点 $v_s \in V_1$，收点 $v_t \in \bar{V}_1$，那么将弧集 $(V_1, \bar{V}_1)$ 叫作分离 v_s 和 v_t 的截集。

定义 8-9   设一个截集 $(V_1, \bar{V}_1)$，将截集 $(V_1, \bar{V}_1)$ 中所有弧的容量的和叫作这个截集的截量，记作 $s(V_1, \bar{V}_1)$，亦即 $s(V_1, \bar{V}_1) = \sum\limits_{(v_i, v_j) \in (V_1, \bar{V}_1)} c_{ij}$。

下面的事实是显然的：一个网络 D 中，任何一个可行流 f 的流量 $v(f)$ 都小于或等于这个网络中任何一个截集 $(V_1, \bar{V}_1)$ 的截量。并且，如果网络上的一个可行流 f^* 和网络中的一个截集 $(V_1^*, \bar{V}_1^*)$ 满足条件 $v(f^*) = s(V_1^*, \bar{V}_1^*)$ (即最大流的流量等于最小截量)，那么 f^* 一定是 D 上的最大流，而 $(V_1^*, \bar{V}_1^*)$ 一定是 D 的所有截集中截量最小的一个(即最小截集)。

定理 8-8   网络中的一个可行流 f^* 是最大流的充分必要条件是，不存在关于 f^* 的增广链。

证明   必要性。用反证法。假设网络 D 中存在关于最大流 f^* 的增广链 μ，令 $\theta =$

$\min\left\{\min\limits_{\mu^+}(c_{ij}-f_{ij}^*),\ \min\limits_{\mu^-}f_{ij}^*\right\}$。按照增广链的定义，有 $\theta>0$。令

$$f_{ij}^{**}=\begin{cases}f_{ij}^*+\theta, & \text{在 }\mu^+\text{ 上}\\ f_{ij}^*-\theta, & \text{在 }\mu^-\text{ 上}\\ \text{其他不变}\end{cases}$$

不难验证，$f^{**}=\{f_{ij}^{**}\}$ 是 D 上的一个可行流，并且 f^{**} 的流量 $v(f^{**})=v(f^*)+\theta>v(f^*)$，这与 f^* 是最大流的前提相矛盾。

充分性。设网络 D 中不存在关于可行流 f^* 的增广链，今证 f^* 是最大流。重新定义 V_1^*：$v_s\in V_1^*$，若 $v_i\in V_1^*$，且 $f_{ij}^*<c_{ij}$，则令 $v_j\in V_1^*$。若 $v_i\in V_1^*$，且 $f_{ji}^*>0$，则令 $v_j\in V_1^*$。由于不存在关于 f^* 的增广链，因此 $v_t\notin V_1^*$，记 $\bar V_1^*=V-V_1^*$，于是得到 D 中的一个截集 $(V_1^*,\bar V_1^*)$。显然

$$f_{ij}^*=\begin{cases}c_{ij}, & (v_i,v_j)\in(V_1^*,\bar V_1^*)\\ 0, & (v_j,v_i)\in(V_1^*,\bar V_1^*)\end{cases}$$

于是有 $v(f^*)=s(V_1^*,\bar V_1^*)$。因此，$f^*$ 是最大流。

定理 8-9 在一个网络 D 中，最大流的流量等于分离 v_s 和 v_t 的最小截集的截量。

从定理 8-8 的证明过程不难看出，它实际上提供了一个寻求网络系统最大流的方法。亦即，如果网络 D 中有一个可行流 f，则只要判断网络中是否存在关于可行流 f 的增广链。如果没有增广链，那么 f 一定是最大流。如果有增广链，那么可以按照定理 8-8 中必要性部分的证明，不断改进和增大可行流 f 的流量，最终可以得到网络中的一个最大流。

三、标号法求解网络系统最大流问题

从网络中的一个可行流 f 出发（如果 D 中没有 f，可以令 f 是零流），运用标号法，经过标号过程和调整过程，可以得到网络中的一个最大流。

用给顶点标号的方法来定义 V_1^*。在标号过程中，有标号的顶点是 V_1^* 中的点，没有标号的点不是 V_1^* 中的点。如果 v_t 被标号，表示存在一条关于 f 的增广链。如果标号过程无法进行下去，并且 v_t 未被标号，则表示不存在关于 f 的增广链。这样，就得到了网络中的一个最大流和一个最小截集。

1. 标号过程

在标号过程中，网络中的点或者是标号点（分为已检查和未检查两种），或者是未标号点。每个标号点的标号包含两部分：第一个标号表示这个标号是从哪一点得到的，以便找出增广链。第二个标号是为了用来确定增广链上的调整量 θ。

标号过程开始，先给 v_s 标号 $(0,+\infty)$。这时，v_s 是标号未检查的点，其他都是未标号点。一般地，取一个标号未检查点 v_i，对一切未标号点 v_j：

（1）如果在弧 (v_i,v_j) 上，$f_{ij}<c_{ij}$，那么给 v_j 标号 $(v_i,l(v_j))$。其中，$l(v_j)=\min\{l(v_i),c_{ij}-f_{ij}\}$。这时，$v_j$ 成为标号未检查的点。

（2）如果在弧 (v_j,v_i) 上，$f_{ji}>0$，那么给 v_j 标号 $(-v_i,l(v_j))$。其中，$l(v_j)=\min\{l(v_i),f_{ji}\}$。这时，$v_j$ 成为标号未检查的点。

于是 v_i 成为标号已检查的点。重复以上步骤，如果所有的标号都已检查过，而标号过

程无法进行下去，则标号法结束。这时的可行流就是最大流。但是，如果 v_t 被标上号，表示得到一条增广链 μ，转入下一步调整过程。

2. 调整过程

首先按照 v_t 和其他点的第一个标号，反向追踪，找出增广链 μ。例如，令 v_t 的第一个标号是 v_k，则弧 (v_k, v_t) 在 μ 上。再看 v_k 的第一个标号，若是 v_i，则弧 (v_i, v_k) 在 μ 上。以此类推，直到 v_s 为止。这时，所找出的弧就构成网络 D 的一条增广链 μ。取调整量 $\theta = l(v_t)$，即 v_t 的第二个标号，令

$$f'_{ij} = \begin{cases} f_{ij} + \theta, & (v_i, v_j) \in \mu^+ \\ f_{ij} - \theta, & (v_i, v_j) \in \mu^- \\ \text{其他不变} \end{cases}$$

再去掉所有的标号，对新的可行流 $f' = \{f'_{ij}\}$ 重新进行标号过程，直到找到网络 D 的最大流为止。

例 8-8 求图 8-22 所示网络中的最大流，弧旁的权数表示 (c_{ij}, f_{ij})。

解 用标号法。

（1）标号过程。

1）首先给 v_s 标号 $(0, +\infty)$。

2）看 v_s：在弧 (v_s, v_2) 上，$f_{s2} = c_{s2} = 3$，不具备标号条件。在弧 (v_s, v_1) 上，$f_{s1} =$

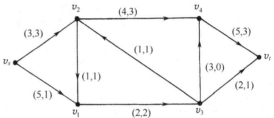

图 8-22 例 8-8 网络图

$1 < c_{s1} = 5$，故给 v_1 标号 $(v_s, l(v_1))$，其中，$l(v_1) = \min\{l(v_s), (c_{s1} - f_{s1})\} = \min\{+\infty, 5 - 1\} = 4$。

3）看 v_1：在弧 (v_1, v_3) 上，$f_{13} = c_{13} = 2$，不具备标号条件。在弧 (v_2, v_1) 上，$f_{21} = 1 > 0$，故给 v_2 标号 $(-v_1, l(v_2))$，其中，$l(v_2) = \min\{l(v_1), f_{21}\} = \min\{4, 1\} = 1$。

4）看 v_2：在弧 (v_2, v_4) 上，$f_{24} = 3 < c_{24} = 4$，故给 v_4 标号 $(v_2, l(v_4))$，其中，$l(v_4) = \min\{l(v_2), (c_{24} - f_{24})\} = \min\{1, 1\} = 1$。

在弧 (v_3, v_2) 上，$f_{32} = 1 > 0$，故给 v_3 标号 $(-v_2, l(v_3))$，其中，$l(v_3) = \min\{l(v_2), f_{32}\} = \min\{1, 1\} = 1$。

5）在 v_3、v_4 中任意选一个，如 v_3，在弧 (v_3, v_t) 上，$f_{3t} = 1 < c_{3t} = 2$，故给 v_t 标号 $(v_3, l(v_t))$，其中，$l(v_t) = \min\{l(v_3), (c_{3t} - f_{3t})\} = \min\{1, 1\} = 1$。因为 v_t 被标上号，根据标号法，转入调整过程。

（2）调整过程。从 v_t 开始，按照标号点的第一个标号，用反向追踪的方法，找出一条从 v_s 到 v_t 的增广链 μ，如图 8-23 中双箭线所示。

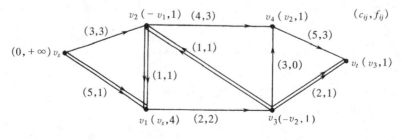

图 8-23 增广链表示

不难看出，$\mu^+ = \{(v_s,v_1),(v_3,v_t)\}$，$\mu^- = \{(v_2,v_1),(v_3,v_2)\}$，取 $\theta = 1$，在 μ 上调整 f，得到：

$$f^* = \begin{cases} f_{s1} + \theta = 1 + 1 = 2，在 \mu^+ 上 \\ f_{3t} + \theta = 1 + 1 = 2，在 \mu^+ 上 \\ f_{21} - \theta = 1 - 1 = 0，在 \mu^- 上 \\ f_{32} - \theta = 1 - 1 = 0，在 \mu^- 上 \\ 其他不变 \end{cases}$$

调整后的可行流 f^* 如图 8-24 所示，再对这个可行流重新进行标号过程，寻找增广链。

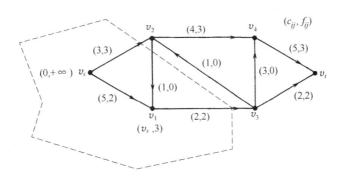

图 8-24　调整后的可行流

首先给 v_s 标号 $(0, + \infty)$，看 v_s，给 v_1 标号 $(v_s,3)$。看 v_1，在弧 (v_1,v_3) 上，$f_{13} = c_{13}$，弧 (v_2,v_1) 上，$f_{21} = 0$，均不符合条件。因此，标号过程无法进行下去，不存在从 v_s 到 v_1 的增广链，算法结束。

这时，网络中的可行流 f^* 即是最大流，最大流的流量 $v(f^*) = f_{s1} + f_{s2} = 5$。同时，也找出 D 的最小截集 $(V_1, \overline{V}_1)$，其中，V_1 是标号点的集合，$\overline{V}_1$ 是未标号点的集合。

第五节　网络系统的最小费用最大流问题

在实际的网络系统中，当涉及有关流的问题时，考虑的往往不仅是流量，还经常要考虑费用问题。例如一个铁路运输系统的网络流，既要考虑网络系统的货运量最大，又要考虑总费用最小。最小费用最大流问题（Min Cost/Max Flow Problem）就是要解决这一类问题。

设一个网络 $D = (V,A,C)$，对于每一个弧 $(v_i,v_j) \in A$，给定一个单位流量的费用 $b_{ij} \geq 0$，网络系统的最小费用最大流问题，是指要寻求一个最大流 f，并且流的总运输费用 $b(f) = \sum_{(v_i,v_j) \in A} b_{ij}f_{ij}$ 达到最小。

首先考察，在一个网络 D 中，当沿可行流 f 的一条增广链 μ，以调整量 $\theta = 1$ 改进 f，得到的新可行流 f' 的流量，有 $v(f') = v(f) + 1$，而此时总费用 $b(f')$ 比 $b(f)$ 增加了多少呢？不难看出：

$$b(f') - b(f) = \sum_{\mu^+} b_{ij}(f'_{ij} - f_{ij}) - \sum_{\mu^-} b_{ij}(f_{ij} - f'_{ij}) = \sum_{\mu^+} b_{ij} - \sum_{\mu^-} b_{ij}$$

将 $\sum\limits_{\mu^+} b_{ij} - \sum\limits_{\mu^-} b_{ij}$ 叫作这条增广链的费用。

不难证明以下事实：如果可行流 f 在流量为 $v(f)$ 的所有可行流中的费用最小，并且 μ 是关于 f 的所有增广链中的费用最小的增广链，那么沿增广链 μ 调整可行流 f，得到的新可行流 f'，也是流量为 $v(f')$ 的所有可行流中的最小费用流。以此类推，当 f' 是最大流时，就是所要求的最小费用最大流。

显然，零流 $f = \{0\}$ 是流量为 0 的最小费用流。一般地，寻求最小费用最大流，总可以从零流 $f = \{0\}$ 开始。下面的问题是：如果已知 f 是流量为 $v(f)$ 的最小费用流，那么就要去寻找关于 f 的最小费用增广链。

对此，重新构造一个赋权有向图 $M(f)$，其顶点是原网络 D 的顶点，而将 D 中的每一条弧 (v_i, v_j) 变成两个相反方向的弧 (v_i, v_j) 和 (v_j, v_i)，并且定义 $M(f)$ 中弧的权 w_{ij} 为

$$w_{ij} = \begin{cases} b_{ij}, & f_{ij} < c_{ij} \\ +\infty, & f_{ij} = c_{ij} \end{cases}$$

$$w_{ji} = \begin{cases} -b_{ij}, & f_{ij} > 0 \\ +\infty, & f_{ij} = 0 \end{cases}$$

并且将权为 $+\infty$ 的弧从 $M(f)$ 中略去。即

当 $f_{ij} = c_{ij}$ 时，$w_{ji} = -b_{ij}$；

当 $f_{ij} = 0$ 时，$w_{ij} = b_{ij}$；

当 $0 < f_{ij} < c_{ij}$ 时，为两条方向相反的弧，$w_{ij} = b_{ij}$，$w_{ji} = -b_{ij}$。

这样，在网络 D 中寻找关于 f 的最小费用增广链就等价于在 $M(f)$ 中寻求从 v_s 到 v_t 的最短路。

算法开始，取零流 $f^{(0)} = \{0\}$。一般地，如果在第 $k-1$ 步得到最小费用流 $f^{(k-1)}$，则构造图 $M(f^{(k-1)})$。在图 $M(f^{(k-1)})$ 中寻求从 v_s 到 v_t 的最短路。如果不存在最短路，则 $f^{(k-1)}$ 就是最小费用最大流。如果存在最短路，则在原网络 D 中得到相对应（一一对应）的增广链 μ。在增广链 μ 上对 $f^{(k-1)}$ 进行调整，取调整量 $\theta = \min\left\{ \min\limits_{\mu^+}(c_{ij} - f_{ij}^{(k-1)}), \min\limits_{\mu^-}(f_{ij}^{(k-1)}) \right\}$。令

$$f_{ij}^{(k)} = \begin{cases} f_{ij}^{(k-1)} + \theta, & (v_i, v_j) \in \mu^+ \\ f_{ij}^{(k-1)} - \theta, & (v_i, v_j) \in \mu^- \\ \text{其他不变} \end{cases}$$

得到一个新的可行流 $f^{(k)}$，再对 $f^{(k)}$ 重复以上步骤，直到在 D 中找不到相对应的增广链时为止。

例 8-9 求图 8-25 所示网络中的最小费用最大流，弧旁的权是 (b_{ij}, c_{ij})。

解 （1）最初始可行流为零流 $f^{(0)} = \{0\}$，构造赋权有向图 $M(f^{(0)})$，求出从 v_s 到 v_t 的最短路 (v_s, v_2, v_1, v_t)，如图 8-26a 中双箭线所示。

（2）在原网络 D 中，与这条最短路相对应的增

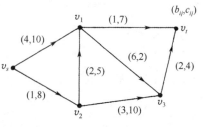

图 8-25 例 8-9 图

广链为 $\mu = (v_s, v_2, v_1, v_t)$。

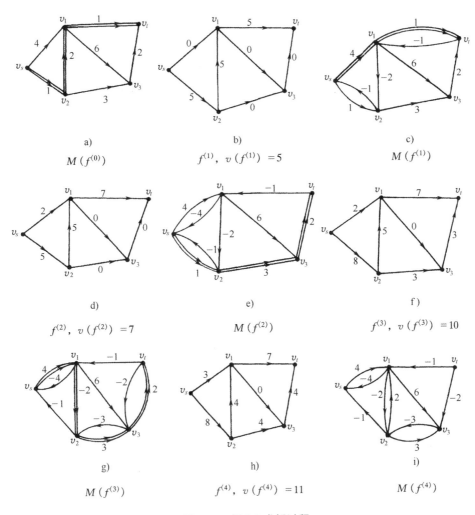

图 8-26　例 8-9 求解过程

（3）在 μ 上对 $f^{(0)} = \{0\}$ 进行调整，取 $\theta = 5$，得到新可行流 $f^{(1)}$，如图 8-26b 所示。按照以上算法，以此类推，可以得到 $f^{(1)}$、$f^{(2)}$、$f^{(3)}$、$f^{(4)}$，流量分别为 5、7、10、11（图 8-26b、d、f、h），并且分别构造相对应的赋权有向图 $M(f^{(1)})$，$M(f^{(2)})$，$M(f^{(3)})$，$M(f^{(4)})$，如图 8-26c、e、g、i 所示。由于在 $M(f^{(4)})$ 中已经不存在从 v_s 到 v_t 的最短路，因此，可行流 $f^{(4)}$，$v(f^{(4)}) = 11$ 是最小费用最大流。

第六节　中国邮递员问题

本章开始提到的邮递员问题，用图的语言来描述，就是给定一个连通图 G，在每条边上有一个非负的权，要寻求一个圈，经过 G 的每条边至少一次，并且圈的总权数最小。由于这个问题是我国管梅谷同志于 1962 年首先提出来的，因此国际上通常将它称为中国邮递员问题（Chinese Postman Problem）。

一、一笔画问题

一笔画问题也称为边遍历问题，是很有实际意义的。

设有一个连通多重图 G，如果在 G 中存在一条链，经过 G 的每条边一次，且仅一次，那么这条链叫作欧拉链。如果在 G 中存在一个简单圈，经过 G 的每条边一次，那么这个圈叫作欧拉圈。一个图如果有欧拉圈，那么这个图叫作欧拉图。很明显，一个图 G 如果能够一笔画出，那么这个图一定是欧拉图或者含有欧拉链。

定理 8-10 一个连通多重图 G 是欧拉图的充分必要条件是 G 中无奇点。

证明 必要性，显然。

充分性。不妨设连通多重图 G 至少有三个点，对 G 的边数 q 用数学归纳法。因为 G 是连通的，并且不含奇点，故 $q \geqslant 3$。

当 $q = 3$ 时，显然 G 是欧拉图。假设 $q = n$ 时成立，看 $q = n + 1$ 的情形。由于 G 是无奇点的连通图，并且 G 的点数 $p \geqslant 3$，因此存在三个点 μ、v、w，使得 $[\mu, v]$，$[w, v] \in E$。从 G 中去掉边 $[\mu, v]$、$[w, v]$，增加新的边 $[\mu, w]$，得到一个新的多重图 G_1，G_1 有 $q - 1$ 条边，且仍不含奇点，G_1 至多有两个分图。若 G_1 是连通的，则由归纳假设，G_1 有欧拉圈 C_1。把 C_1 中的边 $[w, \mu]$ 换成 $[w, v]$、$[v, \mu]$，即是 G 中的欧拉圈。若 G_1 有两个分图 G_1'、G_1''，令 v 在 G_1' 中。由归纳假设 G_1'、G_1'' 分别有欧拉圈 C_1'、C_1''，把 C_1'' 中的边 $[\mu, w]$ 换成 $[\mu, v]$，C_1' 及 $[v, w]$ 即是 G 的欧拉圈。

推论 一个连通多重图 G 有欧拉链的充分必要条件是 G 有且仅有两个奇点。

这个推论的证明留给读者作为练习。

从定理 8-10 的证明可以看出，识别一个连通图能否一笔画出的条件是它是否有奇点。若有奇点，就不能一笔画出。若没有奇点，就能够一笔画出，并回到原出发地。

例如前面提到的哥尼斯堡七桥问题，欧拉把它抽象成具有四个顶点，并且都是奇点的图 8-3b 的形状。很明显，一个漫步者无论如何也不可能不重复地走完七座桥，并最终回到原出发地。图 8-27 仅有两个奇点，可以一笔画出。

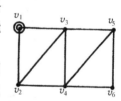

图 8-27 某街道图

二、图上作业法

从一笔画问题的讨论可知，一个邮递员在他所负责投递的街道范围内，如果街道构成的图中没有奇点，那么他就可以从邮局出发，经过每条街道一次，且仅一次，最终回到原出发地。但是，如果街道构成的图中有奇点，他就必然要在某些街道上重复走几次。

例如，在图 8-27 表示的街道图中，v_1 表示邮局所在地，每条街道的长度是 1，邮递员可以按照以下路线行走：

v_1—v_2—v_4—v_3—v_2—v_4—v_6—v_5—v_4—v_6—v_5—v_3—v_1，总长 12。

也可以按照另一条路线行走：

v_1—v_2—v_3—v_2—v_4—v_5—v_6—v_4—v_3—v_5—v_3—v_1，总长 11。

按照第一条路线行走，在边 $[v_2, v_4]$、$[v_4, v_6]$、$[v_6, v_5]$ 上各走了两次，按照第二条路线行走，在边 $[v_3, v_2]$、$[v_3, v_5]$ 上各走了两次。

在连通图 G 中，如果在边 $[v_i,v_j]$ 上重复走了几次，那么就在点 v_i、v_j 之间增加几条相应的边，每条边的权和原来的权相等，并把新增加的边叫作重复边。显然，这条路线构成新图中的欧拉圈，如图 8-28a、b 所示，而且邮递员的两条行走路线总路程的差等于新增加重复边总权的差。

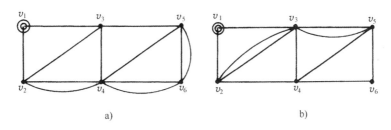

图 8-28　欧拉圈

于是，中国邮递员问题也可以表示为：在一个有奇点的连通图中，要求增加一些重复边，使得新的连通图不含有奇点，并且增加的重复边总权最小。

把增加重复边后不含奇点的新连通图叫作邮递路线，而总权最小的邮递路线叫作最优邮递路线。

下面介绍初始邮递路线的确定、改进，以及一个邮递路线是不是最优路线的判定方法——图上作业法。

1. 初始邮递路线的确定方法

由于任何一个图中，奇点的个数为偶数，所以如果一个连通图有奇点，就可以把它们两两配成对，而每对奇点之间必有一条链（图是连通的），把这条链的所有边作为重复边加到图中去，这样得到的新连通图必无奇点，这就给出了初始邮递路线。

例如，在图 8-29 中，v_1 是邮局所在地，并有四个奇点 v_2、v_4、v_6、v_8，将它们两两配对，如 v_2 和 v_4 为一对，v_6 和 v_8 为一对。

在连接 v_2 和 v_4 的链中任取一条，如链 $(v_2,v_1,v_8,v_7,v_6,v_5,v_4)$，再加入重复边 $[v_2,v_1]$、$[v_1,v_8]$、$[v_8,v_7]$、$[v_7,v_6]$、$[v_6,v_5]$、$[v_5,v_4]$。同样，任取连接 v_6 和 v_8 的一条链 $(v_8,v_1,$ $v_2,v_3,v_4,v_5,v_6)$，再加入重复边 $[v_8,v_1]$、$[v_1,v_2]$、$[v_2,v_3]$、$[v_3,v_4]$、$[v_4,v_5]$、$[v_5,v_6]$。于是得到图 8-30。

在连通图 8-30 中没有奇点，故它是欧拉图。对于这条邮递路线，重复边的总长为：$2w_{12} +$ $w_{23} + w_{34} + 2w_{45} + 2w_{56} + w_{67} + w_{78} + 2w_{18} = 51$。

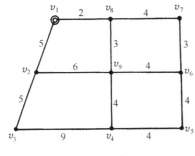

图 8-29　邮局位置图

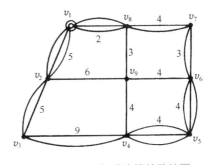

图 8-30　关于邮递路线的欧拉圈

2. 改进邮递路线，使重复边的总长不断减少

从图 8-30 中可以看出，在边 $[v_1, v_2]$ 旁边有两条重复边，但是如果把它们都从图中去掉，所得到的连通图仍然无奇点，还是一个邮递路线，而总长度却有所减少。同理，在边 $[v_1, v_8]$、$[v_4, v_5]$、$[v_5, v_6]$ 旁的重复边也是一样。

一般地，在邮递路线上，如果在边 $[v_i, v_j]$ 旁边有两条以上的重复边，从中去掉偶数条，那么可以得到一个总长度较少的邮递路线。

判定标准 1 在最优邮递路线上，图中的每一条边至多有一条重复边。

按此判定标准，将图 8-30 改进为图 8-31，这时，重复边的总权减少为 21。

不难看出，如果把图中某个圈上的重复边去掉，而给原来没有重复边的边上加上重复边，图中仍然没有奇点。因此，如果在某个圈上重复边的总权大于这个圈总权的一半，按照以上所说的做一次调整，将会得到一个总权减少的邮递路线。

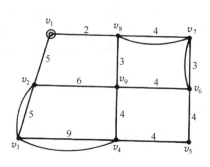

图 8-31 图 8-30 改进（一）

判定标准 2 在最优邮递路线上，图中每一个圈的重复边的总权小于或者等于该圈总权的一半。

例如在图 8-31 中，圈 $(v_2, v_3, v_4, v_9, v_2)$ 的总权为 24，但圈上重复边的总权为 14，大于该圈总权的一半。因此做一次改进，在该圈上去掉重复边 $[v_2, v_3]$ 和 $[v_3, v_4]$，加上重复边 $[v_2, v_9]$ 和 $[v_9, v_4]$，如图 8-32 所示。这时重复边的总权减少为 10。

在图 8-32 中，圈 $(v_1, v_2, v_9, v_6, v_7, v_8, v_1)$ 中重复边总权为 13，而该圈的总权为 24，不满足判定标准 2。再次经过改进后，得到图 8-33。此时，该圈中重复边的总权为 11，小于该圈总权的一半。

检查图 8-33 中的每一个圈，判定标准 1 和判定标准 2 均已满足。于是，图中的欧拉圈就是最优邮递路线。

从这个例子可知，一个最优邮递路线一定满足判定标准 1 和判定标准 2。反之，不难证明，一个邮递路线如果满足判定标准 1 和判定标准 2，那么它一定是最优邮递路线。亦即，这两个判定标准是最优邮递路线判定的充分必要条件。

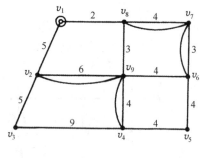

图 8-32 改进（二）

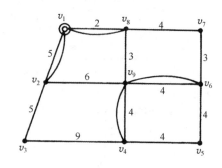

图 8-33 改进（三）

值得注意的是，这个方法的主要困难在于检查判定标准 2。它要求对于图中的每一个圈都检查一遍。当一个连通图所包含的圈数比较多时，将会大大增加运算的工作量，比如"田"字形的图就有 13 个圈。

到目前为止，关于中国邮递员问题，已经找到了更好的算法，受篇幅所限，这里不再介绍。

本 章 小 结

通过本章学习，能够掌握图的基本概念和基本定理，理解树、最小支撑树及欧拉图的概念，掌握最小支撑树、最短路径、最大流问题的算法，能够求解网络系统的最小费用最大流问题和中国邮递员问题。

本章在介绍图的基本定义的基础上，主要讲述了树的概念和应用、最短路径问题及求解最短路径的 Dijkstra 算法和 Ford 算法、最大流的标号法、网络系统的最小费用最大流问题求解方法，借助欧拉圈的特点，给出了中国邮递员问题的解法。

本章知识导图如下：

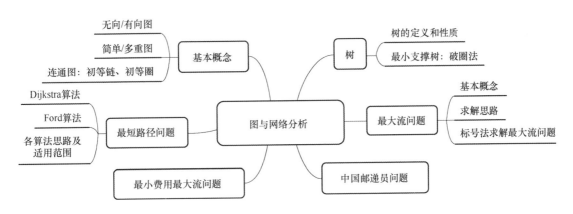

本章学习与教学思路建议

本章教学的重点应放在图的基本概念上，首先要了解图论是运筹学的一个研究领域，它是研究利用图论的有关概念，把一类问题抽象化，提炼基本元素与关系，利用图论与代数等数学工具解决问题，图论的优点是可以通过一些直观的认识与理解，深入解决相关问题。

图论中的基本概念较多，开始不容易记住，要通过图例与理解来记忆。在图论的基本解题方法中，本章重点介绍了以下几个问题：

（1）最小支撑树——介绍问题及例题，破圈法。此方法简单，且容易掌握。

（2）最短路径——介绍问题及例题，Dijkstra 算法、Ford 算法。这里重要的是让学生理解算法的思路，两种算法的适用范围。根据学生的基础及能力，如果想提高理解程度，可以考虑与动态规划中的最短路径问题做比较，使学生理解图论的最短路径问题解法本质上也是动态规划的方法，只是在这里是无法事前确定的。

（3）网络系统最大流问题——介绍问题及例题，重点分析网络系统最大流问题的求解思路，掌握几个基本概念：容量条件、平衡条件、可行流、饱和弧与非饱和弧、前向弧与后向弧、增广链、截集与截量等。在此基础上，掌握标号法的过程。根据学生的基础及能力，如果想提高理解程度，可以介绍在网络系统最大流问题中，最大流的流量与最小截集的截量是一种对偶关系。

（4）网络系统的最小费用最大流问题——根据时间及能力，此内容可以作为选讲内容，只介绍问题的意义，而略去方法的学习。

（5）中国邮递员问题——根据时间及能力，此内容可以作为选讲内容，只介绍问题的意义，而略去方法的学习。

习 题

1. 用破圈法求出图 8-34 中的最小支撑树。
2. 用 Dijkstra 算法求图 8-35 中从 v_1 到 v_9 的最短路。
3. 求图 8-36 中所示网络的最大流。
4. 解图 8-37 所示的中国邮递员问题(A 是邮局所在地)。

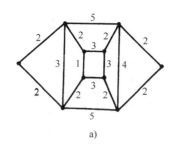

a)   b)

图 8-34 习题 1 图

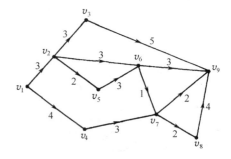

图 8-35 习题 2 图

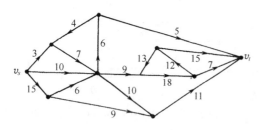

图 8-36 习题 3 图

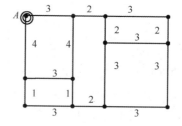

图 8-37 习题 4 图

第九章

存 储 论

本章内容要点

- 存储论相关概念；
- 确定型存储问题；
- 随机型存储问题。

核心概念

- 存储论　Inventory Theory
- 存储策略　Inventory Policy
- 经济订购批量　Economic Ordering Quantity，EOQ
- 经济生产批量　Economic Manufacturing Quantity，EMQ
- 报童问题　Newsvendor Problem

【案例导引】

　　案例 9-1　某单位每年需要一种备件 26000 个，这种备件需要自行生产。设该备件的单价为 160 元，每件年存储费为单价的 25%。每次生产的准备费用为 2000 元，年生产率为 18000 个，年工作时间为 365 天。

　　（1）在不允许缺货的条件下，确定间隔多少时间组织一次生产，每次生产多少产品，目标是使得总费用最少，这个最少的费用是多少？

　　（2）如果允许缺货，且一个备件缺货一年的缺货费为单价的 30%。考虑间隔多少时间组织一次生产，每次生产多少个产品，可以使得总费用最少，这个最少的费用是多少？

　　案例 9-2　某企业生产的产品中有一外购件，年需求量为 60000 件，单价为 35 元。该外购件可在市场立即采购得到，并设不允许缺货。已知每组织一次采购需 720 元，每件每年的存储费为该件单价的 20%。以费用最省为目标，试求多长时间订货一次，每次订货的批量应为多少，可以使总费用最少？如果允许缺货，但是需付缺货费用为货物单价的 35%，试考虑同样的问题。

　　案例 9-3　某食品店经营一种面包，根据以往的资料每天的销售量可能是 100 个、150 个、200 个、250 个、300 个，通过预测，每天的售量的概率分别为 0.20、0.25、0.30、0.15、0.10。如果面包没有售出，则可在当天营业结束时以 1.5 元的价格处理掉。每个面包的进货价格是 2.5 元，新鲜面包的售价是 4.9 元。试对进货数量给出合理的决策。

案例思考题：

（1）分析上面案例的共同特点是什么？提炼问题特征。

（2）对于这类问题，应关心哪些事情？如何得到关心的信息？若得到有关信息，可以进一步做些什么有益的工作？

第一节　引　　言

存储是一种比较普遍的经济现象。例如，我们会去超级市场采购食品或者日常生活用品，并把这些采购来的物品存储起来，维持一段时间的家庭消耗；又如，作为超级市场，为了满足大量顾客的不同需求，总是试图对种类繁多的各种商品都保有一定的库存量；再如，那些为超级市场提供商品的各个厂商为了维持正常生产，要对原材料和半成品加以存储，暂时不能销售的制成品也要先存储起来。其实，存储是工业生产和经济运转的必然现象，它可以用来缓解供应与需求在数量和时间上的不一致，是社会经济系统的重要缓冲器。

研究与解决存储问题的理论与方法叫存储论（Inventory Theory）。存储论所要解决的问题概括起来主要有两个：一个是存储多少数量最为经济，另一个是间隔多长时间需要补充一次以及补充多少的问题。对于一个生产企业，存储的原材料不能太少，也不能太多。存储太少，难以维持生产，存储太多，又会占用仓储空间，增加保管费用；对于一个销售企业，商品囤积既不能过多也不能过少。过多会积压流动资金，带来经营风险；过少，又会因缺货而失去销售机会。所以存储多少数量最为合适是一个非常重要的问题。既然存储量有一个经济值，那么怎样补充进货才能保证这样的存储量也顺理成章成为一个亟待解决的问题。补充进货是需要耗费一定成本的，就像消费者去超级市场采购日用品，每去一次都要花费交通费用，耗费一定时间。为了节约时间和费用，大多数家庭都采取每隔一定时间大量采购一次的方式，这样既经济又实惠。社会经济实体进行补充进货也是一样的，考虑到生产能力有限制、订货到货有时滞等因素，寻找合理的补充间隔周期以及补充批量也是很重要的。

寻求合理的存储量、补充量和补充周期是存储论研究的重要内容，由它们构成的方案叫存储策略（Inventory Policy）。在存储论中，从定量的角度研究最优存储策略，就是运用相应的工具知识，对实际的存储问题进行抽象分析，将它合理描述为某种典型数学模型，并求出最优量值的过程。不同的存储问题抽象出的存储模型是不同的，与其所对应的最优存储策略也各不相同。但是，不同的存储模型基本上都是由"需求""补充""费用"三个因素所构成的。下面对此做一些简单介绍：

1. 需求

存储是为了满足需求。需求可以是连续均匀的，如经常的稳定的生产过程对原材料的消耗；可以是间断成批的，如铸造车间每隔一段时间交出一定数量的铸件给机加工车间；可以是非平稳的，如受季节性影响的城市生活用电量；还可以是随机的，如书店每天售出的书籍可能是 500 本，也可能是 800 本。通常，若需求量事先可以确定，或按某一确定的规则进行，则称之为确定性需求。若需求量是随机的，则称之为随机性需求。

2. 补充

存储量消耗到一定程度就应补充。存储论中的补充，可以分为外部订货和内部生产两种方式。订货有当即订货当即到货的，也有订货后需要一段时间才能到货的；生产可以是连续均匀的，也可以是其他确定或随机的形式。如果所需货物能一次性得到满足，可以把供应速率看作无穷大，称为瞬时供货；当货物只能按某一速率供应时，称为边供应边需求。能够提供瞬时供货的并不多，供水、供电等可以看作瞬时供货，而在经济生活中普遍存在的还是有一定滞后时间的补充供货情况。一般地，从开始订货到货物到达为止的时间，称为提前时间（Lead Time）；从开始生产到生产完毕的时间，称为生产时间。

3. 费用

与存储有关的费用主要有存储费、订货费/生产费以及缺货费。下面我们逐一介绍：

（1）存储费：包括仓库使用费（如仓库租金或仓库设施的运行费、维修费、管理人员工资等）、保险费、存储货物损坏、变质等造成的损失费以及货物占用流动资金的利息等支出。

（2）订货费/生产费：采用订购的方式补充进货会产生订货费（Order Cost），而采用自行生产的方式则要付出一定的生产费。订货费等于订购费与货物费之和。订购费是采购人员的差旅费、手续费、最低起运费等费用之和，与订货量无关，只与订货次数有关。货物费与订货数量有关，一般情况下它等于货物数量与货物单价的乘积。生产费是装配费与货物费之和。装配费是生产前进行组织准备，生产后进行清洗保养等费用的总和，只与生产次数有关。

（3）缺货费：是指因存储不能满足需求而造成的损失费用。这些损失包括失去销售机会的销售损失、停工待料造成的生产损失、延期付货所支付的罚金损失以及商誉降低所造成的无形损失等。在一些存储问题中是不允许缺货的，这时的缺货费可视为无穷大。

如上所述，存储问题是由"需求""补充""费用"三项构成的，不同的"需求""补充""费用"自然会构成不同的存储问题。例如，根据需求的不同，有确定型存储问题与随机型存储问题；根据补充方式的不同，有批量订货问题与批量生产问题；根据费用构成的不同，又可分为允许缺货的存储问题与不允许缺货的存储问题。本章以下各节将按照这一思路，分别介绍一些常用的存储问题，并从中得出相应的存储策略。

第二节　不允许缺货的批量订购问题

一、问题特征

由第一节的分析可知，不同的"需求""补充""费用"构成不同的存储问题。而不同的存储问题，它的存储策略也各不相同。本节重点介绍的是不允许缺货的批量订购问题。该问题的基本假设如下：

（1）需求是连续均匀的，需求速度（单位时间的需求量）λ 为已知常数。

（2）以一定周期循环订货，每次订货量不变。

（3）存储量为零时，可立即得到补充。

（4）不允许缺货。

（5）仅需考虑两种费用：订货费、存储费。每次订购费不变，单位时间内的存储费不变。

这个问题可简单表示为图9-1所示的形式。图中横坐标表示时间，纵坐标表示存储量。由于需求是连续均匀的，需求速度 λ 为已知常数，因此可以用斜率为 $-\lambda$ 的斜线来表示存储量与时间的线性函数关系。又由于模型假设存储量为零时，可立即得到补充，且不允许缺货，因此存储量对时间的函数关系线到达零时，会立即上升一个高度，达到最大存储量。同时，因为"每次订购量不变"，这个循环订货后上升的高度每次都是一样的。

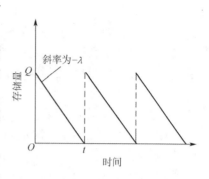

图9-1　不允许缺货批量订购
模型存储量变化图

二、分析求解

设订货量为 Q，订货区间为 t（周期性订货的时间间隔期，也称为订货周期），则有 $Q = \lambda t$。由图9-1可知，t 时间平均存储量为

$$\frac{1}{t} \int_0^t \lambda T \mathrm{d}T = \frac{1}{2} \lambda t$$

若单位时间内单位货物存储费为 h，则 t 时间平均存储费为

$$\frac{1}{2} h \lambda t$$

若每次订购费为 A，货物单价为 k，则 t 时间平均订货费为

$$\frac{1}{t}(A + kQ) = \frac{1}{t} A + k\lambda$$

所以，t 时间总平均费用为

$$C(t) = \frac{1}{t} A + k\lambda + \frac{1}{2} h \lambda t \tag{9-1}$$

对式（9-1）利用微积分求导，即可得到 $C(t)$ 的最小值。

由

$$\frac{\mathrm{d}C(t)}{\mathrm{d}t} = -\frac{A}{t^2} + \frac{1}{2} h\lambda = 0$$

得

$$t^* = \sqrt{\frac{2A}{h\lambda}} \tag{9-2}$$

即每隔 t^* 时间订货一次可使 $C(t)$ 最小。

将式（9-2）代入 $Q = \lambda t$，从而得

$$Q^* = \sqrt{\frac{2A\lambda}{h}} \tag{9-3}$$

这是存储论中一个比较著名的结论，叫作经济订购批量（Economic Ordering Quantity）公式，或简称 EOQ 公式。分析该式会发现，经济订购批量、最佳订货周期与价格 k 无关，只与需求速度、订购费和存储费有关。这一结论与我们的直观判断是比较吻合的。需求速度如果增大，订货量就要相应增加；订购费增加时，企业会相应地减少订货次数，从而增加每次的订

货量；存储费增加时，企业为尽量减少库存量，换之以多增加订货次数，减少每次的订货量。另外，由于 Q^* 与价格无关，所以式(9-1)中可省略 $k\lambda$ 改写为式(9-4)的形式。这在以后各节中也同样适用，如无特殊需要可不再考虑货物费用。

$$C(t) = \frac{1}{t}A + \frac{1}{2}h\lambda t \tag{9-4}$$

将式(9-2)代入式(9-4)并略去 $k\lambda$ 后得到：

$$C(t^*) = \sqrt{2Ah\lambda} \tag{9-5}$$

例 9-1 某产品年需求量为 D，需求连续均匀，采用订购方式进行补充，且不允许缺货。若每次订购费为 A，年单位存储费为 h，问全年应分几次订货？

解 设全年分 n 次订货(全年分 n 个周期)，每批订货量 $Q = D/n$，那么每个周期平均存储量为 $\frac{1}{2}Q$，每周期存储费为 $\frac{h}{n} \times \frac{1}{2}Q = \frac{hQ}{2n}$，全年存储费为 $\frac{hQ}{2n}n = \frac{hQ}{2}$，全年订购费为 An，则全年总费用为

$$C(Q) = \frac{hQ}{2} + An$$

对上式求导，得

$$\frac{\mathrm{d}C(Q)}{\mathrm{d}Q} = \frac{\mathrm{d}\left(\frac{hQ}{2} + A\dfrac{D}{Q}\right)}{\mathrm{d}Q} = \frac{h}{2} - \frac{AD}{Q^2} = 0$$

则

$$Q^* = \sqrt{\frac{2AD}{h}}$$

$$n^* = \sqrt{\frac{hD}{2A}}$$

所以，全年应分 $\sqrt{\dfrac{hD}{2A}}$ 次订货。

例 9-2 当实际订货量 Q 与最优经济批量 Q^* 不符时，存储费和订购费之和会怎样变化？

解 因为 $Q = \lambda t$，所以可将式(9-4)表示为订货量 Q 的函数：

$$C(Q) = \frac{A\lambda}{Q} + \frac{hQ}{2}$$

同样，式(9-5)可表示为

$$C(Q^*) = \sqrt{2Ah\lambda}$$

令 $\varepsilon = \dfrac{C(Q)}{C(Q^*)}$，则 ε 是实际订货量为 Q 与最优经济批量为 Q^* 时两者的费用之比，且有

$$\begin{aligned}
\varepsilon &= \frac{\dfrac{A\lambda}{Q} + \dfrac{hQ}{2}}{\sqrt{2Ah\lambda}} \\[2mm]
&= \frac{1}{2Q}\sqrt{\frac{2A\lambda}{h}} + \frac{Q}{2}\sqrt{\frac{h}{2A\lambda}} \\[2mm]
&= \frac{1}{2}\left(\frac{Q^*}{Q} + \frac{Q}{Q^*}\right)
\end{aligned}$$

显然，由于 Q 与 Q^* 始终不为负，所以 ε 不会小于 1。

如果取 $Q = 1.5Q^*$，则

$$\varepsilon = \frac{1}{2} \times \left(\frac{1}{1.5} + 1.5 \right) = \frac{3.25}{2 \times 1.5} = 1.083$$

即如果以最优经济批量的 1.5 倍进货的话，会多花费 8.3% 的成本。

如果取 $Q = 0.5Q^*$，则

$$\varepsilon = \frac{1}{2} \times \left(\frac{1}{0.5} + 0.5 \right) = \frac{2.5}{2} = 1.25$$

即如果以最优经济批量一半进货的话，会多花费 25% 的成本。

例 9-3 某汽车制造厂每月需要某种零部件 100 件，不允许缺货。已知该厂向其上游供货商订购这种零部件，每次订购的开支为 400 元。若这种零部件在厂内仓库存放时，每月单位产品需付出的存储费为 2 元，求汽车制造厂的最优订货批量及订货周期。

解 由分析可知，这是一个不允许缺货的批量订货问题。其中，$\lambda = 100$ 件/月，$A = 400$ 元/次，$h = 2$ 元/（件·月），直接代入式（9-2）和式（9-3）可得

$$t^* = \sqrt{\frac{2A}{h\lambda}} = \sqrt{\frac{2 \times 400}{2 \times 100}} \text{月} = 2 \text{月}$$

$$Q^* = \sqrt{\frac{2A\lambda}{h}} = \sqrt{\frac{2 \times 400 \times 100}{2}} \text{件} = 200 \text{件}$$

即该厂每隔两个月订购一次，每次订购 200 件最为合算。

第三节　不允许缺货的批量生产问题

一、问题特征

对上节问题的假设"存储量为零时，可立即得到补充"做一些改变，不是采取订购的方式，而是以一定生产速度均匀补充，这样得到的存储问题就是不允许缺货的批量生产问题。相应的"每次订购量不变"要变为"每次生产批量不变"，"订购费不变"要变为"装配费不变"。这种问题的特征是：货物的补充供应不是成批进行的，而是以一定速率均匀连续完成的，边供应边消耗。生产过程中的在制品存储问题可看作这种不允许缺货的批量生产问题。其假设是：

（1）需求是连续均匀的，需求速度 λ 为已知常数。

（2）以一定周期循环生产，每次生产批量不变。

（3）存储量为零时，可立即得到补充，补充均匀，速度为 P。

（4）不允许缺货。

（5）仅需考虑两种费用：生产费、存储费，且已知，每次装配费不变，单位时间内的存储费不变。

根据假设，此模型的存储量对时间的函数关系可分为两段，如图 9-2 所示。第一段：存储量为零时，立即开始生产进行补充，补充速度均匀且为 P。在此段存储量对时间是线性函数关系，但是由于边生产边消耗，所以斜率为 $P - \lambda$（$P > \lambda$）。第二段：存储达到最高数量后停止生产，存

储量对时间也是线性函数关系，斜率为 $-\lambda$。又由于以一定周期循环生产，每次生产批量不变，因此每一周期这两段函数重复出现。

二、分析求解

设生产批量为 Q，所需生产时间为 T，则生产速度为 $P = Q/T$。在 $[0,T]$ 区间内，边生产边满足需求，存储量以 $P - \lambda$ 速度增长，直至最高存储量 H 停止；在 $[T,t]$ 区间内，生产已结束，存储量以需求速度 λ 减少。

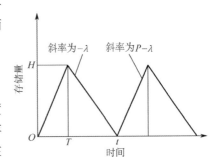

图 9-2　不允许缺货批量生产
模型存储量变化图

由图 9-2 可知：$H = (P - \lambda)T = \lambda(t - T)$，即

$$T = \frac{\lambda t}{P}$$

t 时间内的平均存储量为

$$\frac{1}{2}H = \frac{1}{2}(P - \lambda)T$$

若单位存储费用仍为 h，则 t 时间内存储费为

$$\frac{1}{2}h(P - \lambda)T$$

又 t 时间内所需装配费为 A，所以 t 时间平均总费用 $C(t)$ 为

$$C(t) = \frac{1}{2}h(P - \lambda)T + \frac{A}{t} = \frac{1}{2}h(P - \lambda)\frac{\lambda t}{P} + \frac{A}{t} \tag{9-6}$$

设 $\min C(t) = C(t^*)$，利用微积分方法可求得

$$t^* = \sqrt{\frac{2AP}{h\lambda(P - \lambda)}} \tag{9-7}$$

需求是连续均匀的，所以生产批量与补充周期之间的关系仍为

$$Q = \lambda t$$

相应的生产批量为

$$Q^* = \sqrt{\frac{2A\lambda P}{h(P - \lambda)}} \tag{9-8}$$

$$\min C(t) = C(t^*) = \sqrt{2Ah\lambda\frac{P - \lambda}{P}} \tag{9-9}$$

同样可求出最佳生产时间为

$$T^* = \frac{\lambda t^*}{P} = \sqrt{\frac{2A\lambda}{hP(P - \lambda)}} \tag{9-10}$$

式（9-8）是存储论中另一个比较著名的结论，叫作经济生产批量（Economic Manufacturing Quantity）公式，或简称为 EMQ 公式。分析该式同样会发现，经济生产批量和需求速度、生产速度、装配费以及存储费有关，与价格 k 无关。需求速度增加时，生产量要相应增加；装配费增加时，要减少生产次数，增加每次的生产量；存储费增加时，为尽量减少库存量，应多增加生产次数。另外，由于生产速度大于需求速度，最佳生产时间 T^* 总比最佳生产周期

t^* 要短一些。

例 9-4 某厂生产一种产品，生产率 $P=200$ 个/月，且装配费 $A=50$ 元。若产品需求均匀连续，且需求率 $\lambda=100$ 个/月，月单位库存存储费 $h=2$ 元，求该厂的最优生产量、最优生产周期以及总费用。

解 由已知条件可知，该问题适用经济生产批量公式，所以最优生产量为

$$Q^* = \sqrt{\frac{2A\lambda P}{h(P-\lambda)}} = \sqrt{\frac{2 \times 50 \times 100 \times 200}{2 \times (200-100)}} \text{个} = 100 \text{个}$$

最优生产周期为

$$t^* = \sqrt{\frac{2AP}{h\lambda(P-\lambda)}} = \sqrt{\frac{2 \times 50 \times 200}{2 \times 100 \times 100}} \text{月} = 1 \text{月}$$

即每月仅需生产一次。

总费用为

$$C(t^*) = \sqrt{2Ah\lambda \frac{P-\lambda}{P}} = \sqrt{2 \times 50 \times 2 \times 100 \times \frac{100}{200}} \text{元} = 100 \text{元}$$

第四节　允许缺货的批量订购问题

一、问题特征

以上两节讨论的是不允许缺货的确定型库存问题，在实际生活中，暂时缺货现象是存在的。这种存储策略有得有失，需要进行详细分析。一方面，因为缺货而耽误需求会造成缺货损失，需付出一定的缺货费；另一方面，允许缺货延长了单个周期，可以减少订货（生产）的次数，从而节约一定的订购（装配）费。在第二节问题的假设中，将不允许缺货改为允许缺货，并将缺货损失定量化，就会得到允许缺货的批量订购问题的假设条件。缺货损失不是很大，而存储费及订购费很大时，允许缺货对企业是有利的。该问题的具体假设条件如下：

（1）需求是连续均匀的，需求速度 λ 为已知常数。

（2）以一定周期循环订货，每次订货批量不变。

（3）存储量为最大缺货量时，可立即得到补充。

（4）允许缺货。

（5）需考虑三种费用：生产费、存储费与缺货费。每次订购费不变，单位时间内的存储费不变，单位缺货费也不变。

该问题存储量与时间的函数关系如图 9-3 所示。它与不允许缺货的批量订购存储问题的示意图类似，但由于"允许缺货"，所以要在存储量纵轴上向下平移一个最大缺货量。

二、分析求解

记单位存储费为 h，每次订购费为 A，单位货物缺货费为 b，最高存储量为 H，可以满足 t_1 时间的需求，最大缺货量为 $B(B>0)$，则有 $H+B=\lambda t$。

t_1 时间的平均存储量为

$$\frac{1}{2}H$$

在 $t-t_1$ 时间的存储为零，平均缺货量为

$$\frac{1}{2}B = \frac{1}{2}\lambda(t-t_1)$$

即

$$t-t_1 = \frac{B}{\lambda}$$

由于 H 仅能满足 t_1 时间的需求，所以

$$H = \lambda t_1$$

则 t 时间内所需存储费为

$$h\frac{1}{2}Ht_1 = \frac{1}{2}h\frac{H^2}{\lambda}$$

t 时间内的缺货费为

$$b\frac{1}{2}\lambda(t-t_1)^2 = \frac{1}{2}b\frac{(\lambda t - H)^2}{\lambda}$$

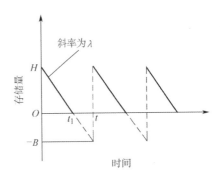

图 9-3　允许缺货批量订购
模型存储量变化图

若订购费仍为 A，则 t 时间内的平均总费用为

$$C(t,H) = \frac{1}{t}\left[\frac{1}{2}h\frac{H^2}{\lambda} + \frac{1}{2}b\frac{(\lambda t - H)^2}{\lambda} + A\right] \tag{9-11}$$

式中有两个变量，利用多元函数求极值的方法求 $C(t,H)$ 的最小值。

令

$$\begin{cases} \dfrac{\partial C}{\partial t} = 0 \\ \dfrac{\partial C}{\partial H} = 0 \end{cases}$$

可求出最优订货周期为

$$t^* = \sqrt{\frac{2A(h+b)}{h\lambda b}} \tag{9-12}$$

最高存储量为

$$H^* = \sqrt{\frac{2A\lambda b}{h(h+b)}} \tag{9-13}$$

代入式(9-11)得

$$\min C(t,H) = C(t^*,H^*) = \sqrt{\frac{2A\lambda hb}{h+b}} \tag{9-14}$$

又由于 $Q = \lambda t$，所以

$$Q^* = \sqrt{\frac{2A\lambda}{h}\frac{(h+b)}{b}} \tag{9-15}$$

经济订货批量除与需求速度、订购费和存储费相关外，还与缺货费有关。比较式(9-3)与式(9-15)可以发现：

$$Q^* = \sqrt{\frac{2A\lambda}{h}\frac{(h+b)}{b}} = \text{EOQ}\sqrt{\frac{h+b}{b}} > \text{EOQ}$$

也就是说，允许缺货的订购批量要大于不允许缺货的经济订购批量。如果 $b\to\infty$，即已知缺

货费为无穷大时，可得 $\sqrt{\dfrac{h+b}{b}} \to 1$，此时允许缺货问题与经济批量订购问题结论相同，都

为 $\sqrt{\dfrac{2A\lambda}{h}}$。

例9-5 某商店订购一批货物，每次订购费 $A=40$ 元，由缺货造成的损失 $b=0.5$ 元/个。若货物需求均匀连续，且需求率 $\lambda=100$ 个/月，月单位库存存储费 $h=1$ 元，求该厂的最优订货量、最优订货周期以及总费用。

解 由已知条件可知，该问题是允许缺货的批量订货问题，则可直接求出其最优订货量为

$$Q^* = \sqrt{\frac{2A\lambda}{h} \frac{(h+b)}{b}} = \sqrt{\frac{2 \times 40 \times 100 \times (1+0.5)}{1 \times 0.5}} \, 个 \approx 155 \, 个$$

最优订货周期为

$$t^* = \sqrt{\frac{2A(h+b)}{h\lambda b}} = \sqrt{\frac{2 \times 40 \times (1+0.5)}{1 \times 100 \times 0.5}} \, 月 \approx 1.5 \, 月$$

即每隔 1.5 个月订货一次，每次订购 155 个。

总费用为

$$C = \sqrt{\frac{2A\lambda hb}{h+b}} = \sqrt{\frac{2 \times 40 \times 100 \times 1 \times 0.5}{1+0.5}} \, 元 \approx 51.6 \, 元$$

第五节　允许缺货的批量生产问题

一、问题特征

在第三节的模型中，变假设"不允许缺货"为"允许缺货"，相应地多考虑缺货费后，则得到允许缺货的批量生产存储问题。当缺货费远远小于存储费和装配费，且存储补充采用生产的方式时，用此模型是近似成功的。具体假设是：

（1）需求是连续均匀的，需求速度 λ 为已知常数。

（2）以一定周期循环生产，每次生产批量不变。

（3）存储量为最大缺货量时，可立即得到补充，补充均匀，速度为 P。

（4）允许缺货。

（5）需考虑三种费用：生产费、存储费与缺货费。每次订购费不变，单位时间内的存储费不变，单位缺货费也不变。

它的存储量与时间的变化图与不允许缺货的批量生产存储问题类似，但要在存储量纵轴上向下平移一个最大缺货量，如图9-4所示。

二、分析求解

由图9-4可知，$[0,t]$ 为一个周期，0 时刻存

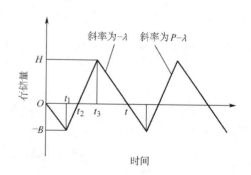

图9-4　允许缺货批量生产模型存储量变化图

储量为 0，保持缺货状态到 t_1。t_1 时刻面临最大缺货量 B，于是开始生产。在 $[t_1, t_3]$ 时间内边生产边满足需求，其中，$[t_1, t_2]$ 时间内存储量为零，$[t_2, t_3]$ 时间内满足需求后的产品进入存储，存储量以 $P - \lambda$ 速度增加。t_3 时刻达到最大存储量 H 后，停止生产。$[t_3, t]$ 时间内存储量以需求速度 λ 减少，直至 t 时刻存储量再次降为 0。

最大缺货量 $B = \lambda t_1$，或 $B = (P - \lambda)(t_2 - t_1)$，所以 t_1 与 t_2 的关系为

$$t_1 = \frac{P - \lambda}{P} t_2 \tag{9-16}$$

最大存储量 $H = (P - \lambda)(t_3 - t_2)$，或 $H = \lambda(t - t_3)$，所以 t_3 与 t_2、t 的关系为

$$t_3 = \frac{(P - \lambda)t_2 + \lambda t}{P} \tag{9-17}$$

$[0, t]$ 时间内的存储量为

$$\frac{1}{2}(P - \lambda)(t_3 - t_2)(t - t_2)$$

若 $[0, t]$ 时间内单位存储费仍为 h，则存储费为

$$\frac{1}{2}h(P - \lambda)(t_3 - t_2)(t - t_2)$$

$[0, t]$ 时间内的平均缺货量为

$$\frac{1}{2}\lambda t_1 t_2$$

若 $[0, t]$ 时间单位缺货费为 b，则 $[0, t]$ 时间内的缺货费为

$$\frac{1}{2}b\lambda t_1 t_2$$

在装配费仍为 A 的情况下，代入式(9-16)和式(9-17)可知，$[0, t]$ 时间内总平均费用为

$$C(t, t_2) = \frac{1}{t}\left[\frac{1}{2}h\frac{(P - \lambda)\lambda}{P}(t - t_2)^2 + \frac{1}{2}b\frac{(P - \lambda)\lambda}{P}t_2^2 + A\right] \tag{9-18}$$

取偏导数为

$$\begin{cases} \dfrac{\partial C(t, t_2)}{\partial t} = 0 \\ \dfrac{\partial C(t, t_2)}{\partial t_2} = 0 \end{cases}$$

得到关系式

$$t_2 = \frac{h}{h + b}t \tag{9-19}$$

且最优生产周期为

$$t^* = \sqrt{\frac{2A}{h\lambda}}\sqrt{\frac{h + b}{b}}\sqrt{\frac{P}{P - \lambda}} \tag{9-20}$$

同样由于 $Q = \lambda t$，所以最优生产批量为

$$Q^* = \sqrt{\frac{2A\lambda}{h}}\sqrt{\frac{h + b}{b}}\sqrt{\frac{P}{P - \lambda}} \tag{9-21}$$

最高存储量为

$$H^* = \sqrt{\frac{2A\lambda}{h}}\sqrt{\frac{h}{h+b}}\sqrt{\frac{P}{P-\lambda}} \tag{9-22}$$

最大缺货量为

$$B^* = \sqrt{\frac{2A\lambda h}{(h+b)b}}\sqrt{\frac{P}{P-\lambda}} \tag{9-23}$$

$$\min C(t,t_2) = \sqrt{2Ah\lambda}\sqrt{\frac{b}{h+b}}\sqrt{\frac{P-\lambda}{P}} \tag{9-24}$$

由上可知，允许缺货的生产批量与需求速度、生产速度、装配费、存储费和缺货费有关。比较式(9-8)与式(9-21)得，允许缺货生产批量与 EMQ 之间的关系为

$$Q^* = \sqrt{\frac{2A\lambda}{h}}\sqrt{\frac{h+b}{b}}\sqrt{\frac{P}{P-\lambda}} = \text{EMQ}\sqrt{\frac{h}{h+b}} > \text{EMQ}$$

即允许缺货的生产批量要大于不允许缺货的经济生产批量。同时，如果 $b \to \infty$，即已知缺货费无穷大时，可得 $\sqrt{\dfrac{h+b}{b}} \to 1$，此时允许缺货模型与经济生产批量模型结论相同，都为 $\sqrt{\dfrac{2A\lambda P}{h(P-\lambda)}}$。

例9-6 企业生产某种产品，正常生产条件下每天可生产10件。根据供货合同，需按每天7件供货。每件每天存储费为0.13元，每件每天缺货费为0.50元，每次生产准备费为80元，求最优存储策略。

解 根据题意知这是一个允许缺货的批量生产问题。于是有

$$t^* = \sqrt{\frac{2A}{h\lambda}}\sqrt{\frac{h+b}{b}}\sqrt{\frac{P}{P-\lambda}} = \left(\sqrt{\frac{2\times80}{0.13\times7}}\sqrt{\frac{0.13+0.5}{0.5}}\sqrt{\frac{10}{10-7}}\right)天 \approx 27.2\ 天$$

$$Q^* = \lambda t = (7\times27.2)\ 件/次 \approx 190.4\ 件/次$$

即每隔约27天生产一次，生产批量190件。

第六节 需求为随机的单一周期进货问题

存储问题可以分为两类，一类是确定型存储问题，另一类是随机型存储问题。前面几节所学的存储问题中，需求与补充的相关各量都是确定的，所以属于确定型存储问题。在实际情况中，需求量往往并不确定，但却能表示为一个随机变量。下面就来讨论需求量为随机变量的存储问题。

随机型存储问题可分为单周期随机存储问题和多周期随机存储问题。典型的单周期模型是"报童问题"（Newsvendor Problem）。报童问题由报童卖报的例子演变而来，在存储论以及供应链的研究中应用广泛。此问题的特点是，需求量是随机变量，一次订购后如果本期产品没有售完，期末要进行降价处理，如果本期产品有缺货，则因失去销售机会而带来损失。无论是供大于求（Overstock）还是供不应求（Understock）都会造成损失，并伴有一定费用。研究的目的是确定该时期订货量使预期的总损失最小或总盈利最大。

为了进一步介绍单周期随机存储问题的解法，先来了解一下涉及的变量：

X——一个时期的需求量，是一个非负的随机变量，期望需求量是 $E(X)$；

Q——一个时期的订货批量；

C——单位产品的获得成本(Unit Acquisition Cost)，即产品购入价格；

P——单位产品的售出价格(Unit Selling Price)；

V——单位产品的残值(Unit Salvage Value)，即未售出剩余产品的处理价格；

B——单位产品的缺货成本(Unit Shortage Cost)；

H——供过于求时单位产品一个时期内的持有成本，供不应求时等于零；

C_o——供过于求时单位产品总成本(Unit Overstock Cost)，即 $C_o = C - V + H$；

C_u——供不应求时单位产品总成本(Unit Understock Cost)，即 $C_u = P - C + B$。

一、需求为离散型变量的报童问题

如果一个时期内，需求量 X 是一个离散型随机变量，其取值为 $x_i(i=0,1,\cdots,n)$，相应的概率 $P(x_i)$ 已知，有 $\sum_{i=0}^{n} P(x_i) = 1$，最优存储策略是使该时期内的总期望费用最小或总期望收益最大。

当订货批量 $Q \geqslant x_i$ 时，供过于求发生存储，总费用期望值为

$$C_o \sum_{Q \geqslant x_i} (Q - x_i) P(x_i) \tag{9-25}$$

当订货批量 $Q < x_i$ 时，供不应求发生缺货，总费用期望值为

$$C_u \sum_{Q < x_i} (x_i - Q) P(x_i) \tag{9-26}$$

综合式(9-25)、式(9-26)两种情况，则总费用的期望值为

$$E(C(Q)) = C_o \sum_{Q \geqslant x_i} (Q - x_i) P(x_i) + C_u \sum_{Q < x_i} (x_i - Q) P(x_i) \tag{9-27}$$

X 是离散变量，所以不能用求导数的方法求极值。为方便起见，不妨假设 X 的取值为非负整数，由式(9-27)取最小值 Q 的必要条件可设为

$$\begin{cases} E(C(Q)) \leqslant E(C(Q+1)) \\ E(C(Q)) \leqslant E(C(Q-1)) \end{cases} \tag{9-28}$$

由式(9-28)推导得

$$\begin{cases} E(C(Q+1)) = C_o \sum_{x_i=0}^{Q+1} (Q+1-x_i)P(x_i) + C_u \sum_{x_i=Q+2}^{\infty} (x_i - Q - 1)P(x_i) \geqslant E(C(Q)) \\ E(C(Q-1)) = C_o \sum_{x_i=0}^{Q-1} (Q-1-x_i)P(x_i) + C_u \sum_{x_i=Q}^{\infty} (x_i - Q + 1)P(x_i) \geqslant E(C(Q)) \end{cases}$$

化简后得

$$\begin{cases} \sum_{x_i=0}^{Q} P(x_i) \geqslant \dfrac{C_u}{C_u + C_o} \\ \sum_{x_i=0}^{Q-1} P(x_i) \leqslant \dfrac{C_u}{C_u + C_o} \end{cases}$$

即最佳订货数量应按下列不等式确定：

$$\sum_{x_i=0}^{Q-1} P(x_i) \leqslant \frac{C_u}{C_u + C_o} \leqslant \sum_{x_i=0}^{Q} P(x_i) \tag{9-29}$$

例 9-7 报童每日售报数量是一个离散型随机变量。报童每售出一份报纸赚 k 元。如报纸未能售出，每份赔 h 元。每日售出报纸份数 r 的概率 $P(r)$ 根据以往的经验是已知的，且有 $\sum\limits_{r=0}^{\infty} P(r) = 1$，问报童每日最好准备多少份报纸？

解 设报童订购报纸数量为 Q，则有：

（1）供过于求时（$r \leqslant Q$），报纸因不能售出而要承担损失，其期望值为

$$\sum_{r=0}^{Q} h(Q-r)P(r)$$

（2）供不应求时（$r > Q$），因缺货而会造成损失，其期望值为

$$\sum_{r=Q+1}^{\infty} k(r-Q)P(r)$$

综合（1）（2）两种情况，当订货量为 Q 时，损失的期望值为

$$E(C(Q)) = \sum_{r=0}^{Q} h(Q-r)P(r) + \sum_{r=Q+1}^{\infty} k(r-Q)P(r)$$

根据下列公式

$$\begin{cases} E(C(Q)) \leqslant E(C(Q+1)) \\ E(C(Q)) \leqslant E(C(Q-1)) \end{cases}$$

求得报童应准备的报纸最佳数量应按下列不等式确定：

$$\sum_{r=0}^{Q-1} P(r) \leqslant \frac{k}{k+h} \leqslant \sum_{r=0}^{Q} P(r)$$

二、需求为连续型变量的报童问题

一个时期内的需求量 X 也可能是一个连续型随机变量，此时假设 $f(x)$ 为其概率密度函数，$F(x)$ 为分布函数，则有 $F(x) = \int_0^x f(t)\,\mathrm{d}t$，最优存储策略仍然是使该时期内的总期望费用最小或总期望收益最大。

当订货批量 $Q \geqslant x$ 时，供过于求发生存储，总费用期望值为

$$C_o \int_0^Q (Q-x)f(x)\,\mathrm{d}x \tag{9-30}$$

当订货批量 $Q < x$ 时，供不应求发生缺货，总费用期望值为

$$C_u \int_Q^{\infty} (x-Q)f(x)\,\mathrm{d}x \tag{9-31}$$

综合式（9-30）、式（9-31）两种情况，则总费用的期望值为

$$E(C(Q)) = C_o \int_0^Q (Q-x)f(x)\,\mathrm{d}x + C_u \int_Q^{\infty} (x-Q)f(x)\,\mathrm{d}x \tag{9-32}$$

X 是连续变量，可以用求导数的方法求极值。

根据莱布尼茨（Leibnitz）法则：

$$\frac{\mathrm{d}}{\mathrm{d}y} \int_{a(y)}^{b(y)} h(x,y)\,\mathrm{d}y = \int_{a(y)}^{b(y)} \frac{\partial h}{\partial y}\,\mathrm{d}x + h(b(y),y)\frac{\mathrm{d}}{\mathrm{d}y}b(y) - h(a(y),y)\frac{\mathrm{d}}{\mathrm{d}y}a(y)$$

用于求 $E(C(Q))$ 对 Q 的求导，得

$$\frac{\mathrm{d}E(C(Q))}{\mathrm{d}Q} = C_o \int_0^Q f(x)\,\mathrm{d}x - C_u \int_Q^{\infty} f(x)\,\mathrm{d}x = -C_u + (C_u + C_o)\int_0^Q f(x)\,\mathrm{d}x$$

令 $\dfrac{\mathrm{d}E(C(Q))}{\mathrm{d}Q} = 0$，则有

$$F(Q) = \int_0^Q f(x)\,\mathrm{d}x = \frac{C_u}{C_u + C_o} \tag{9-33}$$

即最优解 Q^* 是满足式(9-33)的量。

例 9-8　若货物单位成本为 K，单位售价为 P，单位存储费为 C_1，需求 X 是连续的随机变量，密度函数为 $f(x)$，分布函数为 $F(x)$，生产或订购的数量为 Q，问如何确定 Q 的数值，使费用期望值最小？

解　根据上面的分析可以直接得出：

供过于求时总费用期望值为

$$(K + C_1)\int_0^Q (Q - x)f(x)\,\mathrm{d}x$$

供不应求时总费用期望值为

$$(P - K)\int_Q^\infty (x - Q)f(x)\,\mathrm{d}x$$

则总费用的期望值为

$$E(C(Q)) = (K + C_1)\int_0^Q (Q - x)f(x)\,\mathrm{d}x + (P - K)\int_Q^\infty (x - Q)f(x)\,\mathrm{d}x$$

最优订货量值应满足：

$$F(Q) = \int_0^Q f(x)\,\mathrm{d}x = \frac{P - K}{P + C_1}$$

例 9-9　某商店计划订购一批夏季时装，进价是 500 元，预计售价为 1000 元。夏季未售完的要在季末进行削价处理，处理价为 200 元。根据以往的经验，该时装的销量服从 [50, 100] 上的均匀分布，求最佳订货量。

解　根据题意可得：$C_o = (500 - 200)$ 元 $= 300$ 元，$C_u = (1000 - 500)$ 元 $= 500$ 元，则最优订货批量 Q^* 应满足：

$$F(Q) = \int_0^Q f(x)\,\mathrm{d}x = \frac{C_u}{C_u + C_o} = \frac{500}{500 + 300} = 0.625$$

又因为服装的销量服从 [50, 100] 上的均匀分布，所以有

$$F(Q) = P\{x \leq Q\} = \int_{50}^Q \frac{1}{50}\,\mathrm{d}x = \frac{Q - 50}{50} = 0.625$$

得到 $Q = 81.25$ 件，即订购 81 件最为合算。

三、初始库存不为零的随机存储系统

报童模型没有考虑期初的库存量，在有些情况下，周期初系统会有一定库存量，这部分库存量可以使用或者销售，但是并不需要在本期支付相应的订货费或者生产费。这时系统最优的存储策略又是怎样呢？下面介绍两种不同情况下的存储策略。

1. 不考虑订购费的情况

假设期初的库存量 $I > 0$，订购量 $Q \geq 0$，则总费用的期望值为

$$E(C(Q)) = C_o\int_0^{Q+I}(Q + I - x)f(x)\,\mathrm{d}x + C_u\int_{Q+I}^\infty (x - Q - I)f(x)\,\mathrm{d}x - CI \tag{9-34}$$

令 $Q + I = \hat{Q}$，则对 $\hat{Q}$ 求导得

$$F(\hat{Q}) = \int_0^{\hat{Q}} f(x)\,\mathrm{d}x = \frac{C_u}{C_u + C_o} \tag{9-35}$$

若 $\hat{Q}^*$ 是满足式（9-35）的最优解，则最优的订货量为

$$Q^* = \begin{cases} \hat{Q}^* - I & I < \hat{Q}^* \\ 0 & I \geqslant \hat{Q}^* \end{cases}$$

比较式（9-33）和式（9-35）可以看出，初始库存不为零时的系统最优的存储策略可以描述为 "订货到 Q^*"，意即若 $I < Q^*$，则订货量为 $Q^* - I$，若 $I \geqslant Q^*$，则无须订货。

2. 考虑订购费的情况

订购费是与订货量无关，只与订货次数有关的费用支出。考虑订购费时，若初始库存不为零，"订货到 Q^*" 不再是最优的存储策略。初始库存 $I > Q^*$ 的情况，再订货只会增加总的期望费用；初始库存 I 与 Q^* 接近时，要考虑是订货到 Q^* 并且支付订购费用合算，还是不订货从而节约订购费更为经济，因此需要采用其他存储策略来解决这个问题。

存储论中根据库存补给方式的不同，常见的有两种存储策略，一种是 (Q, R) 策略，另一种是 (s, S) 策略。(Q, R) 策略要求固定一个订货点 R，当存储降到这一订货点以下时订货，且订货量是一个固定值 Q。(s, S) 策略也要求固定一个订货点 s，当存储降到这一订货点 s 以下时才进行订货，每次订货量可以不同，但是都要达到最高库存水平 S。在多周期问题中，两种策略都可采取周期性盘存或连续盘存的方式。周期性盘存要求库存检查周期是固定的，每隔一段时间检查一次，而连续盘存要求在库存降到订货点以下时随时准备订货。

下面考虑在单周期随机问题中采用 (s, S) 存储策略的情况。设每次订购费为 A，剩余商品的单位存储费为 H，单位缺货费为 B，问如何确定每次订货量 Q 的数值，才能使费用期望值最小？

设最大存储量为 S，$S = I + Q$，则本阶段各项费用构成为：

订货费：
$$A + CQ$$

存储费期望值：
$$H \int_0^S (S - x) f(x)\,\mathrm{d}x$$

缺货费期望值：
$$B \int_S^\infty (x - S) f(x)\,\mathrm{d}x$$

所以该阶段所需订货费及存储费、缺货费期望值之和为

$$E(C(S)) = A + C(S - I) + H \int_0^S (S - x) f(x)\,\mathrm{d}x + B \int_S^\infty (x - S) f(x)\,\mathrm{d}x \tag{9-36}$$

求关于 S 的一阶条件式得到：

$$F(S) = \int_0^S f(x)\,\mathrm{d}x = \frac{B - C}{H + B} \tag{9-37}$$

$N = \dfrac{B - C}{H + B}$ 为临界值，表示可能的最优顾客服务水平。根据式（9-37）可确定最优的 S^*，若需要订货，则最优订货量应为 $Q^* = S^* - I$。

该问题中有订购费 A 一项，如果 $I > S^*$ 或与 S^* 接近，则本阶段可以考虑不订货从而节省订购费。假设当初始库存量大于 $s(s \leqslant S)$ 时可以考虑不订货，则 s 应满足下列不等式：

$$H \int_0^s (s - x) f(x) \mathrm{d}x + B \int_s^\infty (x - s) f(x) \mathrm{d}x \tag{9-38}$$

$$\leqslant A + C(S - s) + H \int_0^S (S - x) f(x) \mathrm{d}x + B \int_S^\infty (x - S) f(x) \mathrm{d}x$$

不等式左端表示不订购时的总期望费用，不等式右端表示订购 $S - s$ 数量时的总期望费用。$s = S$ 时，不等式显然成立；$s \leqslant S$ 时，不等式右端存储费期望值总大于左端存储费期望值，右端缺货费期望值总小于左端缺货费期望值，因而不等式成立的可能性是存在的。如有不止一个 s 值使式（9-38）成立，则可以选其中值最小的那个作为本问题的存储策略。

以上分析对于需求为离散型随机变量的情况依然适用，但是在计算上稍有区别。当需求量 X 为离散型随机变量，取值 $x_0, x_1, \cdots, x_n$，对应的概率分别为 $P(x_0), P(x_1), \cdots, P(x_n)$，且 $\sum_{i=0}^n P(x_i) = 1$ 时，上述问题所需各项费用的构成情况如下：

订货费： $\qquad\qquad\qquad A + CQ$

存储费期望值： $\qquad\qquad \sum_{x \leqslant Q+I} H(I + Q - x) P(x)$

缺货费期望值： $\qquad\qquad \sum_{x > Q+I} B(x - I - Q) P(x)$

同样，本阶段所需订货费及存储费、缺货费期望值之和为

$$E(C(S)) = A + C(S - I) + \sum_{x \leqslant S} H(S - x) P(x) + \sum_{x > S} B(x - S) P(x) \tag{9-39}$$

需求是一个离散随机变量，不能通过求导的办法寻找最优值，所以采用如下方法求出使 $E(C(S))$ 最小的 S 值。

第一步：将需求量 X 的可能值按从小到大的顺序进行排列，不失一般性，假设排列顺序为：$x_0, x_1, \cdots, x_n$，满足 $x_i < x_{i+1} (i = 0, 1, \cdots, n-1)$。

第二步：令 S 分别取值 $x_0, x_1, \cdots, x_m$，S 取值为 x_i 时，记为 $S_i (i = 0, 1, \cdots, n-1)$。

第三步：求满足下列不等式的 S 值可使 $E(C(S))$ 最小：

$$\begin{cases} E(C(S_{i+1})) \geqslant E(C(S_i)) \\ E(C(S_{i-1})) \geqslant E(C(S_i)) \end{cases} \tag{9-40}$$

定义 $\Delta E(C(S_i)) = E(C(S_{i+1})) - E(C(S_i))$，由式（9-40）的第一个不等式可以得到：

$$\Delta E(C(S_i)) = C \Delta S_i + (H + B) \Delta S \sum_{x \leqslant S_i} P(x) - B \Delta S_i \geqslant 0$$

其中， $\qquad\qquad \Delta S_i = S_{i+1} - S_i = x_{i+1} - x_i = \Delta x_i \neq 0$

化简后得

$$C + (H + B) \sum_{x \leqslant S_i} P(x) - B \geqslant 0$$

即

$$\sum_{x \leqslant S_i} P(x) \geqslant \frac{B - C}{H + B} \tag{9-41}$$

同理，由式（9-40）的第二个不等式可得

$$\sum_{x \leqslant S_{i-1}} P(x) \leqslant \frac{B - C}{H + B} \tag{9-42}$$

综合以上两式，得到可用来确定 S_i 的不等式：

$$\sum_{x \leqslant S_{i-1}} P(x) \leqslant \frac{B-C}{H+B} = N \leqslant \sum_{x \leqslant S_i} P(x) \qquad (9\text{-}43)$$

满足上式的 S_i 为最高库存水平。

同理，可以通过如下不等式找到订货点 s：

$$H \sum_{x \leqslant S} (s-x)P(x) + B \sum_{x > S} (x-s)P(x)$$

$$\leqslant A + C(S-s) + H \sum_{x \leqslant S} (S-x)P(x) + B \sum_{x > S} (x-S)P(x) \qquad (9\text{-}44)$$

使式(9-44)成立的 $x_i(x_i \leqslant S)$ 的值中最小者为 s，只有当初始库存量小于 s 时才需订货。

例9-10 商店要决定一种产品下个季度的进货量，已知该产品的需求量 D 服从 $[0,200]$ 上的均匀分布，产品成本为 8 元，存储费为 10 元，缺货费为 20 元。

（1）求该商店的最优订货量。

（2）若该商店期初的库存为 60 件，求其最优存储策略。

（3）若该商店期初的库存为 60 件，且原材料的订购费为 100 元，则本期该商店是否应订货，订多少？

（4）若产品的需求量是一个离散变量，满足：

$$P\{x=60\}=0.1, \quad P\{x=80\}=0.2, \quad P\{x=100\}=0.3$$

$$P\{x=120\}=0.2, \quad P\{x=140\}=0.1 \quad P\{x=160\}=0.1$$

并且期初库存不为 0，订购费为 100 元，求此时该商店的最优存储策略。

解 （1）首先求临界值：

$$N = \frac{20-8}{20+10} = 0.4$$

根据式(9-37)可计算最优订货量为 $Q^* = 80$ 件。

（2）若该商店期初的库存为 60 件，则最优的存储策略为订货到 80 件，即订货 20 件。

（3）若该商店期初的库存为 60 件，且订购费为 100 元时，可采用 (s,S) 存储策略：

令 $S=80$，则 s 必须满足：

$$10 \int_0^s (s-x)f(x)\,\mathrm{d}x + 20 \int_s^\infty (x-s)f(x)\,\mathrm{d}x$$

$$\leqslant 100 + 8 \times (80-s) + 10 \int_0^{80} (80-x)f(x)\,\mathrm{d}x + 20 \int_{80}^\infty (x-80)f(x)\,\mathrm{d}x$$

通过计算可得满足上述条件且小于等于 S 的值约为 43.5 件，即当期初库存小于等于 43.5 件时补充存储使存储量达到 80 件，当期初库存大于 43.5 件时不需补充。本例中，商店的期初库存量为 60 件，显然不需要补充订货。

（4）同样，先求临界值：

$$N = \frac{20-8}{20+10} = 0.4$$

根据式(9-43)，由于 $P\{x=60\} + P\{x=80\} = 0.3 < 0.4$，且 $P\{x=60\} + P\{x=80\} + P\{x=100\} = 0.6 > 0.4$，所以最高库存水平 $S = 100$ 件。

订货点 $s \leqslant S$，所以 s 可能的取值为 60 件、80 件和 100 件。先从 $s = 60$ 件开始检验，代入式(9-44)，本例中不等式左端项为

$$10 \times (-20 \times 0.2 - 40 \times 0.3 - 60 \times 0.2 - 80 \times 0.1 - 100 \times 0.1) +$$
$$20 \times (20 \times 0.2 + 40 \times 0.3 + 60 \times 0.2 + 80 \times 0.1 + 100 \times 0.1) = 460$$

不等式右端项为

$$8 \times (100 - 60) + 10 \times (40 \times 0.1 + 20 \times 0.2 - 20 \times 0.2 - 40 \times 0.1 - 60 \times 0.1) +$$
$$20 \times (-40 \times 0.1 - 20 \times 0.2 + 20 \times 0.2 + 40 \times 0.1 + 60 \times 0.1) = 380$$

不等式条件并未满足，所以再代入 $s = 80$ 件进行检验。

同理可得到不等式的左端项值为 260，右端项值为 220，不等式(9-44)仍未满足，所以应采用 $(100,100)$ 策略，即当期初库存量小于 100 件时即可订货。

第七节 其他类型的存储问题

从 F. Harris 在 1915 年首先对商业存储问题建立了简单模型并求解开始，研究人员对存储问题就开展了深入研究。以上介绍的是一些存储问题的基本模型，在这些模型的基础上，适当放松或加强某些条件，就可形成另外一些存储问题。就确定型存储问题来讲，还有需求量不同的多时期存储问题、库容有限制的存储问题(Capacitated Lot Sizing Problem，CLSP)以及多产品的批量生产模型(Economic Lot Sizing Problem，ELSP)等。而随机型存储问题，除了单周期报童问题外，还有多周期随机存储问题(Multi-Period Stochastic Demand Problem)，以及多级存储问题(Multi-Echelon Inventory Problem)等。下面简单介绍价格有折扣的存储问题和库容有限制的存储问题。

一、价格有折扣的存储问题

在前面几节的确定型存储问题中，存储策略都与货物价格无关。在实际生活中，存储策略与货物价格完全无关吗？答案是否定的。例如，去超市采购食品，如果超市促销，买得越多价格越便宜的话，也许会多买一些存储起来。下面就来研究货物单价随订购数量而变化的存储问题。假设其余条件皆与不允许缺货经济订购批量问题的相同。

记货物单价为 $k(Q)$，设 $k(Q)$ 按三个数量等级变化(图9-5)。

$$k(Q) = \begin{cases} k_1 & (0 \leqslant Q < Q_1) \\ k_2 & (Q_1 \leqslant Q < Q_2) \\ k_3 & (Q \geqslant Q_2) \end{cases}$$

当订购量为 Q 时，一个周期内所需费用为

$$\frac{1}{2} h Q \frac{Q}{\lambda} + A + k(Q) Q$$

则平均每单位货物所需费用为

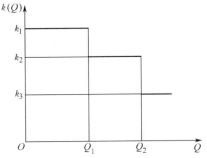

图 9-5 价格折扣模型货物单价的数量等级变化图

$$C(Q) = \begin{cases} C_1(Q) = \dfrac{1}{2}h\dfrac{Q}{\lambda} + \dfrac{A}{Q} + k_1 & (0 \leqslant Q < Q_1) \\[2mm] C_2(Q) = \dfrac{1}{2}h\dfrac{Q}{\lambda} + \dfrac{A}{Q} + k_2 & (Q_1 \leqslant Q < Q_2) \\[2mm] C_3(Q) = \dfrac{1}{2}h\dfrac{Q}{\lambda} + \dfrac{A}{Q} + k_3 & (Q \geqslant Q_2) \end{cases}$$

如果不考虑 $C_1(Q)$、$C_2(Q)$ 和 $C_3(Q)$ 的定义域，它们之间只差一个常数，那么它们的导函数相同。为求极小值，令导数为零，解得 Q_0，Q_0 落在哪一个区间，事先难以预计。假设 $Q_1 < Q_0 < Q_2$，这也不能肯定 $C_2(Q)$ 最小。设最佳订购批量为 Q^*，在给出价格有折扣的情况下，求解步骤如下：

（1）对 $C_1(Q)$ 求得极值点为 Q_0。

（2）若 $Q_0 < Q_1$，计算：

$$C(Q) = \begin{cases} C_1(Q_0) = \dfrac{1}{2}h\dfrac{Q_0}{\lambda} + \dfrac{A}{Q_0} + k_1 \\[2mm] C_2(Q_1) = \dfrac{1}{2}h\dfrac{Q_1}{\lambda} + \dfrac{A}{Q_1} + k_2 \\[2mm] C_3(Q_2) = \dfrac{1}{2}h\dfrac{Q_2}{\lambda} + \dfrac{A}{Q_2} + k_3 \end{cases}$$

由 $\min\{C_1(Q_0), C_2(Q_1), C_3(Q_2)\}$ 得到单位货物最小费用的订购批量 Q^*。例如 $\min\{C_1(Q_0), C_2(Q_1), C_3(Q_2)\} = C_2(Q_1)$，则取 $Q^* = Q_1$。

（3）若 $Q_1 \leqslant Q_0 < Q_2$，计算 $C_2(Q_0)$、$C_3(Q_2)$。

由 $\min\{C_2(Q_0), C_3(Q_2)\}$ 决定 Q^*。

（4）若 $Q_2 \leqslant Q_0$，则取 $Q^* = Q_0$。

以上步骤易于推广到单价折扣分 m 个等级的情况。

比如，订购量为 Q，其单价为 $k(Q)$：

$$k(Q) = \begin{cases} k_1 & (0 \leqslant Q < Q_1) \\ k_2 & (Q_1 \leqslant Q < Q_2) \\ \vdots & \\ k_j & (Q_{j-1} \leqslant Q < Q_j) \\ \vdots & \\ k_m & (Q_{m-1} \leqslant Q) \end{cases}$$

对应的平均单位货物所需费用为

$$C_j(Q) = \frac{1}{2}h\frac{Q}{\lambda} + \frac{A}{Q} + k_j \quad (j = 1, 2, \cdots, m)$$

对 $C_1(Q)$ 求得极值点为 Q_0，若 $Q_{j-1} \leqslant Q_0 < Q_j$，求 $\min\{C_j(Q_0), C_{j+1}(Q_i), \cdots, C_m(Q_{m-1})\}$，设从此式得到的最小值为 $C_l(Q_{l-1})$，则取 $Q^* = Q_{l-1}$。

例9-11 工厂每周需零配件32箱，存储费每箱每周1元，每次订购费25元，不允许缺货。零配件供应商提供一定的价格折扣，若①订货量为 1~9 箱时，每箱 12 元；②订货量为 10~49 箱时，每箱 10 元；③订货量 50~99 箱时，每箱 9.5 元；④订货量 100 箱以上时，每箱 9 元。求最优存储策略。

解 先考虑没有价格折扣时该厂的最优订货量：

$$Q_0 = \sqrt{\frac{2 \times 25 \times 32}{1}} \; 箱 = 40 \; 箱$$

分别计算每次订购 40 箱、50 箱和 100 箱所需平均费用：

$$C_2 = \left(\frac{1}{2} \times 1 \times \frac{40}{32} + \frac{25}{40} + 10\right) 元 = 11.25 \; 元$$

$$C_3 = \left(\frac{1}{2} \times 1 \times \frac{50}{32} + \frac{25}{50} + 9.5\right) 元 = 10.78 \; 元$$

$$C_4 = \left(\frac{1}{2} \times 1 \times \frac{100}{32} + \frac{25}{100} + 9\right) 元 = 10.81 \; 元$$

$\min\{11.25 \; 元, 10.78 \; 元, 10.81 \; 元\} = 10.78 \; 元 = C_3$，所以最优订购批量为 50 箱。

二、库容有限制的存储问题

例 9-12 一零售商店需要储存和销售收音机。假设商店用于担负收音机存货的资金不能超过 S，收音机共有 n 个型号，j 型号收音机的外包装体积为 V_j，仓库用于存储收音机的部分，最大容积为 V。收音机为批量订货，每订购一批型号为 j 的收音机，需花费手续费 a_j。每台 j 型号收音机的单价为 c_j，每年对 j 型号收音机的需要量为 d_j。a_j、c_j 和 d_j 通过对以前若干的情况进行统计分析得到确定值。假设 j 型号收音机单位库存费用为 q_j，求最优订货量。

解 令 x_j 表示一批 j 型号收音机的订货台数。首先建立目标函数，即订货及存储的年平均费用。对 j 型号收音机，订货费应是每批订购费 a_j 与批数 d_j/x_j 的乘积，即 $a_j d_j/x_j$；存储的年平均费用应是年平均存储量 $x_j/2$ 与存储费 q_j 的乘积，即 $q_j x_j/2$。于是得到目标函数：

$$f(\boldsymbol{x}) = \sum_{j=1}^{n} \left(a_j \frac{d_j}{x_j} + q_j \frac{x_j}{2}\right)$$

其中，$\boldsymbol{x} = (x_1, x_2, \cdots, x_n)^{\mathrm{T}}$。

再来看约束条件。库存总价值不能超过上限，即

$$g_1(x) = \sum_{j=1}^{n} c_j x_j - S \leqslant 0$$

仓库容量的限制，即

$$g_2(x) = \sum_{j=1}^{n} V_j x_j - V \leqslant 0$$

且每批订货量不可能为负，故有

$$x_j \geqslant 0 \quad (j = 1, 2, \cdots, n)$$

那么，得到下面的非线性规划模型：

$$\min f(\boldsymbol{x}) = \sum_{j=1}^{n} \left(a_j \frac{d_j}{x_j} + q_j \frac{x_j}{2} \right)$$

$$\text{s. t.} \begin{cases} g_1(\boldsymbol{x}) = \sum_{j=1}^{n} c_j x_j - S \leqslant 0 \\ g_2(\boldsymbol{x}) = \sum_{j=1}^{n} V_j x_j - V \leqslant 0 \\ g_{j+2}(\boldsymbol{x}) = -x_j \leqslant 0 \quad (j = 1,2,\cdots,n) \end{cases}$$

本 章 小 结

本章学习了存储论相关概念及一些简单的存储问题。存储问题可以分为确定型存储问题和随机型存储问题。不允许缺货的批量订购问题、不允许缺货的批量生产问题、允许缺货的批量订购问题、允许缺货的批量生产问题都属于确定型存储问题。随机型存储问题根据需求量可以分为需求为离散型变量的问题与需求为连续型变量的问题。另外，还有 (s, S) 型存储策略问题、价格有折扣的存储问题以及库容有限制的存储问题等。

本章知识导图如下：

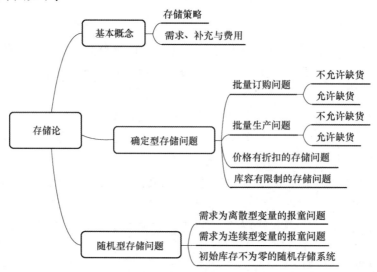

本章学习与教学思路建议

本章教学的重点应放在需求确定的四类存储问题的分析与求解上，这些内容与学生的知识结构衔接比较紧密，重点强调四个确定型模型的关系（见图9-6）：

对这四个模型，强调其所需的输入数据和输出结果，对于公式而言，要求学生理解其推导过程，不要死记硬背。

在本章的讲解中，可以从不允许缺货的批量订购问题的例题入手，逐步深入，要让学生理解实践中的情况与课本中的问题是有差距的。这里介绍了处理方法和思路，对

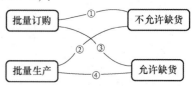

图 9-6 四个确定型模型的关系

学生认识实践很有帮助。

折扣问题和随机问题可以在前四个模型的基础上引导学生学习，重点放在学习思路的引导上，具体内容的掌握可视学生的具体情况而定。

习　题

1. 某公司每天连续需求某商品 100 单位，不允许缺货。每次订购费是 100 元，每天每单位商品的存储费用是 0.02 元。求最佳订货间隔时间和经济订购批量。

2. 某企业全年需要某种材料 1000t，每吨 500 元，每吨年保管费为其单价的 1/10，若每次订货手续费为 170 元，求最优订货批量。

3. 某厂每月需要某元件 200 件，月生产量为 800 件，批装配费为 100 元，每月每件元件存储费为 0.50 元。求 EMQ 及最低费用。

4. 车间加工一种零件，每月加工能力为 600 件，生产准备为 10 元，若加工后的在制品每月每件保管费为 1 元，每月需求量为 200 件，试求最优生产批量。

5. 某商店月需求某商品的数量为 500 件，单位存储费为每月 4 元，每次订购费为 50 元，单位缺货损失为每月 0.50 元。求最优最大存储量与最优总平均费用。

6. 某厂按照合同每月向外单位供货 100 件，每次生产准备费为 5 元，每件年存储费为 4.80 元，每件生产成本为 20 元。若不能按期交货每件每月罚款 0.50 元，试求最优生产批量。

7. 某商店生产某种产品供应销售。每月生产 100 件，每月销售 60 件，存储费为每件 0.20 元，装配费为 70 元，缺货损失为每件 2 元。求最佳生产与存储方案。

8. 某汽车厂商拟在一展览会上出售一批汽车。每售出一台可赢利 8 万美元。若展览会结束未售出汽车必须降价处理，且每台亏损 1 万美元，则该汽车厂应准备多少台汽车。已知汽车在展览会上售出的概率如表 9-1 所示。

表 9-1　汽车在展览会上售出的概率

需求量/台	0	1	2	3	4	5
概　率	0.05	0.20	0.25	0.35	0.10	0.05

9. 超市打算购进一批家用电器。已知该家用电器单价为 500 元，每次订购费为 1000 元，年保管费为 20 元/件，若超市凭以往销售经验判断该家用电器的年需求量为 3000 件，求最优订货批量。如果家用电器的供应商提供下列价格折扣，超市又该怎样订货？

$$k(Q) = \begin{cases} 500 & [0,600) \\ 490 & [600,1200) \\ 485 & 1200 \text{ 及其以上} \end{cases}$$

第十章

决 策 分 析

本章内容要点

- 确定型决策问题；
- 不确定型决策问题；
- 风险型决策问题；
- 效用理论在决策中的应用。

核心概念

- 不确定型决策问题　Decision Making Without Probabilities
- 乐观主义准则　Maximax Criterion
- 悲观主义准则　Maximin Criterion
- 折中主义准则　Hurwicz Criterion
- 等可能准则　Equal Likelihood Criterion
- 后悔值准则　Minimax Regret Criterion
- 风险型决策问题　Decision Making With Probabilities
- 期望值准则　Expected Value Criterion
- 决策树　Decision Trees
- 效用　Utility
- 效用曲线　Utility Curve

【案例导引】

案例10-1　决策者面临下列情况：有 n 个选择方案，在方案实施时会遇到 m 种不同的情况。预先可以估计出不同方案在相应情况发生时的损益值（收益或损失）。在事先无法把握哪种情况出现时，如何进行决策？

案例10-2　某公司有10万元多余资金。如果把此资金用于开发某个项目，估计成功率为95%，成功时一年可获利15%，一旦失败，则有全部丧失资金的危险。如果把此资金存放到银行中，则可稳得年利4%。为获得更多的信息，该公司求助于咨询公司，咨询费为800元，但咨询意见只供参考。咨询公司过去对类似200例的咨询意见及实施结果如表10-1所示。

表 10-1　咨询公司过去对类似 200 例的咨询意见及实施结果

咨询意见	实施结果		合　计
	投资成功	投资失败	
可以投资	150 次	6 次	156 次
不宜投资	22 次	22 次	44 次
合计	172 次	28 次	200 次

试分析：

（1）该公司是否值得求助于咨询公司？

（2）该公司多余资金该如何使用？

案例思考题：

（1）分析上面案例的共同特点是什么？提炼问题的特征。

（2）对于这类问题，应关心哪些事情？如何做出决策？若得到有关信息，可以进一步做些什么有益的工作？

决策这个词人们并不陌生。它是人们在政治、经济、技术和日常生活中，为了达到预期的目的，从所有可供选择的多个方案中找出最满意方案的一种活动。决策具有抉择、决定的意思。古今中外的许多政治家、军事家、外交家、企业家都曾做出过许许多多出色的决策，至今仍被人们所称颂。决策的正确与否会给国家、企业、个人带来利益或损失。在企业的经营活动中，经营管理者的决策失误会给企业带来重大的经济损失甚至导致破产。在国际市场的竞争中，一个错误的决策可能会造成几亿、十几亿甚至更多的损失。一着不慎，满盘皆输。

对于决策问题的重要性，著名的诺贝尔经济学奖获得者西蒙有一句名言："管理就是决策，管理的核心就是决策。"决策是一种选择行为的全部过程，其中最关键的部分是回答"是"与"否"。决策分析在经济及管理领域具有非常广泛的应用。在投资分析、产品开发、市场营销、项目可行性研究等方面的应用都取得过辉煌的成就。决策科学本身的内容也非常广泛，包括决策数量化方法、决策心理学、决策支持系统、决策自动化等。本章主要从运筹学的定量分析角度予以介绍。

第一节　决策的分类与过程

一、决策分类

决策的分类方法很多，从不同的角度出发，可以得到不同的决策分类。

（1）按决策内容的重要性分类，可以分为战略决策、战术决策和执行决策。

战略决策是关于某个组织生存发展的全局性、长远性问题的重大决策。例如新产品和新市场的开发方向、工厂厂址的选择、科教兴国战略的确立等。

战术决策是为了保证完成战略决策规定的目标而进行的决策。例如一个企业产品规格的选择、工艺方案的制定、厂区的合理布置等。

执行决策是按照战术决策的要求对执行方案的选择。例如产品合格标准的选择、制定，日常生产调度等。

（2）按决策的结构分类，可以分为程序性决策和非程序性决策。

程序性决策一般是有章可循、规格化、可以重复的决策。

非程序性决策一般是无章可循，凭借经验和直觉等做出的决策，往往是一次性的、战略性的决策。

（3）按决策的性质分类，可以分为定性决策和定量决策。

当决策对象的有关指标可以量化时，可以采用定量决策，否则只能采用定性决策。

（4）按决策量化的内容分类，可以分为确定型、不确定型和风险型决策。

确定型决策是指自然环境完全确定，做出的选择也是确定的。

不确定型决策是决策者对将要发生结果的概率无法确定或者一无所知，只能凭借主观意向进行的决策。

风险型决策是自然环境不是完全确定，但是其发生的概率可以推算或者是已知的决策。

二、决策过程

任何决策者在进行决策时，不论是否意识得到，一般都要经历四个阶段的决策过程。

（1）确定决策的目标。这是决策的首要步骤，这个阶段主要包括发现问题、现状调查和制定目标等环节。问题是实际状态与标准或期望状态之间的差距，而发现问题则是构成决策内部动力的前提条件。现状调查是通过认真细致的调查研究，充分认识问题产生的原因、规律和解决的方法。通过发现问题和现状调查，为决策目标的制定提供充分的客观依据。

（2）建立可行方案。这是决策过程的第二个步骤，是科学决策的基础。这个阶段主要包括轮廓设想、方案预测和详细设计等环节。轮廓设想要保证可行方案的齐全与多样性，要求从各种不同的角度和途径，大胆设想各种可行方案。方案预测的任务是对轮廓设想提出的方案进行环境条件、可行性、有效性等做出科学的预测。详细设计是对可行方案的充实和完善。

（3）方案的评价和选择。这是决策过程的关键步骤。这个阶段主要包括方案论证、方案选择和模拟检验等环节。方案论证是对各个决策方案进行可行性研究。方案选择是整个决策过程的中心环节，选择的方法主要有定性分析、经验方法、数学方法和试验方法等，也可以采取集体决策的形式，如投票或打分等形式。模拟检验对于一些重大项目，缺乏经验又不便于运用数学方法进行分析的决策问题，尤其显得重要。

（4）方案实施。这是决策过程的最终阶段。这个阶段主要包括追踪协调和反馈控制环节。追踪协调是对决策方案的实施偏离决策目标时要进行根本性修正，并对目标之间、系统之间、方案之间的不一致现象给予协调和调整。反馈控制是对方案实施过程中主客观情况的变化，及时对决策方案和行为进行修正，以保证决策目标的顺利实现。

第二节　确定型决策问题

在决策论中广泛采用的决策模型的基本结构是 $a_{ij} = G(K_i, \theta_j)$（$i = 1, 2, \cdots, m; j = 1, 2, \cdots, n$）。其中，$K_i$ 表示决策者可以控制的因素，称为决策方案；θ_j 表示决策者不可以控制的因素，称为自然状态；a_{ij}表示损益值，是 K_i 和 θ_j 的函数。这三者的关系通常可以用表 10-2 所示的决策表表示。

表 10-2　决策表

决策方案 K_i	自然状态 θ_j				
	θ_1	θ_2	$\cdots$	θ_{n-1}	θ_n
K_1	a_{11}	a_{12}	$\cdots$	$a_{1,n-1}$	a_{1n}
K_2	a_{21}	a_{22}	$\cdots$	$a_{2,n-1}$	a_{2n}
$\vdots$	$\vdots$	$\vdots$		$\vdots$	$\vdots$
K_{m-1}	$a_{m-1,1}$	$a_{m-1,2}$	$\cdots$	$a_{m-1,n-1}$	$a_{m-1,n}$
K_m	a_{m1}	a_{m2}	$\cdots$	$a_{m,n-1}$	$a_{m,n}$

确定型决策问题应具备以下几个条件：

（1）具有决策者希望的一个明确目标(收益最大或者损失最小)。

（2）只有一个确定的自然状态。

（3）具有两个以上的决策方案。

（4）不同决策方案在确定自然状态下的损益值可以推算出来。

确定型决策(表 10-3)看似简单，但在实际工作中可选择的方案很多时，往往十分复杂。例如，有 m 个产地和 n 个销地寻求总运费最小的运输问题就是这样的一类问题，必须借助于计算机才能解决。

表 10-3　确定型决策表

决策方案 K_i	自然状态 θ_j
	θ_1
K_1	50
K_2	10
K_3	-5

<h2 align="center">第三节　不确定型决策问题</h2>

不确定型决策问题(Decision Making Without Probabilities)应具备以下几个条件：

（1）具有决策者希望的一个明确目标。

（2）具有两个以上不以决策者的意志为转移的自然状态。

（3）具有两个以上的决策方案。

（4）不同决策方案在不同自然状态下的损益值可以推算出来。

下面介绍几个不确定型决策的准则。

一、乐观主义准则

乐观主义准则(Maximax Criterion)也叫最大最大准则。持这种准则思想的决策者对事物总抱有乐观和冒险的态度，他决不放弃任何获得最好结果的机会，争取以好中之好的态度来选择决策方案。决策者在决策表中从各个方案对各个状态的结果中选出最大者，记在表的最右列，再从该列中选出最大者，如表 10-4 所示。

表 10-4　决策表

决策方案 K_i	自然状态 θ_j				$\max\limits_{\theta}(K_i, \theta_j)$
	θ_1	θ_2	θ_3	θ_4	
K_1	4	5	6	7	7
K_2	2	4	6	9	9*
K_3	5	7	3	5	7
K_4	3	5	6	8	8
K_5	3	5	5	5	5

最大收益值的最大值为 $\max\limits_{K}\max\limits_{\theta}(K_i, \theta_j) = \max\{7, 9, 7, 8, 5\} = 9$，结果选择方案 K_2。

二、悲观主义准则

悲观主义准则（Maximin Criterion）也叫最大最小准则。这种决策方法的思想是对事物抱有悲观和保守的态度，在各种最坏的可能结果中选择最好的。决策时从决策表中各方案对各个状态的结果选出最小者，记在表的最右列，再从该列中选出最大者，如表 10-5 所示。

表 10-5　决策表

决策方案 K_i	自然状态 θ_j				$\max\limits_{\theta}(K_i, \theta_j)$
	θ_1	θ_2	θ_3	θ_4	
K_1	4	5	6	7	4*
K_2	2	4	6	9	2
K_3	5	7	3	5	3
K_4	3	5	6	8	3
K_5	3	5	5	5	3

最小收益值的最大值为 $\max\limits_{K}\min\limits_{\theta}(K_i, \theta_j) = \max\{4, 2, 3, 3, 3\} = 4$，结果选择方案 K_1。

三、折中主义准则

折中主义准则（Hurwicz Criterion）也叫赫尔威斯准则（Hurwicz Decision Criterion）。这种决策方法的特点是对事物既不乐观冒险，也不悲观保守，而是从中折中平衡一下，用一个系数称为折中系数 α 来表示，并规定 $\alpha \in [0,1]$，用以下算式计算结果：

$$CV_i = \alpha \max\limits_{j} a_{ij} + (1 - \alpha) \min\limits_{j} a_{ij}$$

即用每个决策方案在各个自然状态下的最大效益值乘以 α，再加上最小效益值乘以 $1 - \alpha$，然后比较 CV_i，从中选择最大者，如表 10-6 所示，令 $\alpha = 0.8$。

表 10-6　决策表

决策方案 K_i	自然状态 θ_j				CV_i
	θ_1	θ_2	θ_3	θ_4	
K_1	4	5	6	7	6.4
K_2	2	4	6	9	7.6*
K_3	5	7	3	5	6.2
K_4	3	5	6	8	7
K_5	3	5	5	5	4.6

其中，$\mathrm{CV}_1 = 0.8 \times 7 + 0.2 \times 4 = 6.4$

　　　　$\mathrm{CV}_2 = 0.8 \times 9 + 0.2 \times 2 = 7.6$

　　　　$\mathrm{CV}_3 = 0.8 \times 7 + 0.2 \times 3 = 6.2$

　　　　$\mathrm{CV}_4 = 0.8 \times 8 + 0.2 \times 3 = 7$

　　　　$\mathrm{CV}_5 = 0.8 \times 5 + 0.2 \times 3 = 4.6$

$\max_i \mathrm{CV}_i = \max\{6.4, 7.6, 6.2, 7, 4.6\} = 7.6$，结果选择方案 K_2。

很明显，如果 α 取值不同，可以得到不同的结果。当情况比较乐观时，α 应取大一些；反之，应取小一些。

四、等可能准则

等可能准则（Equal Likelihood Criterion）也叫拉普拉斯（Laplace）准则，它是数学家拉普拉斯于 19 世纪提出的。他认为，当决策者无法事先确定每个自然状态出现的概率时，就可以把每个自然状态出现的概率定为 $1/n$，n 是自然状态数，然后按照最大期望值准则决策，如表 10-7 所示。

表 10-7　决策表

决策方案 K_i	自然状态 θ_j				$E(K_i)$	$D(K_i)$
	$\theta_1 = 1/4$	$\theta_2 = 1/4$	$\theta_3 = 1/4$	$\theta_4 = 1/4$		
K_1	4	5	6	7	5.5	1.5
K_2	2	4	6	9	5.25	
K_3	5	7	3	5	5	
K_4	3	5	6	8	5.5	2.5
K_5	3	5	5	5	4.5	

其中，$E(K_1) = \dfrac{1}{4} \times 4 + \dfrac{1}{4} \times 5 + \dfrac{1}{4} \times 6 + \dfrac{1}{4} \times 7 = 5.5$

　　　　$E(K_2) = \dfrac{1}{4} \times 2 + \dfrac{1}{4} \times 4 + \dfrac{1}{4} \times 6 + \dfrac{1}{4} \times 9 = 5.25$

　　　　$E(K_3) = \dfrac{1}{4} \times 5 + \dfrac{1}{4} \times 7 + \dfrac{1}{4} \times 3 + \dfrac{1}{4} \times 5 = 5$

　　　　$E(K_4) = \dfrac{1}{4} \times 3 + \dfrac{1}{4} \times 5 + \dfrac{1}{4} \times 6 + \dfrac{1}{4} \times 8 = 5.5$

$$E(K_5) = \frac{1}{4} \times 3 + \frac{1}{4} \times 5 + \frac{1}{4} \times 5 + \frac{1}{4} \times 5 = 4.5$$

因为 $E(K_1) = E(K_4)$，所以比较 $D(K_1)$ 和 $D(K_4)$ 的大小。

$$D(K_1) = E(K_1) - \min_j a_{1j} = 5.5 - 4 = 1.5$$
$$D(K_4) = E(K_4) - \min_j a_{4j} = 5.5 - 3 = 2.5$$

由于 $D(K_1) < D(K_4)$，所以选择方案 K_1。

五、后悔值准则

后悔值准则(Minimax Regret Criterion)也叫 Savage 准则。决策者在制定决策之后，如果不符合理想情况，必然有后悔的感觉。这种方法的特点是将每个自然状态的最大收益值(损失矩阵取为最小值)作为该自然状态的理想目标，并将该状态的其他值与最大值相减所得的差作为未达到理想目标的后悔值。这样，从收益矩阵就可以计算出后悔矩阵，如表 10-8 所示。

表 10-8　决策表

决策方案 K_i	自然状态 θ_j			
	θ_1	θ_2	θ_3	θ_4
K_1	4	5	6	7
K_2	2	4	6	9
K_3	5	7	3	5
K_4	3	5	6	8
K_5	3	5	5	5
	后悔矩阵			
K_1	1	②*	0	2
K_2	③	3	0	0
K_3	0	0	3	④
K_4	②*	2	0	1
K_5	2	2	1	④

从收益矩阵计算后悔矩阵的方法：在 θ_1 状态下，理想值是 5，于是 K_1，K_2，$\cdots$，K_5 的后悔值分别是 $5 - 4 = 1$，$5 - 2 = 3$，$5 - 5 = 0$，$5 - 3 = 2$，$5 - 3 = 2$。以此类推，可以得出 θ_2、θ_3、θ_4 自然状态下的后悔值，如表 10-8 所示的下半部分。从后悔矩阵中把每一个决策方案 K_1，K_2，$\cdots$，K_5 的最大后悔值求出来，再求出这些最大值中的最小值：

$$\min\{2,3,4,2,4\} = 2$$

因此，选择 K_1 或者 K_4。

第四节　风险型决策问题

风险型决策问题(Decision Making With Probabilities)应具备以下几个条件：

（1）具有决策者希望的一个明确目标。

（2）具有两个以上不以决策者的意志为转移的自然状态。

（3）具有两个以上的决策方案可供决策者选择。

（4）不同决策方案在不同自然状态下的损益值可以计算出来。

（5）不同自然状态出现的概率(即可能性)决策者可以事先计算或者估计出来。

下面介绍风险型决策问题的决策准则和决策方法。

一、最大可能准则

根据概率论的原理，一个事件的概率越大，其发生的可能性就越大。基于这种想法，在风险型决策问题中选择一个概率最大（即可能性最大）的自然状态进行决策，而不论其他的自然状态如何，这样就变成了确定型决策问题。

例 10-1 某工厂要制订下年度产品的生产批量计划，根据市场调查和市场预测的结果，得到产品市场销路好、中、差三种自然状态的概率 $p_i(i=1,2,3)$ 分别为 0.3、0.5、0.2，工厂采用大批、中批、小批生产可能得到的收益值也可以计算出来，如表 10-9 所示。现在要求通过决策分析，合理地确定生产批量，使企业获得的收益最大。

表 10-9　决策表　　　　　　　　　　　　　　　　　　（单位:万元）

决策方案	自然状态		
	θ_1（好） $p_1 = 0.3$	θ_2（中）* $p_2 = 0.5$	θ_3（差） $p_3 = 0.2$
K_1——大批生产	20	12	8
K_2——中批生产*	16	16	10
K_3——小批生产	12	12	12

解 从表 10-9 可以看出，自然状态的概率 $p_2 = 0.5$ 最大，因此产品的市场销路 θ_2（中）的可能性也就最大。于是就考虑按照这种市场销路决策。通过比较可知，企业采取中批生产收益最大，所以 K_2 是最优决策方案。

最大可能准则有着十分广泛的应用。特别当自然状态中某个状态的概率非常突出，比其他状态的概率大许多的时候，这种准则的决策效果是比较理想的。但是当自然状态发生的概率互相都很接近，且变化不明显时，采用这种准则效果就不理想，甚至会产生严重错误。

二、期望值准则

这里所指的期望值就是概率论中离散型随机变量的数学期望 $E(K_i) = \sum_{i=1}^{n} p_i x_i$。

所谓期望值准则（Expected Value Criterion），就是把每一个决策方案看作离散型随机变量，然后把它的数学期望值计算出来，再加以比较。如果决策目标是收益最大，那么选择数学期望值最大的方案；反之，选择数学期望值最小的方案。以本章例 10-1 来说明，如表 10-10 所示。

计算出每一个决策方案的数学期望值：

$$E(K_1) = (0.3 \times 20 + 0.5 \times 12 + 0.2 \times 8) \text{万元} = 13.6 \text{万元}$$

$$E(K_2) = (0.3 \times 16 + 0.5 \times 16 + 0.2 \times 10) \text{万元} = 14.8 \text{万元}$$

$$E(K_3) = (0.3 \times 12 + 0.5 \times 12 + 0.2 \times 12) \text{万元} = 12 \text{万元}$$

表 10-10　决策表　　　　　　　　　　　　　　　（单位：万元）

决 策 方 案	自 然 状 态			数学期望 $E(K_i)$
	θ_1（好） $p_1 = 0.3$	θ_2（中）* $p_2 = 0.5$	θ_3（差） $p_3 = 0.2$	
K_1——大批生产	20	12	8	13.6
K_2——中批生产	16	16	10	14.8 *
K_3——小批生产	12	12	12	12

通过比较可知 $E(K_2) = 14.8$ 万元最大，所以选择决策方案 K_2，即采用中批生产。

从风险型决策过程看到，利用了事件的概率和数学期望进行决策。概率是指一个事件发生可能性的大小，但不一定必然要发生。因此，这种决策准则是要承担一定风险的。那么是不是要对这个决策准则产生怀疑呢？答案是否定的。因为引用了概率统计的原理，也就是说在多次进行这种决策的前提下，成功还是占大多数的，比直观感觉和主观想象要科学合理得多，因此它是一种科学有效的常用决策标准。

三、决策树方法

关于风险型决策问题除了采用期望值准则外，还可以采用决策树（Decision Trees）方法进行决策。这种方法的形状好似树形结构，故起名为决策树方法。

1. 决策树方法的步骤

（1）画决策树。即对某个风险型决策问题的未来可能情况和可能结果所做的预测，用树形图的形式反映出来。画决策树的过程是从左向右，对未来可能的情况进行周密思考和预测，对决策问题逐步进行深入探讨的过程。

（2）预测事件发生的概率。概率值的确定，可以凭借决策人员的估计或者对历史统计资料的推断。估计或推断的准确性十分重要，如果误差较大，就会引起决策失误，从而蒙受损失。但是为了得到一个比较准确的概率数据，又可能会付出相应的人力和费用，所以对概率值的确定应根据实际情况来定。

（3）计算损益值。在决策树中由末梢开始从右向左顺序推算，根据损益值和相应的概率值推算出每个决策方案的数学期望。如果决策目标是收益最大，那么取数学期望的最大值；反之，取最小值。

根据表 10-10 的数据画出的决策树如图 10-1 所示。

图 10-1 中的符号说明：

□——决策节点，从它引出的枝叫作方案支。

○——方案节点，从它引出的枝叫作概率支，每条概率支上注明自然状态和概率，节点上面的数字是该方案的数学期望值。

△——末梢，旁边的数字是每个方案在相应自然状态下的损益值。

2. 多级决策问题

在例 10-1 中只包括一级决策，叫作单级决策问题。实际中的一些风险型决策问题包括两级以上的决策，叫作多级决策问题。

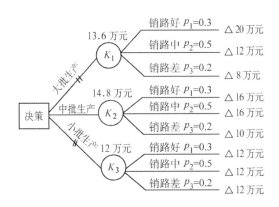

图 10-1 决策树

例 10-2 某工厂由于生产工艺落后,产品成本偏高,在产品销售价格高时才能盈利。在产品价格中等时持平,企业无利可图。在产品价格低时,企业要亏损。现在工厂的高层管理人员准备将这项工艺加以改造,用新的生产工艺来代替。新生产工艺的取得有两条途径:一个是自行研制,成功的概率是 0.6;另一个是购买专利技术,预计谈判成功的概率是 0.8。但是不论研制还是谈判成功,企业的生产规模都有两种方案:一个是产量不变,另一个是增加产量。如果研制或者谈判均告失败,则按照原工艺进行生产,并保持产量不变。

按照市场调查和预测的结果,预计今后几年内这种产品价格上涨的概率是 0.4,价格中等的概率是 0.5,价格下跌的概率是 0.1。通过计算得到各种方案在各种价格下的收益值,如表 10-11 所示。要求通过决策分析,确定企业选择何种决策方案最为有利。

表 10-11 方案在各种价格下的收益值 （单位:百万元）

自然状态	方 案				
	原工艺生产	买专利成功概率0.8		自行研制成功概率0.6	
		产量不变	增加产量	产量不变	增加产量
价格下跌概率0.1	-100	-200	-300	-200	-300
价格中等概率0.5	0	50	50	0	-250
价格上涨概率0.4	100	150	250	200	600

解 （1）画决策树,如图 10-2 所示。

（2）计算各节点的收益期望值。

节点 4：$0.1 \times (-100)$ 百万元 $+ 0.5 \times 0 + 0.4 \times 100$ 百万元 $= 30$ 百万元

节点 8：$0.1 \times (-200)$ 百万元 $+ 0.5 \times 50$ 百万元 $+ 0.4 \times 150$ 百万元 $= 65$ 百万元

节点 9：$0.1 \times (-300)$ 百万元 $+ 0.5 \times 50$ 百万元 $+ 0.4 \times 250$ 百万元 $= 95$ 百万元

因为 $65 < 95$,所以节点 5 的产量不变是剪枝方案,将节点 9 移到节点 5。同理,节点 11 移到节点 6。

（3）确定决策方案。由于节点 2 的期望值比节点 3 大,因此最优决策应是购买专利。

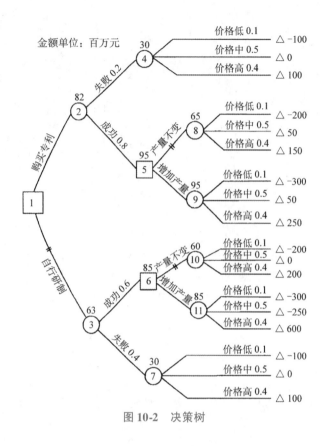

图 10-2　决策树

第五节　灵敏度分析

一、灵敏度分析的意义

在通常的决策模型中，自然状态的损益值和概率往往是预测和估计得到的，一般不会十分准确。因此，根据实际情况的变化，有必要对这些数据在多大范围内变动而原最优决策方案继续有效进行分析，这种分析就叫作灵敏度分析。

例 10-3　有外壳完全相同的木盒 100 个，将其分为两组，一组内装白球，有 70 盒，另一组内装黑球，有 30 盒。现从这 100 个盒中任取一盒，让你猜盒内装的是白球还是黑球。如果这个盒内装的是白球，猜对得 500 分，猜错罚 150 分；如果这个盒内装的是黑球，猜对得 1000 分，猜错罚 200 分。为了使得分最高，合理的决策方案是什么？有关数据如表 10-12 所示。

解　画决策树，如图 10-3 所示。

猜白的数学期望：0.7×500 分 $+0.3 \times (-200)$ 分 $=290$ 分

猜黑的数学期望：$0.7 \times (-150)$ 分 $+0.3 \times 1000$ 分 $=195$ 分

显然，按照最大期望值准则，猜白是最优方案。现在假设白球出现的概率变为 0.8，这时：

猜白的数学期望：0.8×500 分 $+0.2 \times (-200)$ 分 $=360$ 分

猜黑的数学期望：$0.8 \times (-150)$ 分 $+ 0.2 \times 1000$ 分 $= 80$ 分

很明显，猜白仍是最优方案。再假设白球出现的概率变为 0.6，这时：

猜白的数学期望：0.6×500 分 $+ 0.4 \times (-200)$ 分 $= 220$ 分

猜黑的数学期望：$0.6 \times (-150)$ 分 $+ 0.4 \times 1000$ 分 $= 310$ 分

现在的结果发生了变化，猜黑是最优决策方案。

表 10-12 有关数据表

决策方案	自然状态	
	白 $p_1 = 0.7$	黑 $p_2' = 0.3$
猜白	500 分	-200 分
猜黑	-150 分	1000 分

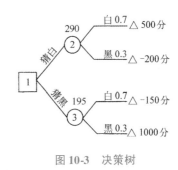

图 10-3 决策树

二、转折概率

设 p 是白球出现的概率，则 $1-p$ 是黑球出现的概率。计算两个方案的数学期望，并使其相等，得到 $p \times 500 + (1-p) \times (-200) = p \times (-150) + (1-p) \times 1000$，解方程后得 $p = 0.65$，将它称为转折概率。当 $p > 0.65$ 时，猜白是最优方案；当 $p < 0.65$ 时，猜黑是最优方案。

在实际的决策过程中，要经常将自然状态的概率和损益值等在一定的范围内做几次变动，反复地进行计算，考察所得到的数学期望值是否变化很大，是否影响最优方案的选择。如果这些数据稍加变化，而最优方案不变，那么这个决策方案就是稳定的；否则，这个决策方案就是不稳定的，需要进行进一步的讨论。

第六节 效用理论在决策中的应用

一、效用和效用曲线

效用(Utility)的概念最初是由伯努利(Bernoulli)提出来的。他认为，人们对金钱的真实价值的关注与他自己对钱财的拥有量之间呈现着对数关系。这就是所谓的伯努利货币效用函数，如图 10-4 所示。经济学家用效用作为指标，用它来衡量人们对某些事物的主观意识、态度、偏爱和倾向等。

例如，在风险型条件下决策，人们对待风险的主观态度是不同的。如果用效用这个指标来量化人们对待风险的态度，那么就可以给每一个决策者测定他对待风险的态度的效用曲线。效用值是一个相对指标。一般规定，凡是决策者最喜爱、最偏向、最愿意的事物，效用值定为 1。而最不喜爱、最不愿意的

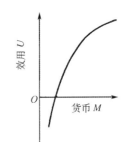

图 10-4 伯努利货币效用函数

事物，效用值定为 0。当然，也可以采用其他数值范围，如 0~100。

这样，通过效用指标就可以将一些难以量化的有本质差别的事物给以量化。例如，决策者在进行多方案选择时，需要考虑风险、利益、价值、性质、环境等多种因素，从而将这些因素都折合为效用值，求得各方案的综合效用值，从中选择效用值最大的方案，这就是最大效用值决策准则。

在风险型决策条件下，如果只做一次决策，再用最大期望值准则，有时就不一定合理了。例如表 10-13 所表示的决策方案，三个方案的数学期望值都相同，再用最大期望值准则只实现一次时，就显得不恰当了。这时可以用最大效用值准则来解决。

表 10-13　决策表

决策方案	自然状态				数学期望 $E(K_i)$
	θ_1 $p_1 = 0.35$	θ_2 $p_2 = 0.35$	θ_3 $p_3 = 0.15$	θ_4 $p_4 = 0.15$	
K_1	418.3	418.3	-60	-60	275
K_2	650	-100	650	-100	275
K_3	483	211.3	480	-267	275

二、效用曲线的作法

通常，效用曲线(Utility Curve)的作法是采用心理测试法。

设决策者有两个可以选择的收入方案：

第一，以 0.5 的概率可以得到 200 元，0.5 的概率损失 100 元。

第二，以概率为 1 得到 25 元。

请问被测试者愿意接受哪个方案？

现在规定 200 元的效用值为 1，这是因为 200 元是他最希望得到的。-100 元的效用值为 0，因为这是他最不希望付出的。

下面用提问的方式来测试决策者对不同方案的选择：

（1）被测试者认为选择第二个方案可以稳获 25 元，比第一个方案稳妥。这就说明，对他来说 25 元的效用值大于第一个方案的效用值。

（2）把第二个方案的 25 元降为 10 元，问他如何选择？他认为稳获 10 元比第一个方案稳妥，这仍说明 10 元的效用值大于第一个方案的效用值。

（3）把第二个方案的 25 元降为 -10 元，问他如何选择？此时他不愿意付出 10 元，而宁愿选择第一个方案，这就说明 -10 元的效用值小于第一个方案的效用值。

这样经过若干次提问之后，被测试者认为当第二个方案的 25 元降到 0 元时，选择第一个方案和第二个方案均可。这说明对他来说 0 元的效用值与第一个方案的效用值是相同的，即 0.5×1(效用值) $+ 0.5 \times 0$(效用值) $= 0.5$(效用值)。于是收益值 0 就对应于效用值 0.5，这样，就得到效用曲线上的一点。

再次以 0.5 的概率得到收益 200 元，0.5 的概率得到 0 元作为第一个方案。重复类似的提问过程，假定经过若干次提问，最后判定 80 元的效用值与这个方案的效用值相等，80 元的效用值为 $0.5 \times 1 + 0.5 \times 0.5 = 0.75$，于是在 0~200 之间又得到一点。

再求 -100 元到 0 元之间的点，以 0.5 的概率得 0 元，0.5 的概率得 -100 元作为第一个方案。经过几次提问之后，最后判定 -60 元的效用与这个方案的效用值相等，-60 元的效

用值为 $0.5 \times 0.5 + 0.5 \times 0 = 0.25$，于是又得到一点。按照同样的提问方法，能够得到若干这样的点，把它们连起来，就成为效用曲线，如图 10-5 所示。从这条效用曲线上可以找出各收益值对应的效用值。

效用曲线一般分为保守型、中间型、冒险型三种类型，如图 10-6 所示。

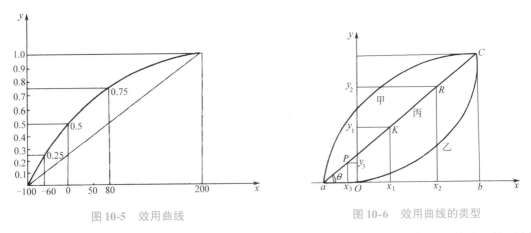

图 10-5　效用曲线　　　　　　　　　　　图 10-6　效用曲线的类型

曲线甲代表的是保守型决策者。这种类型的决策者对损失比较敏感，对利益比较迟缓，是一种避免风险、不求大利、小心谨慎的保守型决策人。

曲线乙代表的决策者的特点恰恰相反。他们对利益比较敏感，对损失反应迟钝，是一种谋求大利、敢于承担风险的冒险型决策人。

曲线丙代表的是一种中间型决策者，他们认为收益值的增长与效用值的增长成正比关系，是一种只会循规蹈矩、完全按照期望值的大小来选择决策方案的人。现在通过大量的调查研究发现，大多数决策者属于保守型，属于另外两种类型的人只占少数。

三、效用曲线的应用

下面通过一个例子介绍效用曲线的应用方法。

例 10-4　某公司为一项新产品的开发准备了两个建设方案，一个是建大厂，另一个是建小厂。建大厂预计投资 300 万元，建小厂预计投资 160 万元，两个工厂的寿命周期都是 10 年。根据市场调查和市场预测的结果，这项产品市场销路好的概率是 0.7，销路差的概率是 0.3，两个方案的年收益值如表 10-14 所示，要求做出合理的投资决策。

表 10-14　决策表　　　　　　　　　　　　　　　　（单位：万元）

方　　案	自 然 状 态	
	销 路 好 $p_1 = 0.7$	销 路 差 $p_2 = 0.3$
建大厂	100	−20
建小厂	40	10

解　画决策树，如图 10-7 所示。由表 10-14 可知，建大厂在 10 年寿命周期内产品销路好的条件下，其最大收益值为 100 万元 × 10 − 300 万元 = 700 万元；销路差的条件下，最大

损失值为 −20 万元 ×10 −300 万元 = −500 万元。建小厂在 10 年内产品销路好的条件下，最大收益值为 40 万元 ×10 −160 万元 =240 万元；销路差的条件下，最大损失值为 10 万元 × 10 −160 万元 = −60 万元。

这项决策的最大收益是 700 万元，最大损失是 −500 万元。

下面作出这个公司高层决策者的效用曲线。

以 700 万元的效用值定为 1，以 −500 万元的效用值定为 0，采用心理测试法向被测试人提出一系列问题，同时求出对应于若干收益值的效用值，这样就作出被测试人的效用曲线，如图 10-8 所示。

从这条曲线上可以找出对应于各个收益值的效用值，240 万元的效用值是 0.82，−60 万元的效用值是 0.58。

现在用最大效用值准则来进行决策，建大厂的效用期望值为 0.7 ×1（效用值）+0.3 ×0 （效用值）=0.7（效用值），建小厂的效用期望值为 0.7 ×0.82 +0.3 ×0.58 = 0.75。这样就看出，如果用效用值作为标准，建小厂是最优方案。这是为什么呢？原因是这个高层决策者属于保守型决策者，他不敢冒太大的风险。从效用曲线上不难看出，效用值 0.7 只相当于收益值 80 万元，远远小于原来的期望值 340 万元。效用值 0.75 相当于收益值 130 万元，也小于原来的 150 万元。

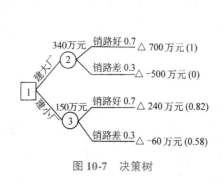

图 10-7　决策树

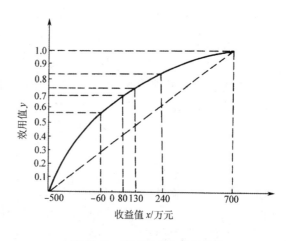

图 10-8　被测试人的效用曲线

本 章 小 结

20 世纪中叶，决策理论与方法开始逐渐成为经济学和管理科学的重要分支。本章从决策的分类这一基本概念出发，界定了本章研究的重点为不确定型决策问题和风险型决策问题。

对于不确定型决策问题，根据问题的不同情况，以及决策者不同的思想行为方式，在决策过程中可以采取不同的方法。这些方法之间没有优劣之分，决策者可以根据问题的实际情况来选择。

风险型决策问题是在决策理论与方法领域内研究较多的问题，这一类问题在实践中的应用比较广泛。所谓风险型决策，是指将决策者对决策事件将要出现的状态能获得一定程度的确定性(状态出现的概率)。这一类决策活动中概率值起到了至关重要的作用,不同状态出现的概率不同将会影响决策结果。因此,本章中介绍了决策问题的灵敏度分析,并介绍了转折概率的概念,以及转折概率在灵敏度分析中的作用。最后,本章介绍了效用理论,以及效用理论在决策中的应用。

本章知识导图如下:

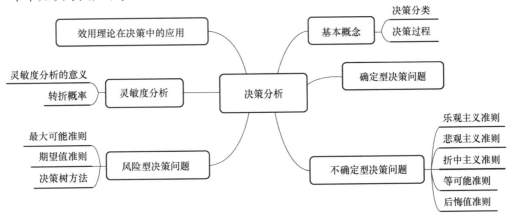

本章学习与教学思路建议

根据本课程的总体安排,本章的教学重点放在不确定型决策问题和风险型决策问题上,这也是决策理论与方法中有很强实用价值的基础问题。本章在这一部分主要讲解其求解思想和方法。

本章教学中,除了让学生正确理解基本概念和方法外,还必须让学生认识到在决策问题中,决策者的风险态度和心理状态会影响决策的结果,要学会具体问题具体分析,以丰富的想象力全面考虑各种因素,解决实际的决策问题。

灵敏度分析、转折概率以及转折概率在灵敏度分析中的作用,效用理论以及效用理论在决策中的应用,在风险型决策中具有重要意义。这些内容作为拓展学习的部分,不必要求学生掌握。

习　　题

1. 某厂生产甲、乙两种产品,根据以往市场需求统计如表 10-15 所示。

表 10-15　甲、乙两种产品以往市场需求统计

产　品	自然状态	
	旺　季 $p_1 = 0.8$	淡　季 $p_2 = 0.2$
甲产品	5	3
乙产品	8	2

用乐观主义准则、悲观主义准则、后悔值准则、等可能准则进行决策。

2. 对第 1 题用最大期望值准则进行决策,做出灵敏度分析,求出转折概率。

3. 在开采矿井时,出现不确定情况,现用后悔值准则决定是否开采,损益表如表 10-16 所示。

表 10-16 损益表

方 案	自然状态	
	有 矿 K	无 矿 $\bar{K}$
开 采	6	−1
不开采	0	0

4. 某项工程明天开工,在天气好时可收益 8 万元,在天气不好(如下雨)时会损失 10 万元,但是如果明天不开工,则会损失 1 万元。如果明天的降水概率是 40%,试问是否应开工?

5. 某公司研究了两种扩大生产增加利润的方案,一是购置新机器,二是改造旧机器。已知公司产品市场销售较好、一般、较差的概率分别是 0.5、0.3、0.2。对应于这三种情况,购置新机器时分别可获利 30 万元、20 万元、8 万元。改造旧机器时分别可获利 25 万元、21 万元、16 万元。要求用决策树方法决策。

参 考 文 献

[1] 运筹学教材编写组. 运筹学[M]. 4 版. 北京：清华大学出版社，2012.

[2] 吴祈宗. 运筹学与最优化方法[M]. 2 版. 北京：机械工业出版社，2013.

[3] 韩伯棠. 管理运筹学[M]. 5 版. 北京：高等教育出版社，2020.

[4] 徐光辉. 运筹学基础手册[M]. 北京：科学出版社，1999.

[5] 胡运权. 运筹学基础及应用[M]. 7 版. 北京：高等教育出版社，2021.

[6] 杨超. 运筹学[M]. 5 版. 北京：科学出版社，2004.

[7] 韩大卫. 管理运筹学：模型与方法[M]. 2 版. 北京：清华大学出版社，2009.

[8] RONALD L. 运筹学：原书第 2 版[M]. 肖勇波，梁湧，译. 北京：机械工业出版社，2018.

[9] 徐玖平，胡知能，李军. 运筹学：Ⅱ类[M]. 2 版. 北京：科学出版社，2008.

[10] 塔哈. 运筹学基础：第 10 版·全球版[M]. 刘德刚，朱建明，韩继业，译. 北京：中国人民大学出版社，2018.

[11] 安德森，等. 数据、模型与决策：原书第 14 版[M]. 侯文华，杨静蕾，译. 北京：机械工业出版社，2018.

[12] 肖勇波. 运筹学原理、工具与方法 [M]. 北京：机械工业出版社，2021.